电机与电气控制技术技能训练

刘丽杰　主编

廖　颖　杨　娜　曲哨苇　副主编

U0340683

辽宁科学技术出版社

·沈阳·

图书在版编目（CIP）数据

电机与电气控制技术技能训练 / 刘丽杰主编；廖颖，杨娜，曲哨苇副主编. —沈阳：辽宁科学技术出版社，2022.12（2024.6重印）
ISBN 978-7-5591-2817-1

Ⅰ.①电… Ⅱ.①刘… ②廖… ③杨… ④曲… Ⅲ.①电机学②电气控制 Ⅳ.①TM3②TM571.2

中国版本图书馆CIP数据核字(2022)第214374号

出版发行：辽宁科学技术出版社
　　　　　（地址：沈阳市和平区十一纬路25号 邮编：110003）
印 刷 者：沈阳丰泽彩色包装印刷有限公司
幅面尺寸：185mm×260mm
印　　张：16.75
字　　数：400千字
出版时间：2022年12月第1版
印刷时间：2024年6月第2次印刷
责任编辑：高雪坤
封面设计：博瑞设计
版式设计：博瑞设计
责任校对：栗　勇

书　　号：ISBN 978-7-5591-2817-1
定　　价：68.00元

编辑电话：024-23284360
邮购热线：024-23284502
http://www.lnkj.com.cn

辽宁煤炭技师学院国家级高技能人才培训基地系列培训教材编写委员会

组　　长　　毕树海　李志民

副 组 长　　廖　颖　王　平　常延玲

成　　员　　马　良　潘远东　杨　娜　李　慧　李　昱

　　　　　　郑舒云　孙革琳　纪正君　刘丽杰　董　毅

　　　　　　丛小玲　童雯艳　李传宝　徐　茜　刘　强

　　　　　　祁　贺　张鹏野

本书编委会

主　　编　　刘丽杰

副 主 编　　廖　颖　杨　娜　曲哨苇

3

前　言

　　为贯彻国家教育部关于深入推进中等职业教育改革创新，加快培养高素质劳动者和技能型人才，切实提升中等职业教育服务经济社会发展的能力和水平，培养具有与本专业岗位相适应的文化水平和良好职业道德，了解企业生产全过程，掌握本专业基本知识和技术的技能型人才。我校组织专家、骨干教师编写了能体现学校专业特色和学生实际情况、满足企业岗位能力需求的系列教材，以适应新的职业教育模式的要求。

　　本书是中等职业教育国家高技能专业建设系列教材《电机与电气控制技术》的配套教学用书。本书按照高级维修电工实习、实训的教学计划进行编写，贯彻了"以能力为本位、以就业为导向"的教学思想，内容的选取主要围绕主教材中的相关知识，着重操作技能的培养和训练，以培养学生掌握复杂的操作技能、技巧，增强分析、判断、排除各种复杂故障的能力为重点。在相关知识方面力求突出针对性、实用性，与技能训练紧密结合，并考虑现场的实际需要以及学生参加职业技能鉴定时所应具备的实践技能知识。每个训练项目均根据当前我国各职业学校高技能训练的实际状况编写，适用性强、可操作性强，有利于学生实践技能的培养与提高。

　　书中对于每个技能训练任务中所需的设备、器材、仪表、工具列出清单，学生进行训练时可按实际情况选用或代用。对于所列的每个任务的训练考核内容及时间，也可按实际情况确定。本书特别重视训练与培养每个学生的独立动手能力，注意训练与培养每个学生减少原材料消耗和节约能源的意识，并注重安全操作及安全用电。

　　由于编者水平有限，书中难免存在不足之处，恳请广大读者给予指正。

编　者

2022年8月

目　录

项目一 变压器拆装与检修

【知识目标】

1.熟悉单相变压器的结构。

2.掌握单相变压器的通用测试方法。

3.能判别三相变压器的连接组别，能对变配电线路进行简单分析。

4.了解自耦变压器的拆卸、检测与维护方法。

5.掌握变压器的常见故障及其处理方法。

【技能目标】

1.掌握单相变压器的通用测试。

2.掌握单相变压器拆装及重绕。

3.熟悉并能组装小型单相变压器，能对单相变压器进行测试。

4.掌握自耦变压器的拆卸、检测与维护技巧。

5.掌握变压器的常见故障及其处理方法。

任务1 单相变压器拆装

【任务描述】

本任务主要是单相变压器拆装。学会拆装与重绕工具的正确选用和使用，学会正确拆装与重绕单相变压器。通过此任务的学习使学生掌握单相变压器拆装与重绕工具和仪表的正确选用和使用，熟悉单相变压器的基本结构，学会单相变压器的拆卸方法及绕制工艺，了解单相变压器绕组重绕时所需的设备及材料，熟悉单相变压器常见故障检修方法。

【任务分析】

单相变压器在使用中因检查、维修等原因，需要拆卸与重绕。只有正确的拆卸与重绕，才能保证变压器的质量。本任务在初步了解单相变压器的结构和检修方法基础上，通过动手拆装变压器，一方面使学生对变压器的结构有更直观、更深入的了解，另一方面使学生掌握变压器的拆装及重绕的技巧。注意在拆卸有线圈骨架的铁芯时，对于未破损且绝缘良好的铁芯，为了继续使用，应注意保护。对于无骨架或骨架已彻底损坏的变压器，拆卸前应测量铁芯的叠厚，以备制作新骨架，拆卸下来的硅钢片应保管好，不要丢失。

【相关知识】

一、变压器分类

变压器的种类很多，通常可按其用途、相数、绕组结构、铁芯结构、冷却方式等进行分类。

1.按用途分类

变压器按用途可分为输送与分配电能用的电力变压器、冶炼用的电炉变压器、电解用的整流变压器、焊接用的电焊变压器、实验室用的自耦变压器、仪表用的仪用互感器等。

2.按相数分类

变压器按相数可分为单相变压器和三相变压器。

3.按绕组结构分类

变压器按绕组结构可分为自耦变压器、双绕组变压器、三绕组变压器、多绕组变压器。

4.按铁芯结构分类

变压器按铁芯结构可分为交叠式铁芯、卷制式铁芯和非晶合金铁芯式变压器。

5.按冷却方式分类

变压器按冷却方式可分为干式（空气冷却）、油浸自冷式、油浸风冷式、强迫油循环风冷式、强迫油循环水冷式变压器等。

二、变压器的主要结构部件

尽管变压器的种类很多，但是它们的基本构造和工作原理都是相同的。对一般用途电力变压器，以其中的配电变压器作为对象进行研究，对其他用途变压器只作简单介绍。图1-1所示为一台油浸式电力变压器外形图。除自耦变压器外，一般变压器的主体部分由一个铁芯和高、低压绕组组成。

1.铁芯

铁芯构成变压器的磁路部分，并作为变压器的机械骨架。为提高磁路的导磁性能和减少涡流损耗，

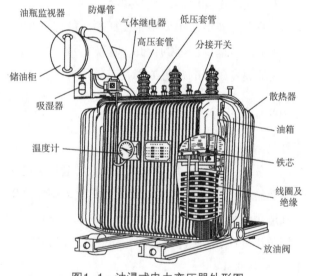

图1-1　油浸式电力变压器外形图

铁芯用含硅量较高、厚度为0.35mm的硅钢片涂漆后叠压或卷压而成，分叠片式和渐开线式两种。在20世纪60—70年代出现了渐开线式的铁芯结构，但由于其铁芯制作工艺复杂，而未能广泛应用。叠片式变压器又分芯式和壳式。芯式变压器是在两侧的铁芯柱上放置绕组，形成绕组包围铁芯的形式，如图1-2（a）所示。其特点是线圈包围铁芯，具有用铁量较少、结构简单、散热条件好、线圈的装配和绝缘比

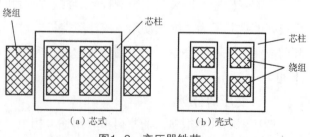

图1-2　变压器铁芯

较容易等优点。壳式变压器则是在中间的铁芯柱上放置绕组，形成铁芯包围绕组的形式，如图1-2（b）所示，其特点是用铜量少，多用于小容量变压器。

2.绕组

绕组构成变压器的电路部分，小型变压器一般用绝缘的漆包圆铜线绕制而成，容量稍大的变压器则用扁铜线或扁铝线绕制。

在变压器中，接到高压电网的绕组称为高压绕组，接到低压电网的绕组称为低压绕组。按高、低压绕组的相互位置和形状不同，绕组可分为同心式和交叠式两种。同心式绕组是将高、低压绕组同心地套装在铁芯柱上，如图1-3所示。为了便于与铁芯绝缘，把低压绕组套装在里面，高压绕组套装在外面。对低压大电流、大容量的变压器，由于低压绕组引出线很粗，也可以把它放在外面。高、低压绕组之间留有空隙，可作为油浸式变压器的油道，既利于绕组散热，又可作为两绕组之间的绝缘。同心式绕组的结构简单，制造容易，常用于芯式变压器中，这是一种最常见的绕组结构形式，国产电力变压器基本上均采用这种结构。交叠式绕组又称饼式绕组，它是将高压绕组及低压绕组分成若干个线饼，沿着铁芯柱的高度交替排列。为了便于绝缘，一般最上层和最下层安放低压绕组，如图1-4所示。交叠式绕组的主要优点是漏抗小、机械强度高、引线方便。这种绕组形式主要用在低电压、大电流的变压器上，如容量较大的电炉变压器、电阻电焊机变压器等。

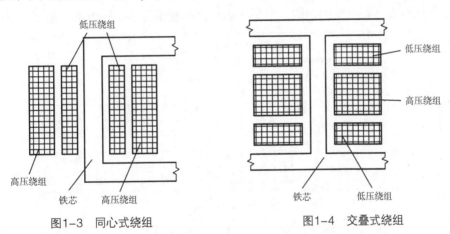

图1-3　同心式绕组　　　　　　　图1-4　交叠式绕组

3.油箱和冷却装置

变压器油箱由钢板焊接而成。为了铁芯和绕组的散热和绝缘，油箱内除放置变压器器身外，其余空间充满变压器油。变压器油是石油中提炼出来的特种油，具有优良的绝缘性能，并可作为散热媒介使用。为扩大散热面，油箱侧面装有散热管或冷却器。

大多数变压器为减少变压器油与大气的接触面积，油箱上面装有储油柜，如图1-1所示。它是一个横卧在油箱上方的圆筒，下面有油管与油道连通。当油箱里的变压器油受热膨胀时，油从油箱进入储油柜，储油柜中的油面上升，变压器油冷却收缩时，油从储油柜返回油箱。油箱四周有散热器，以增大散热面积。在中、小型变压器中，油是自然冷却的，铁芯和线圈附近的油受热膨胀时向四周流动，在散热器中冷却，自然下降形成循环，这种散热方式称为油浸自冷。在大型变压器中，为加强冷却效果，可以在散热器上装上风扇，称为油浸风冷。也可以用油泵将热油抽出，送入冷却器，冷却后的油再被送回变压器，这种冷却方式称为强迫油循环冷却。

4.其他部件

在油箱和储油柜之间的连接管中装有气体继电器，当变压器发生故障时，内部绝缘物汽化，使气体继电器动作，发出信号或者使开关跳闸。

储油柜侧面装有油位计用来观察柜内油面的高度，并标示出不同温度下油面的极限位置。

在箱盖上装有分接开关手柄，用来调节高压线圈的匝数，保持输出电压为额定值，操作时必须断电。

油箱顶部装有防爆管，它是一个长的圆形钢筒，上端用酚醛纸板密封，下端与油箱连通。当变压器发生故障，使油箱内压力骤增时，油流冲破酚醛纸板，以免造成变压器箱体爆裂。近年来，国产电力变压器已广泛采用压力释放阀来取代防爆管，其优点是动作精度高、延时时间短，能自动开启及自动关闭，克服了停电更换防爆管的缺点。

5.铭牌

铭牌上有变压器额定运行时的条件和技术数据，这些数据称为额定值，是变压器厂遵照国家标准通过设计和试验确定的。它是正确选择和使用变压器的依据，如图1-5所示。

电力变压器					
产品型号	S7-500/10	标准代号	××××		
额定容量	500kV·A	产品代号	××××		
额定电压	10kV	出厂序号	××××		
额定频率	50Hz，三相	开关位置	高压		低压	
连接组标号	Y，yn0		电压/V	电流/A	电压/V	电流/A
阻抗电压	4%	I	10 500	27.5		
冷却方式	油冷	II	10 000	28.9	400	721.7
使用条件	户外	III	9500	30.4		

图1-5 变压器铭牌

（1）型号。根据国家标准，变压器产品的型号由图1-5所示的字母组成，其后标出额定容量（kV·A），斜线后是高压侧电压（kV）。例如，S7-500/10型表示三相油浸自冷式双线圈变压器，第七次设计，额定容量为500kV·A，高压侧额定电压为10kV。

（2）额定电压U_{1N}、U_{2N}。单相变压器的额定电压是指变压器在空载运行时高、低压绕组电压的额定值，例如某变压器的额定电压为10 000/230V，这表示若以高压绕组为一次绕组，则应接在10 000V的交流电源上，而低压绕组为二次绕组，其空载电压为230V。这时变压器起降压作用。反之，若以低压绕组为一次绕组，则应接在230V的交流电源上，高压绕组为二次绕组，其空载电压为10 000V，这时变压器起升压作用。

（3）额定电流I_{1N}、I_{2N}。单相变压器的额定电流是指变压器在满载运行时高、低压绕组的电流值。三相变压器的额定电流是指变压器在满载时高、低压绕组的线电流值。额定电流是变压器正常工作时允许的电流。实际电流若超过额定电流称为过载，长期过载，变压器的温度会超过允许值。

（4）额定容量S_N。变压器的额定容量是指变压器在额定电压和额定电流的情况下运行时，输出的视在功率。由于变压器的损耗很小，可认为原、副边的额定容量相等。由于变压器运行时的功率因数是由所接负载的性质决定的，因此它的容量只能用视在功率表示，而不用有功功率。它的大小仅决定于额定电压和额定电流，单位为V·A或kV·A。

（5）连接组。三相变压器的连接组表示高、低压线圈的连接方式及其对应端子与中性点之间电压的相位移。星形连接标以Y（y）表示，三角形连接标以D（d）表示，星形中点标以N（n）表示。高压侧用大写字母，低压侧用小写字母，它们之间用"，"隔开。对应端子与中性点之间的电压的相位移，用时钟的0～11点钟表示，每隔一点钟相位多30°。

例如Y，yn0表示高压侧为星形连接，低压侧也为星形连接，且有中点。低压侧与高压侧对应端子与中性点之间电压的相位移为零。

Y，d11表示高压侧为星形连接，低压侧为三角形连接，低压侧与高压侧对应端子与中性点之间电压的相位移为11×30°=330°。

（6）阻抗电压。阻抗电压又称为短路电压。它表示在额定电流时变压器阻抗压降的大小。通常用它与额定电压U_{1N}的百分比来表示。

三、故障检修

变压器在实训、运行中由于制造、安装、使用、维护等原因，可能会出现一些故障。故障产生的原因有很多种。表1-1列出了单相变压器的常见故障分析及处理方法。

表1-1　单相变压器的常见故障分析及处理方法

故障现象	故障分析	处理方法
接通电源后无电压输出	1. 一次绕组或二次绕组开路或引出线脱焊 2. 电源插头接触不良或外接电源线开路	1. 拆换处理开路点或重绕线圈，焊牢引出线头 2. 检查、修理或更换插头电源线
空载电流偏大	1. 铁芯叠厚不够 2. 硅钢片质量太差 3. 一次绕组匝数不足 4. 一次、二次绕组局部匝间短路	1. 增加铁芯厚度或重做骨架，重绕线包 2. 更换高质量的硅钢片 3. 增加一次绕组匝数 4. 拆开绕组，排除短路故障
运行中响声大	1. 铁芯未插紧或插错位 2. 电源电压高 3. 负载过重或有短路现象	1. 插紧、夹紧铁芯，纠正错位硅钢片 2. 检查、处理电源电压 3. 减轻负载，排除短路故障
温升过高或冒烟	1. 负载过重，输出端有短路现象 2. 铁芯叠厚不够，硅钢片质量差 3. 硅钢片间涡流过大 4. 层间绝缘老化 5. 线圈有局部短路现象	1. 减轻负载，排除短路故障 2. 加足铁芯厚度或更换高质量的硅钢片 3. 重新处理硅钢片绝缘 4. 浸漆、烘干以增强绝缘或重绕线包 5. 检查、处理短路点或更换新线包
电压过高或过低	1. 电源电压过高或过低 2. 一次绕组或二次绕组匝数绕错	1. 检查、处理电源电压 2. 重新绕制线包
铁芯或底板带电	1. 一次绕组或二次绕组对地绝缘损坏或绝缘老化 2. 引出线碰触铁芯或底板	1. 绝缘处理或更换、重绕绕组 2. 排除碰触点，做好绝缘处理

【任务实施】

一、任务名称

单相变压器拆装。

二、器材、仪表、工具

1.器材

变压器一台、三相异步电动机（24槽或36槽）两台、复合薄膜绝缘纸、电容纸、焊锡、砂纸、胶纸、棉线、木芯、绕线模、塑料纤维绝缘管套等。

2.仪表

兆欧表、万用表等。

3.工具

螺丝刀、小刀、扳手、电烙铁、变压器绕线机、电机绕组绕线机等。

三、实训步骤

1.单相变压器的拆卸

（1）把变压器的铁芯紧固螺钉拆除，把装插的硅钢片取出放好。

（2）把绝缘拆掉，将3个绕组的铜线卸下来，分别绕在粗硬纸筒上（或空矿泉水瓶上）。拆卸时注意不要磨损铜线，若已磨损，则把磨损处剪断，注意避免铜线缠成一团。

2.单相变压器的绕制

（1）准备工作。

①把绕线模套在木芯外面，再把整个模芯装到绕线机轴上并紧固。

②按模芯柱高度及周长把电容纸、青壳纸绕制成条形。

（2）绕线。对一般小型变压器先绕原绕组。先在绕线模上裹上青壳纸用胶纸紧固，把线头固定在绕线模的一端，把绕线机的计数器置成零，开始绕线。小型变压器都采用圆筒式线圈，绕线时注意把导线拉直、拉紧。线匝要紧密、平整，不要疏松不要互相交叠。每绕完一层后，裹上电容纸做层间绝缘，并用胶纸固定后再绕下一层。绕线过程要随时注意计数器是否正在正确计数，用同样的方法一层叠一层直至所需要的匝数为止。若绕线过程导线不够长需接线时，要把接线头引到不需插装硅钢片的两侧再焊接，以免由于线包加厚增加了以后插装铁芯的困难。接线口要用小刀和砂纸把绝缘漆打磨干净，穿入绝缘套管后拧紧用焊锡焊好，包上胶纸再把绝缘套管上原绕组全部绕好后把线尾引出，固定到与线头同一端。

原、副绕组及两个副绕组之间均采用青壳纸做绝缘，包上绕组间绝缘后依照上法，再绕两个副绕组，一直把各绕组绕完为止。所有出线不要相互交错。最后在整个线包上裹上青壳纸绝缘并紧固。

（3）装插铁芯。从绕线机上取下绕好的线包，把硅钢片按二片一组，正反向交替，插入线包孔中，应尽量多地插入硅钢片，装插完后用夹紧件夹紧。

（4）检查。

①检查各绕组是否开路：可用万用表欧姆挡测量，二表笔分别接每一绕组二线头，看有无断路，不通则表示绕组有断路，应重新绕制。

②检查各绕组间及各绕组对铁芯有无短路：用欧姆表R×100挡测量，若有短路也应重新开始绕制。

3.单相变压器的验收

（1）检查变压器的外观工艺。

①原、副绕组各出线端位置是否正确。

②检查铁芯装插得是否整齐、饱满、紧密。

（2）检查变压器的性能。

①在原绕组加入额定电压，检查各绕组空载电压是否符合设计值，若误差太大证明原或副方匝数不对，需找出原因。

②在原绕组加入额定电压，测量空载电流的大小，若空载电流太大证明铁芯装插没有按规定正反向相互交替，或铁芯装插空隙太大，或绕组层间有短路等，需找出原因。

任务2 单相变压器特性测试

【任务描述】

本任务主要是单相变压器特性测试。熟悉变压器的原理及各项参数的测量方法。学会变压器空载特性及外特性$U_2=f$（I_2）的测量。通过此任务的学习使学生掌握单相变压器的工作原理、变压器各项参数的测量方法及同名端的判定。

【任务分析】

工作前认真学习相关知识，每名同学能够熟悉变压器的原理及各项参数的测量方法及同名端的判定。本实训采用调节调压器，学生在使用调压器时应首先调至零位，然后才可合上电源。此外，必须用电压表监视调压器的输出电压，防止被测变压器输出过高电压而损坏实训设备，且要注意安全，以防高压触电。如遇异常情况，应立即断开电源，待处理好故障后，再继续测试。

【相关知识】

一、单相变压器的工作原理

一台典型的单相变压器是由绕在同一铁芯上的两个线圈构成的，如图1-6所示，其中一个线圈接交流电源，称为原边或一次侧；另一个线圈接负载，称为副边或二次侧。如果将变压器的一次线圈接到正弦交流电压上，就有正弦交流电流通过线圈。在电流的作用下，铁芯中将产生正弦交流的磁通。由于一、二次线圈是绕在同一铁芯上，所以铁芯中的磁通也要穿过二次线圈。由电磁感应定律可知，交变的磁通穿过线圈时将在线圈中产生感应电动势。在二次线圈中产生的感应电动势是由于一次线圈中通过交变电流产生的，因此叫作互感电动势。这种当一个线圈产生磁通穿过另一个线圈并产生感应电动势的现象称为互感现象。变压器就是利用互感原理制成的。

在变压器中，由于铁芯用硅钢片叠成，所以具有良好的导磁性能，绝大部分的磁通既穿过一次线圈，也穿过二次线圈，这部分磁通叫作主磁通，用Φ_m表示，在铁芯中的路径如图1-6所示。另有少量的磁通只穿过一次或二次线圈，称为漏磁通，由于漏磁通与主磁通相比很小，为了分析问题简单可将其忽略。

1.变压器的电压变换

变压器一次绕组接额定频率和额定电压的电网上，二次绕组开路，即$I_2=0$的工作方式称变压器的空载运行。

由图1-7可见，空载时，在外加交流电压U_1作用下，一次绕组中通过的电流称为空载电流I_0。在空载电流的作用下，穿过一、二次线圈每匝的主磁通都相同，设一次线圈匝数为N_1，二次线圈匝数为N_2，在忽略变压器各种损耗的情况下，由于一次线圈与电源相接，感应电动势E_1应等于电源电压U_1；二次线圈与负载相连，则负载的端电压U_2就等于E_2。

$$\frac{U_1}{U_2} = \frac{E_1}{E_2} = \frac{N_1}{N_2} \qquad (1\text{-}1)$$

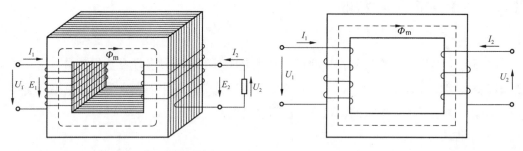

图1-6　单相变压器工作原理示意图　　　　　图1-7　变压器空载运行

由式（1-1）可见，变压器的一、二次线圈的电压之比等于一、二次线圈的匝数之比。如果一次线圈的匝数比二次线圈的匝数多，即$N_1>N_2$，则$U_1>U_2$，这就是降压变压器。反之$N_1<N_2$，则$U_1<U_2$，这种变压器就是升压变压器。通常将变压器一、二次线圈的匝数比叫作变压比，简称变比，用K表示，这是变压器中最重要的参数之一。

2.变压器的电流变换

变压器一次绕组接额定电压，二次绕组与负载相连的运行状态称为变压器的负载运行。如图1-8所示，此时二次绕组中有电流I_2通过，由于该电流是依据电磁感应原理由一次绕组感应产生，因此一次绕组中的电流也由空载电流I_0变为负载电流I_1。若忽略变压器内部的损耗，由能量守恒定律可知，二次绕组输出的功率必须等于一次绕组输入的功率。根据功率与电压、电流的关系可知，若变压器传输的功率一定，则电压与电流成反比，变压器在改变电压的同时也改变了电流，即

$$\frac{I_1}{I_2} = \frac{U_2}{U_1} = \frac{N_2}{N_1} = \frac{1}{K} \qquad (1\text{-}2)$$

式（1-2）说明变压器一、二次线圈中的电流之比等于匝数的反比。根据这个原理制成电流互感器可以测量大电流。

3.阻抗变换

变压器除可以变换电压和变换电流外，还可以改变阻抗。图1-9所示为变压器等效电路，二次线圈接有负载阻抗Z，由一次端看进去的等效输入电抗。

$$Z' = \frac{U_1}{I_1} = \frac{KU_2}{\frac{1}{K}I_2} = K^2 Z \tag{1-3}$$

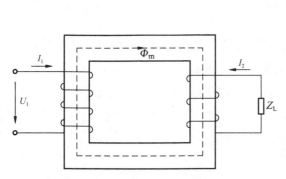

图1-8 单相变压器负载运行

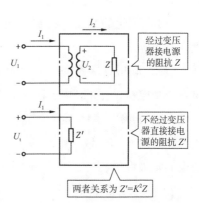

图1-9 变压器的阻抗变换

在电子电路中，为了获得较大的功率输出往往对输出电路的输出阻抗与所接的负载阻抗之间有一定的要求。例如对音响设备来讲，为了能在扬声器中获得最好的音响效果（获得最大的功率输出），要求音响设备输出的阻抗与扬声器的阻抗尽量相等。但实际上扬声器的阻抗往往只有几欧到十几欧，而音响设备等信号的输出阻抗恰恰很大，在几百欧、几千欧以上，为此通常在两者之间加接一个变压器来达到阻抗匹配的目的。

二、变压器的损耗

变压器负载运行时，将产生铁耗和铜耗。铁耗P_{Fe}包括基本铁耗和附加铁耗两部分。基本铁耗就是由铁芯中的磁通密度、频率、材料和重量所决定的磁滞损耗和涡流损耗，附加铁耗包括叠片间绝缘损伤所引起的局部涡流损耗、结构部件中的涡流损耗和高压变压器绝缘材料中的介质损耗等。附加铁耗占基本铁耗的5%～20%，铁耗又称为不变损耗。铜耗包括基本铜耗和附加铜耗两部分。基本铜耗P_{Cu}就是原、副边线圈的直流电阻铜耗，附加铜耗主要是由集肤效应和邻近效应使导线中电流分布不均匀所增加的铜耗。附加铜耗相当于使基本铜耗增加到1.005～1.05倍。对于已有的变压器，其损耗可以通过试验测定。铜耗又称为可变损耗。

变压器主要应用在输、配电技术领域中。它是远距离输送电能必不可少的设备。当输送功率$P = \sqrt{3}UI\cos\varphi$，负载的功率因数$\cos\varphi$一定时，输送电压U越高，则输电线电流I越小，因而可以减小线路的电能损耗，减小导线截面，节省金属材料。目前我国的超高压输电线路的电压已达到了500kV，这样高的电压，不容许由发电机直接产生，而是将发电机产生的电压用变压器升高后得到的。目前大容量的发电机输出端的电压通常为10.5kV、13.8kV、15.7kV、18kV等几种，因此在输送电能以前，必须用变压器把电压升高到所需要的数值。目前我国采用的交流输电电压等级为10kV、35kV、110kV、220kV、330kV、500kV、750kV、1000kV等几种。在用电方面，为了保证用电的安全和用电设备的额定电压的要求，还必须用变压器将电压降低，如在工厂中的电动机一般采用的电压为380V，日常生活照明和家用电器一般采用的电压为220V。

三、变压器的极性及判定

1.同极性端概述

（1）判定的意义：主要在变压器绕组的串联、并联、三相连接等场合，必须注意同极性端正确。

（2）同极性端定义：每个瞬间，一个绕组的某一端电位为正，另一个绕组也必然同时有一个电位为正的对应端，这两个对应端就叫同极性端。

（3）同极性端判定的依据：某瞬间电流从绕组的某一端流入（或流出）时，若两个绕组的磁通方向一致，则这两个绕组的电流流入（或流出）端就是同极性端。串联时，两绕组的异极性端相连；并联时，两绕组的同极性端相连。

2.同极性端的测定

（1）交流法。如图1-10所示，将一次、二次绕组各取一个接线端连接在一起（图中的2和4），并在一个绕组上（图中为N_1绕组）加一个较低的交流电压u_{12}，再用交流电压表分别测量U_{12}、U_{13}、U_{34}的值。如果测量结果为$U_{13}=U_{12}-U_{34}$，则说明N_1、N_2绕组为反极性串联，故1和3为同名端；若结果为$U_{13}=U_{12}+U_{34}$，则1和4为同名端。

（2）直流法。使用1.5V或3V的直流电源，按图1-11所示进行连接。直流电源接在高压绕组上，而直流毫伏表接在低压绕组两端。当开关S合上的一瞬间，如直流毫伏表指针向正方向摆动，则接直流电源正极的端子与接直流毫伏表正极的端子为同名端。

注意：在试验过程中尽量使通入电压低一些，以免电流太大损坏线圈。

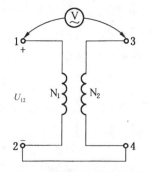

图1-10　交流法测定绕组的同名端

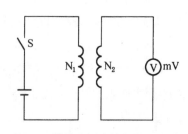

图1-11　直流法测定绕组的同名端

【任务实施】

一、任务名称

单相变压器特性测试。

二、器材、仪表、工具

1.器材

变压器一次侧电压为380V，二次侧电压为127V、24V，容量为100~150V·A，出线头未有电压标记，单相开启式负荷开关1只，容量为15A。

2.仪表

交流电压表2块，其量程均为0~500V，万用表1只，1.5V电池2节等。

3.工具

常用电工工具1套。

三、实训步骤

1.变压器同名端的判别

（1）先用万用表判定一次、二次每个绕组的两个出线头。

（2）按照交流法判别变压器同名端方法，进行电路连接，根据被测电压选择电压表的量程，读出电压表实测电压读数。根据读数判定一次、二次共3个绕组的同名端。

（3）按照直流法判别变压器同名端的方法，进行电路连接，根据毫伏表的指示值，判定一次、二次共3个绕组的同名端。

2.测量变压器的变比K

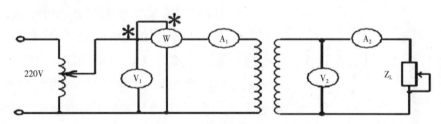

图1-12 变压器变比测量

如图1-12所示，调节调压器，使原边绕组输入电压U_1达到其额定值36V，测量副边绕组空载时的额定电压U_2，这样可求出K。

3.变压器空载特性测量

如图1-12所示，调节调压器，使原边的输入电压从0逐渐增至40V，逐次测量原边电压U_1，及原边电流I_1，表格自行设定。

4.变压器的外特性 $U_2=f（I_2）$ 的测量

变压器原边为36V恒定，改变负载Z_L的大小，测原边电流I_1，副边电压U_2及电流I_2，自行设计表格。

四、注意事项

（1）注意人身安全、设备安全，注意调压器原边接电源，副边接电路，不能接错。

（2）用直流判断法判断的同名端，直流电源只能瞬间接通线圈才能看到实验现象。

任务3　三相变压器连接组别测试

【任务描述】

本任务主要是三相变压器连接组别判定，学生应学会用实验测定三相变压器绕组极性的方法，掌握用电压表确定变压器的连接组别的方法。

【任务分析】

三相变压器在运行过程中要确定连接组别，用以判断变压器能否进行并联运行。通过本任务的学习，学生应在了解三相变压器绕组连接法和连接组的相关知识的基础上，能够正确运用实验方法测定三相变压器的连接组别。

【相关知识】

一、三相电力变压器

世界各国的电力系统现在都在采用三相制供电，因而广泛采用三相电力变压器来实现电压的变换，在三相电力变压器中，目前使用最广泛的是油浸式电力变压器，其主要结构是由铁芯、绕组、油箱、冷却装置、保护装置等部件组成的。

二、三相变压器绕组连接

1.三相变压器绕组连接方法

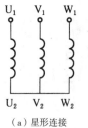
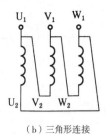

（a）星形连接　　　（b）三角形连接

图1-13　三相变压器绕组的连接方法

三相绕组通常采用的连接法：星形连接，用Y（或y）表示；三角形连接，用D（△或d）表示，两种连接法分别如图1-13（a）、（b）所示。由于一般变压器有原、副边两套绕组，两边可以采用相同或不相同的连接法，因此可以出现多种不同的配合，通常有Y/Y、Y/D、D/Y、D/D，其中Y接法中有中点引出线时用YN表示。

为了正确连接，在变压器绕组进行连接之前，必须将绕组的各个出线端点给予标注。高压绕组的首端通常用U_1、V_1、W_1表示，末端用U_2、V_2、W_2表示；低压绕组的首端用u_1、v_1、w_1表示，末端用u_2、v_2、w_2表示；高、低压绕组的中点分别用N或n表示。

2.连接组的表示方法

连接组是由连接方式和连接组号两部分组成的，用来表示三相变压器的高、低压绕组线电动势之间的相位关系，从而也可以反映高、低压绕组之间的线电压的相位关系。

分析可见，绕在同一铁芯柱上的两绕组的电动势相位相同或相反。但是，三相变压器的高、低压绕组的线电动势却因连接方式的不同而出现不同的相位差。后面的分析将说明，它们的相位差都是30°的整数倍。为了表示上述相位的不同，目前普遍采用时钟表示法。

时钟表示法就是将高压绕组的线电动势（E_{UV}）作为时钟的分针（长针），指向12；低压绕组对应的线电动势（E_{uv}）作为时钟的时针（短针）。它们所指示的钟点数即为连接组号，记在连接方式的后面。例如Y，y0，连接方式为Y，y。连接组号为0，表示钟表指示在0点（12点）。长、短针都在12位置，说明高、低压绕组对应的线电动势的相位差为0°。再如Y，d11，表示连接方式为Y，d，连接组号为11。钟表指示在11点，即长针指12，短针指在11。说明高压绕组的线电动势超前于低压绕组对应的线电动势11×30°=330°。

3.连接组的判断方法

根据绕组的连接方式和极性可以判断出连接组，三相变压器的连接组不仅与绕组的绕向和首末端的标志有关，而且还与三相绕组的连接方式有关。下面以Y/Y、Y/D两种接法为例来分析几种不同的连接组。

图1-14所示为三相变压器Y/Y（或Y，y）接法时的连接组。此时取原、副边绕组同极性端为首端或末端，则对应的每一相原、副边绕组的电动势同相位，当我们将原、副边首端重合，做出三相变压器电动势的相量图后，显见原边线电动势$\dot{E}_{UV}$和副边线电动势$\dot{E}_{uv}$同相位，则变压器的连接组用Y/Y-12（或Y，y0）表示。如果把副边绕组的首、末端对调，这时对应的每一相原、副边绕组电动势的相位相反，作相量图可知，连接组变为Y/Y-6（或Y，y6）。

图1-15所示为三相变压器Y/D接法时的连接图，仍然取原、副边绕组同极性端为首端或末端，副边D接法次序为$u_1 \to w_2 \to w_1 \to v_2 \to v_1 \to u_2 \to u_1$时，从相量图可以看出：$\dot{E}_{uv}$滞后于$\dot{E}_{UV}$为30°，连接组用Y/D-1（Y，d1）表

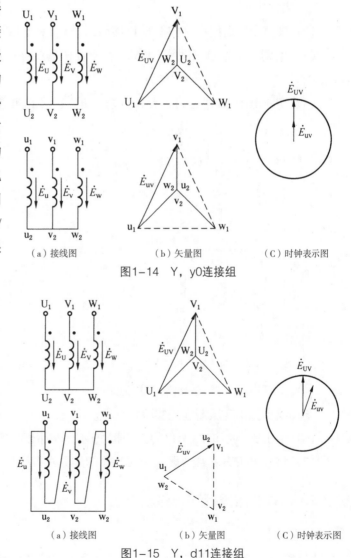

（a）接线图　　　（b）矢量图　　　（C）时钟表示图

图1-14　Y，y0连接组

（a）接线图　　　（b）矢量图　　　（C）时钟表示图

图1-15　Y，d11连接组

示。当D接法连接次序为$u_1 \to u_2 \to v_1 \to v_2 \to w_1 \to w_2 \to u_1$，由分析可以得出$E_{uv}$滞后于$E_{UV}$为11×30°=330°，连接组用Y/D-11（或y，d11）表示。

综上所述，改变出线端标注或选择是否用同极性端作为首端，或采用不同的D接法次序，可以获得不同的连接组。Y/Y或D/D连接时，可获得所得偶数连接组号；用Y/D或D/Y连接时，可获得所得奇数连接组。为避免混乱和便于制造与使用，我国国家标准规定Y/Yn-11，Y/D-11，Y_N/D-11，Y_N/Y-12和Y/Y-12为电力变压器标准连接组。

【任务实施】

一、任务名称

三相变压器连接组别判定。

二、器材、仪表、工具

交流电路实训单元、交流电压表、常用电工工具。

三、实训步骤

（1）观察变压器结构，按图1-16接线，做Y，y0连接组的测定。

（2）用调压器将电压调到100V，施于变压器的高压侧，用电压表分别测量U_{U1v1}、U_{u1v1}、U_{V1v1}、U_{W1v1}、U_{V1w1}值并加以记录。

（3）切断电源，按图1-17接线，做Y，d11连接的测定。

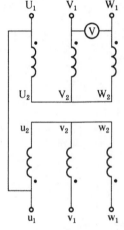 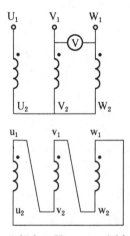

图1-16 三相变压器Y，y0测定接线图   图1-17 三相变压器Y，d11测定接线图

（4）重复步骤（2）的测量，并记录。

（5）绘出三相变压器连组实验接线图。

（6）绘出Y，y0和Y，d11的电压相量图，并列出表格记录实验数据。

（7）将双电压表测量结果与公式计算的结果进行比较，确定连接组别。

任务4 自耦变压器拆卸与检测

【任务描述】

本任务主要是自耦变压器拆卸与检测。学生应学会正确选用和使用拆卸与装配工具，正确拆卸与装配自耦变压器。通过此任务的学习使学生熟悉自耦变压器的基本结构，掌握小型自耦变压器的拆卸与装配工具和仪表的正确选用和使用，学会小型自耦变压器的拆卸与装配的工艺。

【任务分析】

　　学生通过本任务的学习应初步了解特殊用途变压器的结构原理、使用时应注意的事项，掌握自耦变压器的结构特点，熟练运用各种电工工具对自耦变压器进行拆卸与检测训练，掌握自耦变压器拆卸与检测方法。注意自耦变压器的一、二次绕组不能调换使用，一次绕组接输入电压，二次绕组接输出电压，否则可能烧坏绕组。

【相关知识】

特殊用途的变压器

1.自耦变压器

　　（1）自耦变压器的结构及原理。最简单的单相变压器是由绕在同一铁芯上的两个绕组构成的，两个绕组之间只有磁的耦合，彼此绝缘而没有电的直接联系。这种变压器称为双绕组变压器。这种变压器是完全依靠电磁感应传递能量的。如果原、副绕组合二为一，如图1-18所示，就成为只有一个绕组的变压器，其中高压绕组的一部分线圈兼作低压绕组，称为自耦变压器。自耦变压器的原、副绕组之间除磁耦合的联系外，还有电的直接联系。

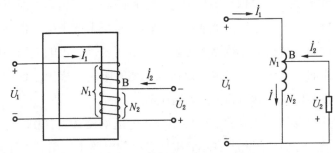

图1-18　自耦变压器的工作原理

　　（2）自耦变压器的特点。自耦变压器的优点：较相同容量的普通变压器消耗的材料少，因而成本低，体积小，重量轻，同时损耗小，效率高。理论分析和实践都可以证明，当一、二次绕组电压之比接近1时，或者说不大于1时，自耦变压器的优点是显著的，当变压比大于2时，好处就不多了。所以实际应用的自耦变压器，其变压比一般在1.2～2.0的范围内。如电力系统中，用自耦变压器把110V、150V、220V和330kV的高压电力系统连接成大规模的动力系统。大容量的异步电动机降压启动，也可用自耦变压器降压，以减小启动电流。自耦变压器的缺点：一、二次绕组的电路直接连在一起，因此高压侧的电压故障会波及低压侧，这是很不安全的。因此按照电气安全操作规程，使用自耦变压器时必须正确接线，且外壳必须可靠接地，且规定安全照明变压器不允许采用自耦变压器的结构形式。

　　（3）自耦变压器的应用。在实验室和家用电器中，为了能在负载情况下平滑地调节输出电压，常用自耦接触式调压器，它实际上是将绕组绕在环形铁芯上，环形的一端经加工后铜线裸露，放一组可滑动的电刷与裸铜线相接触，作为副边绕组的一个出线头。这样，当电刷移动时，便可以平滑地调节输出电压。自耦变压器结构简单，效率高，便于移动，使用较多。但因受被电刷短路线圈中短路电路的限制，绕组每一匝的电压不能太高，一般不超过1V，而且负载电流也不能太大，所以容量一般小于几十千伏·安，电压多在

500V以下。因此，当需要更大容量和更高电压时，应选用动圈式或感应式调压器。

　　2.仪用互感器

　　大容量的电气设备往往是高电压和大电流的，例如一台1000kV的单相变压器，电压为10 000/400V，电流为100/2500A，要想直接用仪表测量万伏级电压和数千安的电流那是不可能的，也是不安全的。在实际工作中，根据变压器能够成比例地变换电压和电流的原理，可以将被测的高电压和大电流按一定比例降低后，再进行测量，并实现与高压的隔离，完成这种任务的设备叫仪用互感器，其有电压互感器和电流互感器之分。

　　（1）电压互感器。电压互感器的工作原理与普通变压器空载情况相似，使用时把匝数较多的原绕组跨接在被测高压线路之间，而匝数较少的低压副绕组接交流电压表，如图1-19所示。由于电压互感器副绕组接高阻抗仪表，原、副绕组的电流都很小，所以相当于一个空载运行的降压变压器。所以只要选择适当的变压比，就能从副边的电压表上读出电压值乘以变压比就可得到高压线路的电压。当电压表以专用的电压互感器使用时，电压表的刻度可以按高压测的电压值标出，这样可以直接从电压表读出高压测的电压值。

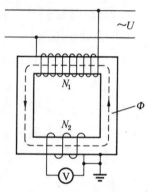

图1-19　电压互感器

　　通常电压互感器副绕组额定电压均设计为100V，而原绕组的额定电压设计成不同的电压等级。因此，在不同电压等级的电路中所用的电压互感器，其变压比是不同的，例如3000/100、6000/100、10 000/100等。

　　在使用电压互感器时，应注意以下几点：

　　①电压互感器的铁壳及副绕组的一端都必须牢固接地，以避免原、副绕组间绝缘损坏时，铁壳及副绕组带高压发生危险。

　　②副绕组不能短路，因具有100V的电压，短路时电流较大，将会烧坏互感器。

　　③电压互感器有一定的额定容量，使用时二次绕组侧不宜接入过多的仪表，以免影响电压互感器的测量精度。

　　（2）电流互感器。电流互感器用于扩大交流电流表的量程，使用时它的原绕组应与待测负载相串联，而副绕组则与电流表连成一个闭合回路，如图1-20所示。只要选择适当的变流比，就能从副边的电流表上读出负载中的大电流。当电流配以专用的电流互感器使用时，电流表刻度可以按原边电流值标出，这样可以直接从电流表中读出负载中的电流值。

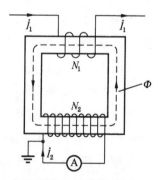

图1-20　电流互感器

　　通常电流互感器副绕组的额定电流设计为5A或1A，因此测量不同等级电流所用的电流互感器变流比是不同的。电流互感器的变流比有10/5、30/5、75/5、100/5、200/5等。

　　在使用电流互感器时，应注意以下两点：

①电流互感器的二次绕组绝对不允许开路。因为二次绕组开路时，电流互感器处于空载运行状态，此时一次绕组流过的电流（被测电流）全部为励磁电流，使铁芯中的磁通急剧增大，一方面使铁芯损耗急剧增加，造成铁芯过热，烧毁绕组；另一方面将在二次绕组侧感应出很高的电压，可以使绝缘击穿，并危及测量人员和设备的安全。因此在一次侧电路工作时如需检修或拆换电流表、功率表的电流线圈时，必须先将电流互感器的二次绕组短接。

②电流互感器的铁芯及二次绕组一端必须可靠接地，以防止一次绕组放电或击穿后，使高压传到二次侧，电力系统的高电压危及工作人员及设备的安全。

【任务实施】

一、任务名称

自耦变压器拆卸与检测。

二、器材、仪表、工具

1.器材

三相自耦变压器1台。

2.仪表

万用表1只、兆欧表1只。

3.工具

电工工具1套（验电笔、一字和十字螺钉旋具、钢丝钳、尖嘴钳、斜口钳、剥线钳、电工刀等），扳手1把。

三、实训步骤

1.熟悉自耦变压器

认真观察三相可调自耦变压器的外形结构和固定方式，以便拆卸。用抹布清洁自耦变压器的外壳，进行外围维护工作。

2.测试一次绕组直流电阻值

用万用表的200Ω挡分别测量三相一次绕组的直流电阻值，正常情况下三相一次绕组的直流电阻值基本相等。

3.测试二次绕组直流电阻值

用万用表的200Ω挡分别测量三相二次绕组的直流电阻值，正常情况下三相二次绕组的直流电阻值基本相等。

4.测量绕组与外壳间的绝缘电阻值

按兆欧表的正确使用方法进行验表。验表正常后将兆欧表的"L"端子与绕组的任意端子相接，"E"端子与自耦变压器的接地螺钉可靠接触，用正确方法摇动兆欧表进行绝缘电阻值测量。测得阻值应接近"∞"为好，如果小于1MΩ说明自耦变压器有漏电现象，不能正常使用。

5.拆卸外壳锁紧螺钉

三相自耦变压器的外壳锁紧螺钉较长，拆卸时使用活扳手和电工钳进行拆卸。

6.拆卸调节旋钮和刻度盘

用旋具将调节旋钮侧孔的螺钉拧松，取下调节旋钮，将刻度盘的4个螺钉取下并将刻度盘取下。

7.拆卸外壳

待外壳锁紧螺钉、调节旋钮和刻度盘取下后，将自耦变压器的外壳取出来，认真观察自耦变压器的内部结构，旋转调节旋钮观察触片与绕组的接触情况，用抹布小心地将绕组及其他装置上的灰尘抹去，做内部维护。

8.自耦变压器的装配

安装过程与拆卸过程相反，值得注意的是要认真对待安装过程中的每个步骤，待安装好后还要进行电气性能的简单测试，测试正常后，该变压器方可再次投入使用。

项目二　直流电动机拆装与检修

【知识目标】

1.了解直流电动机的结构原理。

2.掌握直流电动机的拆装方法。

3.熟悉直流电动机的维修原理。

4.掌握直流电动机的作用和维护方法。

5.掌握直流电动机常见故障处理方法。

【技能目标】

1.掌握直流电动机的拆装技能。

2.熟悉直流电动机的维修技能。

3.了解直流电动机的维护。

4.掌握直流电动机常见故障处理方法和技能。

任务1　直流电动机拆卸与装配

【任务描述】

本任务主要是直流电动机拆卸与装配。学生应学会正确选用和使用拆卸与装配工具，正确拆卸与装配小型直流电动机。通过此任务的学习使学生熟悉直流电动机的基本结构，掌握直流电动机拆卸与装配工具和仪表的正确选用和使用，学会直流电动机拆卸与装配的工艺。

【任务分析】

学生通过本任务的学习应初步了解直流电动机的结构特点、电动机的基本组成部分及各部分的作用，熟练运用各种电工工具，对电动机进行拆装训练，掌握直流电动机的拆卸和装配方法，尤其要熟悉电刷的安装调节方法，以及直流电动机的接线方法。

注意：在拆装过程中应按照一定的步骤和顺序进行，并正确使用相关工具完成拆装任务。

【相关知识】

直流电机的基本结构

直流电机由静止的定子和旋转的转子两大部分组成，在定子和转子之间有一定大小的间隙（称气隙），如图2-1所示。

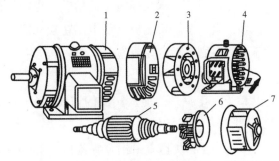

1-直流电机总体；2-后端盖；3-通风机；4-定子总体；5-转子（电枢）；
6-电刷装置；7-前端盖

图2-1　直流电机结构图

1.定子部分

直流电机定子的作用是产生磁场和作为电机的机械支撑，主要由主磁极、换向极、机座、电刷装置和端盖等组成。

（1）主磁极。主磁极是一个电磁铁，如图2-2所示，它的作用是在气隙中产生主磁场，它包括主磁极铁芯和励磁绕组两部分。为了降低电枢旋转时的极靴表面损耗，主磁极铁芯一般用1～1.5mm厚的低碳钢板冲片叠压后再用铆钉铆紧成一个整体。小型电机的主磁极线圈用绝缘铜线（或铝线）绕制而成，大、中型电机主磁极线圈用扁铜线绕制，并进行绝缘处理，然后套在主磁极铁芯外面，整个主磁极用螺钉固定在机座内壁。在小型直流电机中，主磁极也可采用永久磁铁，它不需要励磁绕组，叫作永磁直流电机。

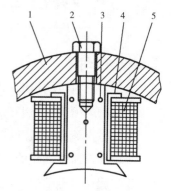

1-机座；2-主磁极螺钉；3-主磁极铁芯；
4-框架；5-绕组

图2-2　主磁极

（2）换向极。换向极的作用是改善直流电机的换向，也是由换向铁芯和换向绕组两部分组成的。换向极铁芯一般用整块钢制成，当换向要求较高时用1.0～1.5mm厚的钢片叠压而成。换向绕组与电枢绕组串联。在小容量直流电机中，有时换向极的数目只有主磁极的一半，或不装换向极。

（3）机座。直流电机的机座用铸钢或钢板焊成，具有良好的导磁性能和机械硬度，起保护和支撑作用，同时还是磁路的一部分（磁轭部分）。机座通常为铸造钢件，也有采用钢板焊接而成的。

（4）电刷装置。电刷装置的作用是通过电刷与换向器表面的滑动接触，把转动的电枢与外电路相连，电刷装置一般由电刷、刷握、刷杆、刷杆座等部分组成，如图2-3所示，电刷一般用石墨粉压制而成。电刷放在刷握内，用弹簧压紧在换向器上，刷握固定在刷杆上，刷杆装在刷杆座上，成为一个整体部件。

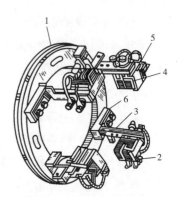

1-刷杆座；2-弹簧；3-刷杆；4-电刷；
5-主磁极绕组；6-绝缘垫衬

图2-3　电刷装置

机座的两边各有一个端盖，一般用铸铁铸成。端盖的中心处装有轴承，用来支撑转子的转轴。电刷插在刷架的刷握中，顶上有一个弹簧压板，使电刷在换向器上保持一定的接触压力。电刷架固定在端盖上。

2.转子部分

转子（电枢）是能量转换的重要部分，由电枢铁芯、电枢绕组、换向器、转轴、风扇、气隙等几部分组成。

（1）电枢铁芯。由相互绝缘的0.5mm厚的硅钢片叠压而成，以减少涡流和磁滞损耗，铁芯的作用是固定电枢绕组，同时又是磁路的一部分，整个铁芯固定在转轴或转子支架上。电枢铁芯冲片如图2-4所示，沿铁芯外圈均匀分布有槽，在槽内嵌放电枢绕组。

（2）电枢绕组。电枢绕组的作用是产生感应电动势和通过电流产生电磁转矩，实现电机能量交换。它是直流电机的主要电路部分。电枢绕组通常都用圆形或矩形截面的导线绕制而成，再按一定规律嵌放在电枢槽内。上下层之间以及电枢绕组与铁芯之间都要妥善地绝缘。

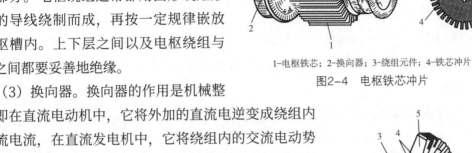
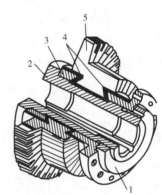

1-电枢铁芯；2-换向器；3-绕组元件；4-铁芯冲片

图2-4　电枢铁芯冲片

（3）换向器。换向器的作用是机械整流，即在直流电动机中，它将外加的直流电逆变成绕组内的交流电流，在直流发电机中，它将绕组内的交流电动势整流成电刷两端的直流电动势。换向器的结构如图2-5所示，换向器由许多换向片组成，换向片间用云母板绝缘，换向片凸起的一端称升高片，用以与电枢绕组端头相连，换向片下部做成燕尾形，利用换向器套筒、V形压圈及螺旋压圈将换向片、云母片坚固成一个整体。在换向片与换向器套筒、压圈之间用V形云母片。

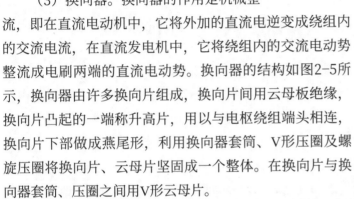
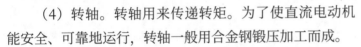

1-螺旋压圈；2-换向器套筒；3-V形压圈；
4-V形绝缘环；5-换向铜片

图2-5　换向器

（4）转轴。转轴用来传递转矩。为了使直流电动机能安全、可靠地运行，转轴一般用合金钢锻压加工而成。

（5）风扇。风扇用来降低电动机在运行中的温升。

（6）气隙。气隙是定子磁极和电枢之间自然形成的间隙，它是主磁路的一部分，气隙中的磁场是电机进行机电能量转换的媒介，气隙的大小对电机的运行性能有很大的影响。小容量直流电机的气隙为1～3mm，大容量电机的气隙可达几毫米。

3.直流电机的额定值

为了使电机安全可靠地工作，而且有优良的运行性能，电机制造厂根据国家标准及电机的设计数据，对每台电机在运行中的有关物理量（电压、电流、功率、转速等）所规定的保证值，称为电机的额定值。电机在运行中，若各物理量都符合它的额定值，称为该电机运行于额定状态。额定值一般标在电机的铭牌上，所以又称为铭牌数据。直流电机的额定值有以下几项。

（1）额定功率P_N。额定功率指电机按规定的工作方式运行时，所能提供的输出功率。作为发电机，额定功率是指接线端子处的输出功率；作为电动机，额定功率是指电动机转轴的有效机械功率，单位为千瓦（kW）。

（2）额定电压U_N。是指在额定输出时电机出线端的电压，单位为伏（V）。

（3）额定电流I_N。是指额定输出状态下电机出线端的电流，单位为安（A）。

（4）额定转速n_N。是指电机在额定电压、额定电流和额定输出功率时，电机的旋转速度，单位为转/分钟（r/min）。

此外，还有工作方式、励磁方式、额定励磁电压、额定温升、额定效率等。

额定值是选用或使用电机的主要依据，一般希望电机按额定值运行。但实际上，电机运行时的各种数据可能与额定值不同，它们由负载的大小来确定。若电机的电流正好等于额定值，称为满载运行；若电机的电流超过额定值，称为过载运行；若电流比额定值小得多，称为轻载运行。长期过载运行将使电机过热，减少电机使用寿命甚至使电机损坏；长期轻载运行会使电机的容量不能充分利用。两种情况都将降低电机的效率，都是不经济的。故在选择电机时，应根据负载的要求，尽可能使电机运行在额定值附近。

4.励磁方式

直流电机的励磁方式是指直流电机励磁绕组和电枢绕组之间的连接方式。不同励磁方式的直流电机，其特性有很大差异，因此，励磁方式是选择直流电机的重要依据。直流电机的励磁方式可分为他励、并励、串励和复励4类，如图2-6所示。

（1）他励电机。励磁绕组与电枢绕组各自分开，励磁绕组由独立的直流电源供电，如图2-6（a）所示，励磁电流I_f的大小只取决于励磁电源的电压和励磁回路的电阻，而与电机的电枢电压大小及负载无关。用永久磁铁做主磁极的电机可当他励电机。

（2）并励电机。励磁绕组与电枢绕组相并联，如图2-6（b）所示，励磁电流一般为额定电流的5%，要产生足够大的磁通，需要有较多的匝数，所以并励绕组匝数多，导线较细。

（3）串励电机。励磁绕组与电枢绕组相串联，如图2-6（c）所示，励磁电流与电枢电流相同，数值较大，因此，串励绕组匝数很少，导线较粗。

（4）复励电机。电机至少有两个励磁绕组，其中之一是串励绕组，其他为并励（或他励），如图2-6（d）所示。通常并励绕组起主要作用，串励绕组起辅助作用。若串励绕组和并励绕组所产生的磁势方向相同，称为积复励；若串励绕组和并励绕组所产生的磁势

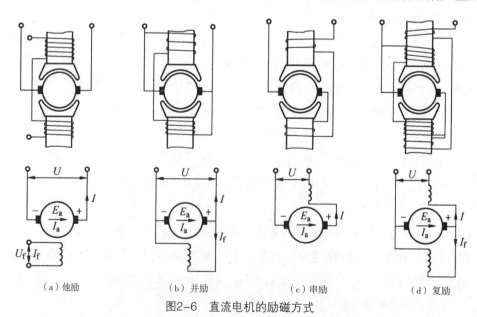

（a）他励　　　　　（b）并励　　　　　（c）串励　　　　　（d）复励

图2-6　直流电机的励磁方式

方向相反，称为差复励。并励绕组匝数多，导线细；串励绕组匝数少，导线粗，外观上有明显的区别。

【任务实施】

一、任务名称

直流电动机拆卸与装配。

二、器材、仪表、工具

直流电动机1台、拉具1套、手锤1把、各种扳手、油盒1只、刷子1把、煤油、润滑脂、直流毫伏表、兆欧表、直流电源、常用电工工具等。

三、实训步骤

拆卸前应清理好场地，准备好工具，并在接头线、端盖、外壳、轴承盖与端盖上等做好标记，以免装配时弄错。

1.拆卸电动机

（1）卸下皮带或脱开联轴器的连接销。

（2）拆下接线盒内的电源接线和接地线。

（3）卸下皮带轮或联轴器。

（4）卸下底脚螺母和垫圈。

（5）卸下前轴承外盖。

（6）卸下前端盖。

（7）拆下风叶罩。

（8）卸下风叶。

（9）卸下后轴承外盖。

（10）卸下后端盖。

（11）抽出转子。

（12）拆下前后轴承及前后轴承的内盖。

2.主要零部件的拆装方法

（1）皮带轮或联轴器的拆装。拆卸时，先在皮带轮或联轴器与转轴之间做好位置标记，拧下固定螺钉和销子，然后用拉具慢慢地拉出。如果拉不出，可在内孔浇点煤油再拉。如果仍拉不出，可用急火围绕皮带轮或联轴器迅速加热，同时用湿布包好轴，并不断浇冷水，以防热量传入电动机内部。装配时，先用细砂布把转轴、皮带轮或联轴器的轴孔砂光滑，将皮带轮或联轴器对准键槽套在轴上，用熟铁或硬木块垫在键的一端，轻轻将键敲入槽内。键在槽内要松紧适度，太紧或太松都会伤键和伤槽，太松还会使皮带打滑或振动。

（2）轴承盖的拆装。轴承外盖拆卸很简单，只要拧下固定轴承盖的螺钉，就可取下前、后轴承外盖。前后两个轴承外盖要分别标上记号，以免装配时前后装错。轴承外盖的装配方法：将外盖穿过转轴套在端盖外面，插上一颗螺钉，一手顶住这颗螺钉，一手转动转轴，使轴承内盖也跟着转到与外盖的螺钉孔对齐时，便可将螺钉顶入内盖的螺孔中并拧紧，最后把其余两颗螺钉也装上拧紧。

（3）端盖的拆装。拆卸前，应在端盖与机座的接缝处做好标记，以便复原。然后拧下固定端盖的螺钉，用螺丝刀慢慢地撬下端盖（拧螺钉和撬端盖都要对角线均匀对称地进行）。前、后端盖要做上记号，以免装配时前后搞错。装配时，对准机壳和端盖的接缝标记，装上端盖。插入螺钉拧紧（要按对用线对称地旋进螺钉，而且要分几次旋紧，且不可有松有紧，以免损伤端盖）。同时要随时转动转子，以检查转动是否灵活。

（4）转子的拆装。前、后端盖拆掉后，便可抽出转子。由于转子很重，应注意切勿碰坏定子线圈。对于小型电动机转子，抽出时要一手握住转子，把转子拉出一些，再用另一只手托住转子，慢慢地外移。对于大型电动机，抽出转子时要两人各抬转子的一端，慢慢外移。装配时，要按上述逆过程进行，要对准定子腔中心小心地送入。

（5）滚动轴承的拆装。拆卸滚动轴承的方法与拆卸皮带轮类似，也可用拉具来进行。如果没有拉具，可用两根铁扁担夹住转轴，使转子悬空，然后在转轴上端垫木块或铜块后，用锤敲打使轴承脱开拆下，在操作过程中注意安全。装配时，可找一根内径略大于转轴外径的平口铁管套入转轴，使管壁正好顶在轴承的内圈上，便可在管口垫木块用手锤敲打。使轴承套入转子定位处。注意轴承内圆与转轴间不能过紧。如果过紧，可用细砂布在转轴表面四周，均匀地打磨一下，使轴承套入后能保持一般的紧密度即可。另外轴承外圈与端盖之间也不能太紧。

3.电动机的装配

电动机的装配步骤与拆卸步骤相反。对一般中、小型电动机，只拆除风叶罩、风叶、前轴承外盖和前端盖，而后轴承外盖、后端盖连同前后轴承、轴承内盖及转子一起抽出。

在装电动机时要特别注意，如果没有将端盖、轴承盖装在正确位置，或没有掌握好螺钉的松紧度和均匀度，都会引起电动机转子偏心，造成扫膛等不良运行故障。

四、成绩评定

成绩评定见表2-1。

表2-1　评分表

项目内容	配分	评分标准	扣分	得分
电动机解体	40分	拆卸步骤不正确，每次扣5分		
		拆卸方法不正确，每次扣5分		
		工具使用不正确，每次扣5分		
电动机组装	30分	装配步骤不正确，每次扣5分		
		装配方法不正确，每次扣5分		
		一次装配后电动机不符合要求，需重新装扣20分		
电动机清洗与检查	20分	轴承清洗不干净扣5分		
		润滑油脂过多或过少扣5分		
		定子内腔和端盖处未做除尘处理或清洗扣10分		

项目内容	配分	评分标准	扣分	得分
安全文明生产	10分	违规一次扣5分		
工时：4h		每超过5min扣2分		
开始时间：		结束时间：		
合计				

注：可视电动机功率大小、新旧程度酌情安排电动机拆装的时间。

任务2　直流电动机使用与维护

【任务描述】

本任务主要是直流电动机使用与维护。学生应了解各种仪器仪表的功能及使用方法，能正确地使用测量仪表对电动机参数进行测量，了解电动机运行和检修的相关规程。通过此任务的学习使学生熟悉直流电动机正确使用及维修的相关知识，掌握正确使用测量仪表对电动机进行测量的方法。

【任务分析】

在直流电动机的日常使用与维护过程中通过要测试电动机的绝缘电阻，监测运行过程中的电压、电流等，以此来检测电动机的工作情况是否正常。在电动机绕组发生故障时也需要依靠一些仪器仪表测得的数据来查找故障点。本任务通过相关的训练让学生学会用仪表测量电动机的一些参数，如绕组的绝缘电阻、直流电阻、电刷与换向器的检查等。

【相关知识】

一、直流电动机正确使用

电动机的使用寿命是有一定期限的，电动机在运行过程中其绝缘材料会逐步老化、失效，电动机轴承将逐渐磨损，电刷在使用一定时期后因磨损必须进行更换，换向器表面有时也会发黑或灼伤等。但一般说来，电动机的结构是相当牢固的，在正常情况下使用，电动机寿命是比较长的。电动机在使用过程中由于受到周围环境的影响，如油污、灰尘、潮气、腐蚀性气体的侵蚀等，将会使电动机寿命缩短。电动机如使用不当，比如转轴受到不应有的扭力等将使轴承加速磨损。这些损伤都是由于外部因素造成的，为避免这些情况的发生，正确使用电动机、及时发现电动机运行中的故障隐患是十分重要的。正确使用电动机应该从以下方面着手。

1.直流电动机使用前的检查

（1）用压缩空气或手动吹风机吹净电动机内部的灰尘、电刷粉末等，清除污垢杂物。

（2）拆除与电动机连接的一切接线，用绝缘电阻表测量绕组对机座的绝缘电阻。若小于0.5MΩ时，应进行烘干处理，测量合格后再将拆除的接线恢复。

（3）检查换向器的表面是否光洁，如发现有机械损伤或火花灼痕应进行必要的处理。

（4）检查电刷是否严重损坏，刷架的压力是否适当，刷架的位置是否位于标记的位置。

（5）根据电动机铭牌检查直流电动机各绕组之间的接线方式是否正确，电动机额定电压与电源电压是否相符，电动机的启动设备是否符合要求，是否完好无损。

2.直流电动机的使用

（1）直流电动机在直接启动时因启动电流很大，这将对电源及电动机本身带来极大的影响。因此，除功率很小的直流电动机可以直接启动外，一般的直流电动机都要采取减压措施来限制启动电流。

（2）当直流电动机采用减压启动时，要掌握好启动过程所需的时间，不能启动过快，也不能过慢，并确保启动电流不能过大（一般为额定电流的1～2倍）。

（3）在电动机启动时就应做好相应的停车准备，一旦出现意外情况时应立即切断电源，并查找故障原因。

（4）在直流电动机运行时，应观察电动机转速是否正常，有无噪声、振动等，有无冒烟或发出焦臭味等现象，如有应立即停机查找原因。

（5）电刷的使用。电刷与换向器表面应有良好的接触，正常的电刷压力为15～25kPa，可用弹簧秤进行测量。

电刷磨损或碎裂时，应更换牌号、尺寸规格都相同的电刷，新电刷装配好后应研磨光滑，保证与换向器表面有80%左右的接触面。

（6）注意观察直流电动机运行时电刷与换向器表面的火花情况。在额定负载工况下，一般直流电动机只允许有不超过$1^{1/2}$级的火花。电刷下火花的等级，见表2-2。

表2-2 直流电机换向火花等级

火花等级	特征	换向器及电刷状态
1级	无火花，又称黑暗换向	
$1^{1/4}$级	电刷下面仅有小部分有微弱的点状火花	换向器上没有黑痕，电刷上面没有灼痕
$1^{1/2}$级	电刷下面大部分有轻微火花	换向器上有发黑痕迹出现，用汽油擦其表面易除去，同时电刷上有灼痕
2级	电刷的整个边缘下面都有火花	换向器上有发黑痕迹出现，用汽油擦其表面不能除去，同时电刷上有灼痕
3级	电刷的整个边缘下面都有强大的火花，同时有火花飞出	换向器上发黑相当严重，用汽油擦其表面不能除去，同时电刷烧焦及损坏

（7）串励电动机在使用时，应注意不允许空载启动，不允许用带轮或链条传动。并励或他励电动机在使用时，应注意励磁回路绝对不允许开路，否则都可能因电动机转速过高而导致严重后果的发生。

二、直流电动机的维护

直流电动机的日常维护主要是检查电路的状态、机械灵活性和电动机的洁净度，并在出现异常情况时能及时加以修复，避免直流电动机出现更严重的故障，因此必须特别注意对它们的维护和保养。

1.直流电动机的清洁

应保持直流电动机的清洁，尽量防止灰沙、雨水、油污、杂物等进入电动机内部。

2.换向器表面的光洁

换向器表面应保持光洁，不得有机械损伤和火花灼痕。如有轻微灼痕时，可用0号砂纸在低速旋转的换向器表面仔细研磨。如换向器表面出现严重的灼痕或粗糙不平、表面不圆或有局部凸凹等现象时，则应拆下重新进行车削加工。车削完毕后，应将片间云母槽中的云母片去掉1mm左右，并清除换向器表面的金属屑及毛刺等，最后用压缩空气将整个电枢表面吹扫干净，再进行装配。

3.换向器薄膜的保护

换向器在负载作用下长期运行后，表面会产生一层坚硬的深褐色薄膜，这层薄膜能够保护换向器表面不受磨损，因此要保护好这层薄膜。

4.直流电动机的运行维护

（1）温度的监视。允许温升由绝缘等级决定，在环境的温度下，每超过10℃寿命就会减少一半。超出允许温升后，我们应做如下检查：检查电动机是否过载，设法减轻负载，设法使电动机降温，检查电动机的冷却系统，检查散热是否良好。

（2）换向状况的监视。边缘无火花或有轻微的火花，电刷的氧化膜颜色均匀且有光泽，严重时出现环火最终导致电动机烧坏。环火情况时应考虑以下情况：要考虑电刷是否合适，型号是否匹配，检查电刷内弹簧的压力是否可以，经大修后火花大，换向极是否正确。经常做的维护：保持换向器的清洁（可用干布擦或用皮老虎吹）。

（3）润滑系统的监视（只针对大型电动机）。检查油路是否畅通，油面的高度是否正常，是否有漏油、甩油的现象。

（4）绝缘电阻的监视。绕组对地的绝缘，绕组之间的绝缘1MΩ/kV为合适，最低不能低于0.5MΩ/kV。绝缘能力降低有以下几种情况：绝缘老化（换新的）、电机受潮（用电吹风吹等较温柔的方法）、绝缘破损、潮湿和污物。

（5）异常现象监视。异常的声响、异常的气味、异常的振动。

（6）定期检修。对电动机的内外部进行清扫，检查绕组表面有无变色、损伤、裂纹、剥离现象，定子绕组是否牢靠，焊接处有无脱焊现象。检查绕组的绝缘电阻，记录数据并与上次进行比较。检查换向器和电刷的工作状态，如换向器有无变形、表面有无沟道、有无烧伤。电刷的磨损是否到了寿命、电刷弹簧压力是否合适等。检查螺钉有无松动，检查轴承的磨损情况。

【任务实施】

一、任务名称

直流电动机使用与维护。

二、器材、仪表、工具

直流电动机、万用表、兆欧表、常用电工工具等。

三、实训步骤

1.解读铭牌参数

认真阅读电动机上的铭牌参数，深入理解型号及各种参数含义。

2.检查电枢绕组的直流电阻值

电枢绕组通过的电流较励磁绕组大，但也与其功率大小有关，以Z200/20-200型的直流电动机为例，测得其电枢绕组的直流电阻为21.1Ω。大功率的直流电动机其电枢绕组直流电阻很小，可能小于1Ω，这时不能用万用表来准确测量其阻值，而应改用电桥来测量。

电动机在正常情况下测量出来的直流电阻值是作为故障分析时判别绕组有无短路或开路的主要依据。

3.检查励磁绕组的直流电阻值

通过励磁绕组的电流较电枢绕组小，因此其直流电阻值较大，在此测得该直流电动机励磁绕组直流电阻值。

4.检查电动机绝缘电阻值

拆除直流电动机的外部接线，用兆欧表测量绕组与外壳间的绝缘电阻值。一般额定电压500V的直流电动机，绝缘电阻应大于0.5MΩ才可以使用，如绝缘电阻较低，则应先将电动机进行烘干处理，然后再测绝缘电阻值，合格后才可通电使用。

5.电刷与换向器的检查

检查换向器与电刷的表面是否光滑，有没有污垢，接触是否良好，如果不干净，则要用干布或毛刷进行清洁。电刷压力是否正常（一般压力应为14.7～24.5kPa）。造成压力不够的原因可能是电刷已经磨损、弹簧弹力不足，因而更换电刷或弹簧即可恢复。

6.其他维护与检查项目

（1）机械性能检查。在停机状态下旋动电动机转轴检查其灵活性。如不灵活可能是如下原因引起的：端盖螺钉松动导致转轴偏离中心位，轴承缺油锈蚀，气隙间有杂物等。

（2）运行中听声音。在运行过程中留意电动机发出的声音是否正常，如果有杂音或不规则的声音很有可能是机械故障所导致的，应尽快查找原因并修复。

（3）运行中看火花。在运行过程中通过直流电动机的通风孔观察电刷与换向器间的火花是否过大，如果火花过大可能是电枢绕组过电流或电刷与换向器接触不良导致的，应尽快查明原因并修复。

（4）运行中看电流。在运行过程中通过直流电流表观察其电流是否在额定电流以内。

（5）清洁。看电动机是否清洁，内部有无灰尘或脏物等，一般可用不大于0.2MPa（2个大气压）的干燥压缩空气吹净各部分的污物。如无压缩空气，也可用干抹布去抹，不应用湿布或蘸有汽油、煤油、机油的布去抹。

四、成绩评定

成绩评定见表2-3。

表2-3　评分表

项目内容	配分	评分标准	扣分	得分
名牌参数含义	30分	有一处错误扣5分		
绝缘电阻的测量	40分	兆欧表使用不正确，每次扣20分		
		测量中不会读数，每次扣5分		
		测量方法不正确，每次扣20分		
其他维护与检查	20分	检查方法不正确扣5分		
		检查结果不对扣5分		
安全文明生产	10分	违规一次扣5分		
工时：4h		每超过5min扣2分		
开始时间：		结束时间：		
合计				

任务3　直流电动机故障分析与检修

【任务描述】

本任务主要是直流电动机故障分析与检修。学生应了解各种仪器仪表的功能及使用方法，能正确地使用测量仪表对电动机的故障进行测量，了解直流电动机的常见故障分析及处理方法。通过此任务的学习使学生熟悉直流电动机故障查找及测试的相关知识，掌握正确使用测量仪表对电动机的故障查找及测试的方法。

【任务分析】

电动机经过长期的运行，难免会出现各种各样的故障，作为电动机的修理人员，应能根据电动机的故障现象，分析其产生的原因，并采用恰当的方法排除故障。本任务重点围绕直流电动机电枢绕组接地故障、电枢绕组短路故障、电枢绕组断路故障等常见故障进行分析与排除训练。通过对直流电动机检修方法较为简易的项目训练和对常见故障现象的原因及处理方法的解读，学生应学会如何检查直流电动机故障以及维修方法。

【相关知识】

直流电动机常见故障分析及处理方法

直流电动机的常见故障分析及处理方法，见表2-4。

表2-4　直流电机的常见故障分析及处理方法

故障现象	故障分析	处理方法
直流电动机转速过高应及时断电，以防甩坏	1. 并励回路电阻过大或断路 2. 并励或串励绕组匝间短路 3. 并励绕组极性接错 4. 复励电机的串励绕组极性接错（积复励接成反复励） 5. 串励电机负载过低 6. 主极气隙过大	1. 测量励磁回路的电阻，恢复正常电阻值 2. 检查并励或串励绕组，找出故障点进行修复 3. 用指南针测量极性顺序，并重新接线 4. 检查并纠正串励绕组极性 5. 增加负载 6. 规定用铁垫片调整气隙

故障现象	故障分析	处理方法
磁场绕组过热	1. 电动机励磁电流超过规定（常因低转速引起） 2. 电机端电压长期超过额定值 3. 发电机气隙太大 4. 发电机转速太低 5. 并励绕组匝间短路 6. 复励发电机负载时电压不足，调整电压后励磁电流过大	1. 恢复正常励磁电流 2. 恢复额定电压 3. 调整气隙 4. 提高转速 5. 检查并排除故障 6. 该电机串励绕组极性接反，应重新接线
电动机不能启动	1. 直流电动机电刷与换向器接触不良 2. 电枢绕组断路或短路 3. 启动电流小	1. 检查电刷与换向器的接触情况予以改善 2. 检查电枢绕组是否正常 3. 检查启动器是否合上
电动机带负载运行时转速过低	1. 电枢绕组短路 2. 换向器片间短路 3. 电刷位置不正确 4. 换向器极性接错（同时出现长的黄色火花）	1. 检查电枢绕组的短路故障，如看见端部有放电穿孔或烧焦痕迹，可确定电枢已烧坏，常需重新嵌线 2. 检查换向片，清理片间残留的焊锡铜屑、毛刺等 3. 调整刷杆座位置 4. 检查及纠正换向极极性
电刷下换向火花超出规定	1. 全部换向绕组或补偿绕组极性接错（电刷下有耀眼黄色"响声状"火花） 2. 部分换向绕组或补偿绕组极性接错（电刷下有黄色舌状火花） 3. 换向极气隙过大（电刷下滑出边有火花），或过小（电刷下滑入边有火花） 4. 换向极第二气隙不符合规定（重载及负载变化时才有火花）	1. 检查并纠正换向绕组或补偿绕组极性 2. 检查并纠正换向绕组或补偿绕组极性 3. 按规定值调整气隙，有时需要通过实际试运行选择最合理的气隙 4. 规定值及规定材质调整第二气隙
电刷下换向火花超出规定	1. 换向绕组、补偿绕组匝间短路 2. 电枢绕组断线（换向器一圈绿色环状火花，片间云母有放电烧伤痕迹） 3. 电枢绕组与换向片有局部脱焊 4. 换向片松动凸出（可看出凸片发亮，凹片发黑，严重时听到啪啪撞击电刷声及看到电刷边撞崩） 5. 换向器表面粗糙，或表面有油污 6. 换向器云母片凸出或云母片沟积有碳粉等 7. 换向极绕组匝数不符合要求 8. 换向极绕组短路 9. 电刷磨损过度 10. 电刷牌号不符合要求 11. 电刷在刷握内过紧或过松 12. 电刷与换向器表面接触不良 13. 电刷压力不当（通常偏小） 14. 电刷在换向器圆周上分布不匀或位置不符 15. 刷杆偏斜 16. 机身振动，因此有时在换向器表面出现规律性黑痕 17. 过载或负载过分剧烈波动 18. 转速过高	1. 检查换向绕组、补偿绕组匝间短路故障，更换绕组 2. 修理断线处 3. 用毫伏表检查换向片间电压，重新焊好 4. 于冷、热两状态下紧固换向器的螺帽或拉紧螺栓，重新车削换向器工作面，挑沟、倒棱、研磨光洁 5. 研磨换向器工作面，必要时重新精车 6. 挑沟、倒棱、研磨光洁 7. 匝数相差太多需补偿，相差不多可调整换向极气隙 8. 用电桥测量，如有短路应衬垫绝缘或重新绕制 9. 更换新电刷 10. 按技术要求更换电刷 11. 磨制合适电刷或修理刷握，使电刷在刷握中能自由滑动 12. 用砂纸研磨电刷与换向器表面吻合，清除污物并运行 0.5～1h 13. 调整弹簧压力 14. 校正电刷位置 15. 可利用换向片或云母槽做标准调整刷杆与换向器的平行度 16. 校正电枢平衡，紧固底座，清除振动 17. 恢复正常负载 18. 恢复正常转速
发电机电压不能建立	1. 剩磁消失 2. 电机旋转方向不符合规定 3. 励磁绕组接反把剩磁抵消 4. 励磁回路的电阻太大 5. 励磁绕组断路或有匝间短路 6. 转速太低 7. 电刷压力太低或接触不良 8. 换向器表面或电枢绕组有短路	1. 用外加直流电源使励磁绕组通电，重新建立磁场 2. 改变旋转方向 3. 建立并纠正励磁绕组的接线方向及极性，重新充磁 4. 检查励磁回路各处接触情况，要保证良好（因为剩磁电压很低，电路中的电阻变化将会对励磁电流有明显影响），或者将调解电阻全部短路，待电压建立后才恢复正常 5. 检查励磁绕组的断路及匝间短路故障，更换绕组 6. 提高转速使其达到额定值，对反带传动的发电机，注意张紧皮带，涂皮带油，减少滑差 7. 调整弹簧压力，研磨电刷接触面 8. 用毫伏表找出短路故障点，及时修理

续表

故障现象	故障分析	处理方法
发电机电压达不到额定值	1. 电机转速太低 2. 电刷位置不正确 3. 并励绕组部分短路 4. 换向片之间有导体造成短路 5. 换向极绕组接反 6. 串励磁场绕组接反 7. 电机过载	1. 提高电机转速达到额定值 2. 调整电刷位置 3. 分别测量每个绕组的电阻修理或调换电阻特别低的绕组 4. 清除导电体 5. 用指南针检查换向极极性，更正接线 6. 更正接线 7. 减少负载
发电机电压过高	1. 转速过高 2. 励磁回路电阻过小 3. 差复励的串励绕组极性接反	1. 恢复正常转速 2. 增加励磁电阻 3. 调换串励绕组极性

【任务实施】

一、任务名称

直流电动机故障分析与检修。

二、器材、仪表、工具

直流电动机、直流毫伏表、3V直流电源、指南针、常用电工工具等。

三、实训步骤

1.电枢绕组接地故障的检查

将低压直流表两端分别接到相隔$K/2$或$K/4$的两换向片上（K为换向片数，可用胶带纸将接头粘在换向片上），注意一个接头只能和一片换向片接触。将直流毫伏表的一支表笔触及电动机轴，另一支表笔触在换向片上，观察毫伏表的读数，来判断该换向片或所接的绕组元件有无接地故障。判断是绕组元件接地还是换向片接地的方法：

（1）用电烙铁将绕组元件从换向片处焊下来。

（2）用万用表或校验灯判定故障部分。

2.电枢绕组短路故障的检查

（1）将低压直流电源按图2-7所示接到相应的换向片上。

（2）用直流毫伏表依次测量并记录相邻两片换向片上的电压。

（3）若读数很小或为零，则接在该两片换向片上的绕组元件短路或换向片片间短路。

（4）最后判定故障部分，可参照接地故障判定方法进行。

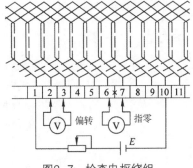

图2-7 检查电枢绕组

3.电枢绕组断路故障的检查

（1）同前法将低压直流电源接到相应的换向片上。

（2）用直流毫伏表依次测量并记录相邻两片换向片上的电压。

（3）若相邻两片换向片上的电压基本相等，则表明电枢绕组无断路故障。

（4）若电压表读数明显增大，则接在这两片换向片上的绕组元件断路。

4.针对所发生的故障进行检修

5.重新装配电动机

6.测试

（1）用指南针检查换向极绕组极性，如接反，改正接法。对电动机，换向极极性与顺着电枢转向的下一个主磁极极性相反。对发电机，换向极极性与顺着电枢转向的下一个主磁极极性相同。

（2）测量绕组的直流电阻值，测量绕组直流电阻值常用以下两种方法：

①电桥法。对单叠绕组应在换向器直径两端的两片换向片上进行测量；对单波绕组应在等于极距的两片换向片上进行测量。测量时要提起电刷，然后用电桥进行测量。

②电流表电压表法。测量小电阻值按图2-8所示接线，图中R为被测电阻，RP为调节电阻器。由于被测电阻值小，电流表的内阻将影响测量精度，用此法接线时，电压表测量得到的电压值不包含电流表上的电压降，测量较精确。

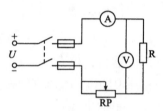

图2-8　测量小电阻值接线图

由于有一小部分电流被电压表分路，故电流表中读出的电流大于流过被测电阻R上的电流，因此测出的电阻值比实际电阻值偏小。

测量大电阻值按图2-9所示接线。

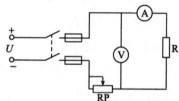

图2-9　测量大电阻值接线图

（4）负载试验。安装好电动机，让电动机在额定电压、额定电流、额定转速下，带上额定负载，按定额运行一定的时间。观察电动机的运行状况是否良好，换向火花是否在允许范围之内。换向器上没有团痕及电刷上没有灼痕，运行平稳、无噪声和振动为正常。

四、成绩评定

成绩评定见表2-5。

表2-5　评分表

项目内容	配分	评分标准	扣分	得分
寻找故障点	40分	查找电枢绕组接地点不对扣10分		
		查找电枢绕组短路有误扣10分		
		查找电枢绕组断路有误扣10分		
		绝缘电阻测量有误扣10分		
修理质量	50分	不能正确排除故障扣10分		
		第二次仍不能排除故障扣20分		
		电动机装配顺序不对扣10分		
安全文明生产	10分	违规一次扣5分		
工时：4h		每超过5min扣2分		
开始时间：		结束时间：		
合计				

项目三　特种电机使用与测试

【知识目标】

　　1.熟悉直流伺服电动机的基本结构、控制方法、运行特性、性能指标及选择使用。

　　2.掌握直流测速发电机的基本结构、工作原理，了解直流测速发电机的使用。

【技能目标】

　　1.直流伺服电动机的测试技能。

　　2.掌握直流测速发电机的测试技能。

任务1　直流伺服电动机使用与测试

【任务描述】

　　本任务主要是直流伺服电动机使用与测试。学生要理解直流伺服电动机的结构形式及工作原理，了解直流伺服电动机的使用，了解各种仪器仪表的功能及使用方法，能正确地使用测量仪表对直流伺服电动机进行测试。通过此任务的学习使学生了解直流伺服电动机使用与测试的相关知识，掌握正确使用测量仪表对直流伺服电动机的测试方法。

【任务分析】

　　直流伺服电动机是自动控制系统中具有特殊用途的直流电动机，理解直流伺服电机的控制方式有两种，即电枢控制和磁极控制方式。学生应熟练运用电枢控制方式对直流伺服电机进行转速和转矩测试试验，测量其机械特性及绘制特性曲线，从而进一步理解直流伺服电机的控制特性。

【相关知识】

　　直流伺服电动机是自动控制系统中具有特殊用途的直流电动机，又称执行电机，它能够把输入的电压信号变换成轴上的角位移和角速度等机械信号。直流伺服电动机的工作原理、基本结构及内部电磁关系与一般用途的直流电动机相同。

一、直流伺服电动机的基本结构

　　直流伺服电机的结构主要包括定子、转子、电刷与换向片三大部分。定子：定子磁极磁场由定子磁极产生。根据产生磁场的方式，直流伺服电动机可分为永磁式和他激式。永磁式磁极由永磁材料制成，他激式磁极由冲压硅钢片叠压而成，外绕线圈通以直流电流便产生恒定磁场。转子又称为电枢，由硅钢片叠压而成，表面嵌有线圈，通以直流电时，在定子磁场作用下产生带动负载旋转的电磁转矩。电刷与换向片：为使所产生的电磁转矩保持恒定方向，转子能沿固定方向均匀连续旋转，电刷与外加直流电源相接，换向片与电枢导体相接。

直流伺服电动机的基本结构与普通他励直流电动机一样，所不同的是直流伺服电动机的电枢电流很小，换向并不困难，因此都不用装换向磁极，并且转子做得细长，气隙较小，磁路不饱和，电枢电阻较大。永磁式直流伺服电动机的磁场由永久磁铁产生，无须励磁绕组和励磁电流，可减小体积和损耗。为了适应各种不同系统的需要，从结构上做了许多改进，又发展了低惯量的无槽电枢、空心杯形电枢、印制绕组电枢和无刷直流伺服电动机等品种。图3-1所示为空心杯形伺服电动机的结构。直流伺服电动机工作原理与一般的直流电动机相同。

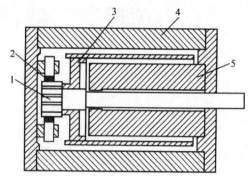

1-换向器；2-电刷；3-空心杯形电枢；4-外定子；5-内定子

图3-1 空心杯形伺服电动机的结构

二、直流伺服电动机的控制方法

直流伺服电动机控制方式有改变电枢电压的电枢控制和改变磁通的磁极控制两种。电枢控制具有机械特性和控制特性线性度好，而且特性曲线为一组平行线，空载损耗较小，控制回路电感小，响应迅速等优点，所以自动控制系统中多采用电枢控制。磁场控制只用于小功率电机。

1.电枢控制方式

当给励磁绕组施加直流电压后，在气隙中产生一个恒定磁场。在电枢两端施加控制电压后，电枢即旋转。当负载转矩一定时，信号电压升高，电机的转速随之增高；反之，减少信号电压，则转速降低。改变电枢两端的电源极性，电机的旋转方向也随之发生变化，因此将电枢电压作为控制信号，称为电枢控制方式。所以电枢控制时，直流伺服电动机的机械特性是一组平行的直线，其调节特性也是线性的。

2.磁极控制方式

对电枢绕组施加一个恒定的直流电压，在电枢中便产生电流，当对励磁绕组施加信号电压时，便产生控制磁通，此磁通与电枢电流相互作用，产生电磁转矩，使电枢旋转。当控制电压为零时，电枢转子停转；当控制电压极性改变时，转向随之产生变化。磁极控制方式的直流伺服电动机的机械特性不是一组平行线，其斜率随控制电压的大小而变化。

三、直流伺服电动机的运行特性

1.机械特性

在电枢电压U不变的情况下，直流伺服电动机的转速随转矩的变化关系$n = f(T_{em})$，称为电动机的机械特性。

机械特性的线性度越好，系统的动态误差就越小。硬特性转矩的变化对转速的影响比软特性为好，易于控制，这正是自动控制所需要的。

在不同电压下，机械特性为一组平行线，如图3-2所示。n_0和T_d都与U成正比，但特性曲线的斜率与U无关。

电枢回路电阻 R_a 越小，机械特性越硬；R_a 越大，机械特性越软。

2.调节特性（控制特性）

电机的转速与电枢电压的关系 $n=f(U)$，称为电动机的调节特性或控制特性，如图3-3所示。

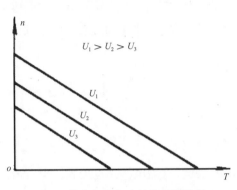

图3-2 直流伺服电动机的机械特性

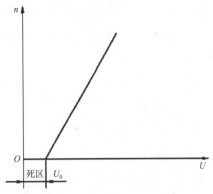

图3-3 直流伺服电动机的调节特性

四、直流伺服电动机的性能指标及选择使用

1.直流伺服电动机的性能指标

目前我国生产的直流伺服电动机的型号主要有SY和SZ系列。SY是永磁式直流伺服电动机系列，SZ是电磁式直流伺服电动机系列。

例如：36SZ01型直流伺服电动机，其中，36表示机座外径尺寸为 ϕ36mm，SZ为产品代号，S表示伺服电动机，Z表示直流电磁式，01为电气性能数据。

2.直流伺服电动机的选择和使用

直流伺服电动机在自动控制系统中作为执行元件，即在输入控制电压后，电动机能按照控制电压信号的要求驱动工作机械，伺服电动机通常作为随动系统，遥控和遥测系统主传动元件。

由伺服电动机组成的伺服系统，通常采用两种控制方式，一是速度控制方式，二是位置控制方式。速度控制原理方框图如图3-4所示。

图3-4 速度控制原理方框图

在此系统中，速度的给定量和反馈量都是以电压信号形式出现。当电动机的转速低于所要求的转速时，由测速发电机发出的电压信号与速度给定量比较，使放大器电压升高向伺服电动机供电，电动机立即加速；反之若电动机的转速高于所要求的转速时，测速发电机发出电压与速度给定量比较，放大器电压降低向电动机供电，使电动机减速。只有在电动机的转速等于所需的转速时，测速发电机所发出的电压信号与速度给定量相平衡，反映出了电动机稳定运行时的电压，使电动机严格运行在给定的转速上。

伺服电动机在工业上应用实例很多，例如发电厂阀门的控制、变压器有载调压定位等等。

选择直流伺服电动机时，不仅仅是指对电动机本身性能的选择，还根据自动控制系统中是否选用直流伺服电动机，以及系统所采用的电源、功率和系统对电机的要求来选择。如控制系统要求线性的机械特性和调节特性，控制功率又大，则可选用直流伺服电动机。对随动系统要求伺服电动机的机电时间常数要小，短时工作的伺服系统则要求伺服电动机以较小的体积和重量能给出较大的堵转力矩和功率，对长期工作的伺服系统要求伺服电动机的寿命要长。

【任务实施】

一、任务名称

直流伺服电动机使用与测试。

二、器材、仪表、工具

直流伺服电动机1台、涡流测功机及其控制设备1套、直流电源、电流表、电压表、转速表1只、常用电工工具等。

三、实训步骤

1.调节直流伺服电动机的转速

采用电枢控制方式进行控制，直流伺服电动机的接线如图3-5所示。

（1）直流伺服电动机额定运行状态的调节。

①按图3-5所示连接直流伺服电动机的接线，将直流伺服电动机与涡流测功机同轴连接，保持同轴度一致，安装完毕后转动一下电动机，检查转动是否灵活，如有卡死现象，需重新调节。

②调节直流伺服电动机励磁回路电阻R_{f2}为最小，将励磁电压U_f调节到额定值220V。

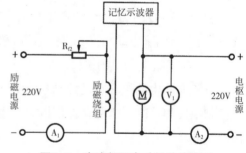

图3-5　直流伺服电动机的接线图

③调节涡流测功机给直流伺服电动机加载。调节励磁回路电阻R_{f2}的同时调节电枢电压为额定值，即令$U_a = U_N =220V$，电枢电流为额定值$I_a = I_N$，电动机转速为额定值，$n= n_N$此时电动机励磁电流即为额定励磁电流，电动机处于额定负载运行状态。调节各种电压时要逐渐变化，不要太快。实验过程中不允许切断直流伺服电动机的励磁电源，或者使励磁电压过低，防止因转速过高而发生事故。

（2）直流伺服电动机转速调节。直流伺服电动机在额定负载运行状态下，逐渐减小电枢电压值，从$U_a = 220V$减小到0V，用转速表测量其转速，并做记录填入表3-1中。

表3-1　直流伺服电动机转速调节　　$U_f = 220V$，$I_f = I_{fN}=$＿＿＿＿A

序号	U_a（V）	n（r/min）	I_a（A）

2.测试机械特性曲线

（1）保持电动机的励磁电流为额定励磁电流，让电动机处于不同负载状态，测试电动机在不同的电枢电压状态下的机械特性曲线。检测分为三步进行，可分别测量出3条机械特性曲线。

（2）检测试验一：保持电动机的励磁电流为额定励磁电流$I_f=I_{fN}$，电枢电压$U_f=220V$。先调节涡流测功机，使电枢电流$I_a=1A$，再调节涡流测功机减载，一直到空载，其间记录几组试验数据于下面表3-2中。

表3-2　测试机械特性曲线（一）　　　$U_f=220V$，$I_f=I_{fN}=$_____A

序号	T（N·m）	n（r/min）	I_a（A）

（3）检测试验二：将电枢电压减小到$U_a=160V$，保持电动机的励磁电流为额定励磁电流$I_f=I_{fN}$。先调节涡流测功机，使电枢电流$I_a=0.8A$，再调节涡流测功机减载，一直到空载，其间记录几组试验数据于下面表3-3中。

表3-3　测试机械特性曲线（二）　　　$U_a=160V$，$I_f=I_{fN}=$_____A

序号	T（N·m）	n（r/min）	I_a（A）
1			
2			

（4）检测试验三：调节电枢电压$U_a=110V$，保持电动机的励磁电流为额定励磁电流$I_f=I_{fN}$。先调节涡流测功机，使电枢电流$I_a=0.8A$，再调节涡流测功机减载，一直到空载，其间记录几组试验数据于下面表3-4中。

表3-4　测试机械特性曲线（三）　　　$U_a=110V$，$I_f=I_{fN}=$_____A

序号	T（N·m）	n（r/min）	I_a（A）
1			
2			

（5）根据表3-2~表3-4的数据，画出电动机的一组机械特性曲线。

四、成绩评定

成绩评定见表3-5。

表3-5　评分表

项目内容	配分	评分标准	扣分	得分
转速调节	50分	连接电路，每错一次扣10分		
		不能正确调节扣3~5分		
		使用仪表不正确扣3~5分		
		读数不对或误差大扣2~5分		

续表

项目内容	配分	评分标准	扣分	得分
机械特性测试	40分	使用仪表不正确扣3～5分		
		测量结果不对或误差大扣5～10分		
安全文明生产	10分			
工时：2h				
合计				

任务2　直流测速发电机使用与测试

【任务描述】

本任务主要是直流测速发电机的使用与测试。学生要理解直流测速发电机的结构形式及工作原理，了解直流测速发电机的使用，了解各种仪器仪表的功能及使用方法，能正确地使用测量仪表对直流测速发电机进行测试。通过此任务的学习使学生了解直流测速发电机的使用与测试相关知识，掌握正确使用测量仪表对直流测速发电机的测试方法。

【任务分析】

直流测速发电机在自动控制系统中用来测量及自动调节电动机的转速；在随动系统中用来产生电压信号、提高稳定性和精度；在计算解答装置中作为微分和积分元件；还可作为系统的阻尼元件，对旋转机械作速度测量。学生通过本任务的学习要理解直流测速发电机的结构、工作原理、技术指标、选用原则，掌握直流测速发电机的接线方法，熟练运用测试方法，通过调节驱动电机的转速，模拟实际被控制对象，掌握直流测速发电机在空载和负载两种不同情况下的输出电压的测试方法。

【相关知识】

一、直流测速发电机的基本结构

直流测速发电机是一种微型发电机，一般多为二极电机，其电枢绕组多为波绕组或叠绕组，电刷常采用接触电阻较小的金属电刷。根据励磁方式不同，可分为永磁式及他励式两种。测速发电机的电枢结构有带槽（槽内嵌放电枢绕组）、无槽、空心和盘式印刷电路等形式，其基本结构与普通的直流发电机相同。

二、直流测速发电机的工作原理

直流测速发电机的工作原理与直流发电机相似，气隙里有一个恒定的磁场，当电机旋转时，电枢中将产生感应电动势。

三、直流测速发电机的使用

1.主要技术指标选用

电动势是在额定励磁条件下，转速为1000r/min时所产生的输出电压。电势误差是在工作转速范围内，输出电压与理想输出电压之差对最大理想输出之比的百分数。负载电阻R_L保证输出特性在误差范围内的最小负载电阻。纹波系数是指测速发电机在一定转速下，输出电压交流分量的峰值与输出电压直流分量之比，即输出电压最大值与最小值之差对其平均值的百分数。其次是安装尺寸和励磁方式等。再根据对测速电机在系统中的作用而提出的不同要求进行选用。

2.直流测速发电机的接线

直流测速发电机上有4个接线柱，其中两个接线柱为励磁绕组的端柱，用L_1、L_2表示，另两个接线柱为电枢绕组的端柱，用K_1、K_2表示。

【任务实施】

一、任务名称

直流测速发电机的使用与测试。

二、器材、仪表、工具

直流电动机1台、永磁直流测速发电机1台、直流电源2组、转速表1只、直流电压表1只、电阻、常用电工工具等。

三、实训步骤

1.连接试验电路

将一台驱动直流电动机与直流测速发电机同轴连接，转动要灵活。

2.按图3-6所示接线

图中直流电动机M选用DJ25型，做他励接法，其励磁回路调节用的可变电阻器 R_f 选用900Ω阻值。直流测速发电机是永磁式直流测速发电机，将它与电动机同轴安装。直流测速发电机的负载电阻R_z选用10kΩ、2W 的电阻。

3.测量直流测速发电机的空载输出电压

（1）调节驱动直流电动机的励磁回路，把R_f调整到使输出励磁电压最大的位置，电压表选择20V挡，断开开关S，使直流测速发电机处于空载状态。

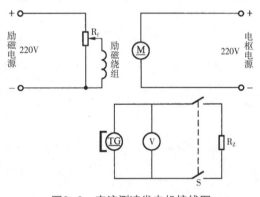

图3-6 直流测速发电机接线图

（2）驱动电机的调速运行。先接通励磁电源，再接通电枢电源，并将电枢电压调至220V，使电机运行。然后调节励磁电阻R_f使转速达到2400r/min，再减小励磁电阻R_f和电枢电压使电动机逐渐减速，每次下降300r/min。驱动电机的转速不能超过测速发电机的额定转速，以免损坏发电机。

（3）直流测速发电机的输出电压测量。记录上面的每一组转速值及其相对应的直流测速发电机的输出电压值，共测取8～9组数据，填入表3-6中。

表3-6 直流测速发电机的空载输出电压

序号	1	2	3	4	5	6	7	8	9
N（r/min）									

序号	1	2	3	4	5	6	7	8	9
U（V）									

（4）根据表3-6的数据画出 $U = f(n)$ 的空载时输出特性曲线。

4.测试直流测速发电机的负载时输出电压

（1）合上开关S，接入负载电阻 R_z，使直流测速发电机处于负载状态。

（2）调节驱动电动机转速，重复上面（2）～（3）中步骤，测量8～9组数据，填入表3-7中。

表3-7　直流测速发电机的负载输出电压

序号	1	2	3	4	5	6	7	8	9
N（r/min）									
U（V）									

（3）根据表格3-7的数据画出 $U = f(n)$ 负载时的输出特性曲线

四、成绩评定

成绩评定见表3-8。

表3-8　评分表

项目内容	配分	评分标准	扣分	得分
机械特性测试	30分	连接电路，每错一次扣10分		
		使用仪表不正确扣3～5分		
		测量结果不对或误差大扣5～10分		
调节特性测试	30分	连接电路，每错一次扣10分		
		使用仪表不正确扣3～5分		
		测量结果不对或误差大扣5～10分		
自转现象	10分	观察自转现象，结果错误扣10分		
幅值-相位控制测试	20分	连接电路，每错一次扣10分		
		使用仪表不正确扣3～5分		
		测量结果不对或误差大扣5～10分		
安全文明生产	10分			
工时：2h				
		合计		

项目四　三相异步电动机拆装与检修

【知识目标】

　　1.熟悉三相异步电动机基本结构。

　　2.掌握三相异步电动机工作原理。

　　3.掌握三相异步电动机拆卸及装配方法，掌握所使用的工具、设备和工艺要求。

【技能目标】

　　掌握三相异步电动机拆卸及装配技能，掌握所使用的工具、设备和工艺要求。

任务1　三相异步电动机拆卸与装配

【任务描述】

　　本任务主要是三相异步电动机拆卸与装配。学生应学会三相异步电动机拆卸与装配工具的正确选用和使用，正确拆卸与装配三相异步电动机。通过此任务的学习使学生熟悉三相异步电动机的基本结构，掌握三相异步电动机拆卸与装配工具和仪表的正确选用和使用，学会小型三相异步电动机拆卸与装配的工艺。

【任务分析】

　　本任务是通过对Y801-4型三相异步电动机拆卸与装配活动，使学生掌握三相异步电动机拆卸与装配的方法、技巧，深入了解三相异步电动机的基本组成部分及各部分的作用，掌握三相异步电动机的机械特性，熟练运用各种电工工具，对电动机进行拆装训练，掌握三相异步电动机的拆卸和装配方法。

　　注意：在拆装过程中应按照一定的步骤和顺序进行，并正确使用相关工具完成拆装任务。

【相关知识】

一、三相异步电动机的结构

　　实现将电能转换为机械能的旋转机械称为电动机。按取用电能的种类不同，电动机可分为直流电动机和交流电动机两大类。交流电动机又可分为同步电动机和异步电动机。异步电动机又可按照转子绕组的结构不同可分为绕线式和鼠笼式两种。按取用交流电源的相数不同，异步电动机又可分为单相电动机和三相电动机。

　　异步电动机由两个基本部分组成，其中固定部分称为定子，转动部分称为转子。图4-1所示为三相笼型异步电动机的外形结构图。定子和转子之间有0.2～1.5mm的气隙，转子的轴支承在两边端盖的轴承之中。

1.定子

由机座（外壳）、定子铁芯和定子绕组组成。机座起固定与支撑定子铁芯的作用，一般用铸铁或铸钢制成。

（1）定子铁芯是磁路的组成部分，为了减少铁芯中的损耗，通常用0.5mm厚的两面涂有绝缘漆的硅钢片叠压而成，固定在机座内，铁芯内圆有均匀分布的与电动机转轴平行的槽，用来嵌放定子绕组，如图4-2所示。

（2）定子绕组是电动机的电路部分，常用高强度漆包铜线绕制而成，按一定规律嵌入铁芯线槽内，用以建立旋转磁场，实现能量转换。三相异步电动机的定子绕组中每一相都有两个出线端，这些端子都从电动机机座上的接线盒中引出，它们在接线盒内端子板上的标记分别是U_1、V_1、W_1和U_2、V_2、W_2。为了在实际接线时方便，将各相绕组的末端进行了错位引出，如图4-3所示，通过连接板可以很方便地将定子绕组接成星形（Y形）和三角形（△形）。

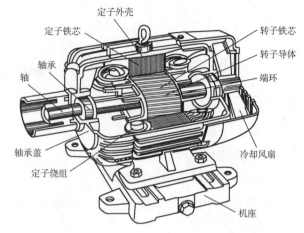

图4-1　三相笼型异步电动机外形结构图

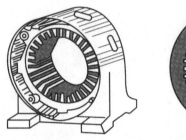

（a）已装入机座内的定子铁芯　（b）定子铁芯硅钢片

图4-2　定子铁芯

2.转子

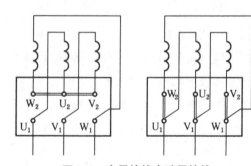

图4-3　定子接线盒端子接线

异步电动机的转子由转子铁芯、转子绕组和转轴等组成。转子铁芯其作用与定子铁芯相同，一方面作为电动机磁路的一部分，另一方面用来嵌放转子绕组。转子铁芯也是用硅钢片叠压而成的，套在转轴上。

转子绕组分为鼠笼型和绕线型两种。鼠笼型转子是在转子铁芯的槽内压入铜条，铜条的两端分别焊接在两个铜环上，形状如鼠笼，如图4-4（a）所示，中、小型电动机的转子多为铸铝，如图4-4（b）。绕线型转子绕组与定子绕组类似，采用绝缘漆包线绕制成三相绕组嵌入转子铁芯槽内，其末端接在一起成星形接法，首端分别接在转轴上，再经压在滑环上的3组电刷，与外电路的电阻相连，电阻的另一端也接成星形，用于改变电动机的启动或调速性能，如图4-5所示。

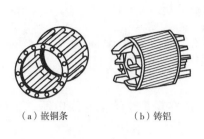

（a）嵌铜条　　　（b）铸铝

图4-4　鼠笼型转子

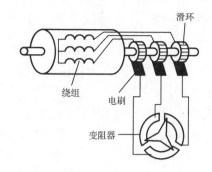

图4-5　绕线型转子示意图

3.气隙

异步电动机定子、转子之间的气隙很小，中、小型异步电动机一般为0.2～1.5mm。气隙大小对电机性能影响很大，若气隙越大，磁阻也越大，产生同样大的磁通所需要的励磁电流也大，电动机的功率因数越低。但气隙过小，将给装配造成困难，运行时定、转子间发生摩擦，而使电机运行不可靠。

4.其他部分

其他部分包括端盖、风扇、轴承等。端盖除了起保护作用外，在端盖上还装有轴承，用来支撑转子轴。风扇则用于通风散热。

5.电动机的铭牌

电动机的铭牌上标有电动机在额定运行时的重要技术数据，如图4-6所示，以便使用者按照这些数据正确使用电动机。

（1）型号。异步电动机型号按国家标准规定，由汉语拼音大写字母和阿拉伯数字组成。按书写次序包括名称代号、规格代号以及特殊环境代号，无特殊环境代号者则表示该电动机适用于普通环境。

异步电动机还有Y2系列和YR系列，Y2系列电动机是我国20世纪90年代在Y系列基础上更新设计的，与Y系列电动机比较，它具有效率高、启动转矩大、噪声低、结构合理、外形美观等特点。绝缘提高到F级，温升按B级考核。安装尺寸和功率等级符合IEC标准，与Y系列（IP44）电动机相同。其外壳等级为IP54，冷却方法为IC411，连续工作制，绕组接法3kW以下为Y连接，其他为△连接。已达国外同类产品同期先进水平，是Y系列换代产品。

三相异步电动机						
型号	Y160M-4	功率	11 kW	频率	50 Hz
电压	380 V	电流	22.6 A	接法	△
转速	1460 r/min	温升	75 ℃	绝缘等级	B
防护等级	IP44	质量	120 kg	工作方式	S1
	×× 电机厂		年	月	

图4-6　异步电动机的铭牌

例如：

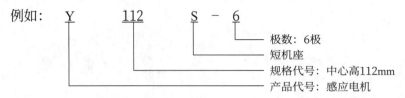

极数：6极
短机座
规格代号：中心高112mm
产品代号：感应电机

（2）三相异步电动机的额定值。

额定电压U_N：电动机在正常运行情况下，施加在定子绕组上的线电压，单位为伏（V）。

额定频率f_N：电动机所用交流电源的频率，单位为赫兹（Hz）。我国电力系统规定为50Hz。

额定功率P_N：电动机在额定情况下运行，由轴端输出的机械功率，单位为瓦（W）或千瓦（kW）。

额定电流I_N：电动机在额定电压、额定频率下轴端输出额定功率时，定子绕组的线电流，单位为安（A）。

额定转速n_N：电动机在额定电压、额定频率、额定负载下转子的转速，单位为转/分（r/min）。

工作方式：异步电动机的工作方式主要分为连续（代号为S1）、短时（代号为S2）、断续（代号为S3）。

接法：3kW以下的电动机为Y连接，其余为△连接。

温升：电动机在运行过程中会产生各种损耗，这些损耗转化成热量，导致电动机绕组温度升高。铭牌中的温升是指电动机运行时，其温度高出环境温度的允许值。环境温度规定为40℃。

绝缘等级：定子绕组所用材料的耐热等级，分为A、E、B、H、F级，极限工作温度：105℃、120℃、130℃、155℃、180℃。

防护等级：指电动机外壳防护形式的分级，IP是国际防护的英文缩写，IP44为封闭式（分别表示防尘、防水）。

二、三相异步电动机的运行分析

异步电动机的工作原理有许多地方与变压器相似，普通变压器的原、副绕组之间没有电的直接联系，仅依靠与原、副绕组相交链的主磁通为媒介经电磁感应传递能量。异步电动机的定子、转子绕组之间也没有电的直接联系，也是依靠与定子、转子绕组。异步电动机与变压器也有不同之处，异步电动机是旋转的，所输出的是机械功率；变压器是静止的，所输出的是电功率。在异步电动机中，旋转磁通要两次穿过定子和转子之间的气隙而闭合，又因转子要在定子中间旋转，气隙不能太小，所以它的磁路中的气隙比变压器的磁路中的气隙大得多，因而异步电动机在额定电压下的空载电流，为定子绕组额定电流的16%～55%。此外变压器副绕组的电流频率和原绕组的电流频率是相等的，而异步电动机转子绕组的电流频率和定子绕组的电流频率一般是不相等的，且转子电流频率随转子转速的改变而改变。

三、三相异步电动机的机械特性

1.三相异步电动机的机械特性

异步电动机工作时，转速将随着负载转矩的增大而下降，这是因为转子转速下降后，导致转差率增大，在转子中产生较大的感应电压及相应的电磁转矩，以与外负载转矩的增大相平衡。当电动机定子电压和频率保持不变时，三相异步电动机的转速n与电磁转矩T之间的关系称为机械特性。通过实验可以得到如图4-7所示三相异步电动机机械特性曲线。机械特性曲线上的N、B、C3个特殊的工作点，代表了三相异步电动机的3个重要工作状态。

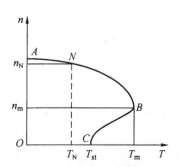

图4-7　三相异步电动机机械特性曲线

（1）额定状态。额定状态是指电动机的电压、电流、功率和转速都等于额定值时的状态，电动机工作在特性曲线的N点，约在A～B段的中间附近。这时的转差率S_N、转速n_N和转矩T_N分别称为额定转差率、额定转速和额定转矩。

额定状态说明了电动机长期运行能力，因为当$T > T_N$时，则电流和功率都会超过额定值，电动机处于过载状态。长期过载运行，电动机的温度会超过允许值，这将会降低电动机的使用寿命。甚至很快烧坏，这是不允许的。因此，长期运行时电动机的工作范围应在机械特性的A～N段。

（2）临界状态。临界状态是指电动机的电磁转矩等于最大时的状态，工作点在特性曲线上的B点。这时的电磁转矩T_m称为最大转矩，转差率S_m和转速n_m称为临界转差率和临界转速。

临界状态说明了电动机的短时过载能力。因为电动机虽然不允许长期过载运行，但是只要过载时间很短，电动机的温度还没有超过允许值就停止工作或负载又减小了，在这种情况下，从发热情况的角度看，电动机短时过载是允许的。可是，过载时负载转矩却必须小于最大转矩，否则电动机带不动负载，转速会越来越低，直到停转，出现"堵转"现象。堵转时$s=1$，转子与旋转磁场的相对运动速度大，因而电流要比额定电流大很多，时间一长，电动机会严重过热，甚至烧坏。因此，通常用最大转矩T_m和额定转矩T_N的比值来说明异步电动机的过载能力，称为过载系数，用λ_m表示，一般Y系列三相异步电动机$\lambda_m = 2～2.2$。

（3）启动状态。启动状态是电动机刚接通电源，转子尚未转动时的工作状态，工作点在特性曲线上的C点。这时的转差率$s=1$，转速$n=0$，对应的电磁转矩T_{st}称为启动转矩，定子线电流I_{st}称为启动电流。

启动状态说明了电动机的直接启动能力。因为只有在$T_{st} > T_L$时，一般要求$T_{st} \geq$（1.1～1.2）T_L，电动机才能启动起来。T_{st}大，电动机才能重载；启动时T_{st}小，电动机只能轻载，甚至空载启动。因此，通常用启动转矩T_{st}和额定转矩的比值来说明异步电动机的直接启动能力，称为启动转矩倍数，用λ_{st}表示，即Y系列三相异步电动机的$\lambda_{st}=1.6\sim2.2$。

2.稳定运行的条件

电动机在拖动生产机械稳定运行时，必须是$T=T_L$，因而该拖动系统稳定运行在电动机的机械特性与生产机械的负载特性的交点上。但是交点只是系统稳定运行的必要条件，不是充分条件。只有在某交点上工作而遇到外界的瞬时干扰打破了原来的平衡，使得转速稍有变化时，在干扰过后，系统仍能恢复到原来的转速，回到原来的交点工作，这才是真正的稳定运行。否则在该交点上的运行仍然是不稳定的。现以三相异步电动机拖动恒转矩负载为例对电动机的稳定性进行分析，如图4-8所示。

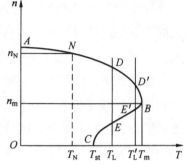

图4-8 异步电动机的机械特性

当电动机运行在曲线D点时，倘若某种原因使负载转矩瞬时增加，此瞬间，$T<T_L$，系统的转速就要下降，T逐渐增加，工作点向D'点移动。当干扰过后，负载转矩又恢复到T_L，这时$T>T_L$，系统的转速n又会增加。工作点又由D'向D移动，在此过程中，T不断减小，直到重新回到原来的工作点D点。$T=T_L$，系统重新稳定运行。反之，当负载转矩瞬时减小时，当干扰消失后，系统也会重新稳定运行。可见在交点D上的运行是稳定的。

当系统工作在E点时，情况就不同了，倘若由于某种原因使得负载转矩瞬时增加到T_L'，在此瞬间，$T<T_L'$，转速要下降，工作点向着与T_L'相反的方向移动，T在不断减小，转速不断下降，即使负载转矩又恢复到T_L，工作点也无法回到E点，而是沿着电动机的机械特性向下移动，直到C点为止，电动机处于堵转状态。反之，倘若负载转矩瞬时减小时，系统也无法回到E点，可见，在交点E上的运行是不稳定的。

【任务实施】

一、任务名称

三相异步电动机拆卸与装配。

二、器材、仪表、工具

三相异步电动机1台、拉具1套、手锤1把、各种扳手、油盒1只、刷子1把、润滑脂、直流毫伏表、兆欧表、直流电源、常用电工工具等。

三、实训步骤

1.异步电动机的拆卸

在拆卸前，应准备好各种工具，做好拆卸前记录和检查工作，以便于修复后的装配。电动机的拆卸可参照电动机的结构图。

（1）拆除电动机的所有引线。

（2）标记待拆卸带轮的位置，在带轮（或联轴器）的轴伸端做好装配时的复原标记。

（3）拆卸带轮，将三爪拉具的丝杆尖端对准电动机轴端的中心，挂住带轮（或联轴器），使其受力均匀，把带轮（或联轴器）慢慢拉出。注意拆卸带轮或轴承时，要正确使用拉具。

（4）拆卸键楔，用合适的工具将固定带轮（或联轴器）的键楔拆下。

（5）拆卸风罩，用旋具将风罩四周的3个螺栓拧下，用力将风罩往外拔，风罩便能脱离机壳。

（6）拆卸风扇，先用尖嘴钳取下转子轴端风扇上的定位销子或螺钉。用手锤均匀轻敲风扇四周并取下风扇。

（7）拆卸后端盖，拆卸后端盖3个螺钉。注意：端盖螺钉的松动与坚固必须按对角线上下左右依次旋动。

（8）拆卸前端盖螺钉，拆卸前端盖3个螺钉。

（9）拆卸后端盖，用木锤敲打轴伸端，使后端盖脱离机座。注意：不能用手锤直接敲打电动机的任何部分，只能用紫铜棒在垫好木块后再敲击或直接用木锤敲打。

（10）取出后端盖及转子，当后端盖稍与机座脱开，即可把后端盖连同转子一起抬出机座。注意：抽出转子或安装转子时动作要小心，一边送一边接，不可擦伤定子绕组。

（11）拆卸前端盖，用硬杂木条从后端伸入，顶住前端盖的内部敲打。

（12）取下前端盖，用双手轻轻地将前端盖取下。

（13）取下后端盖，用木锤均匀敲打后端盖四周，即可将其取下。

（14）拆卸电动机轴承，选择适当的拉具，使拉具的脚爪紧扣在轴承内圈上，拉具的丝杆顶点对准转子轴的中心，缓慢均匀地扳动丝杆，轴承就会逐渐脱离转轴而被卸下来。

（15）拆风扇或风罩，卸下风罩，取下风扇定位螺栓，用锤子轻敲风扇四周，旋卸下来或从轴上顺槽拔出，卸下风扇。

（16）拆卸轴承盖和端盖，一般小型电动机都只拆风扇一侧的端盖。

（17）抽出转子。对于笼型转子，可直接从定子腔中抽出。

对于一般电动机，都可依照上述方法和步骤，由外到内顺序地拆卸。对于有特殊结构的电动机，应依具体情况酌情处理。

当电动机容量较小或电动机端盖与机座配合很紧不易拆下时，可用锤子（或在轴的前端垫上硬木块）敲，使后端盖与机座脱离，把后端盖连同转子一同抽出机座。

2.组装电动机

（1）在转子上加装后端盖。用木锤均匀敲打后端盖四周。

（2）安放转子。安装转子时要用手托住转子慢慢移入。

（3）安装后端盖，用木锤小心敲打后端盖3个耳朵，使螺钉孔对准标记，并用螺钉固定后端盖。注意，固定后端盖时，旋上后端盖螺钉，但不要拧紧，以便固定前端盖后调整。

（4）装风扇和风罩。

（5）接好引线，安好线盒，注意定子绕组的首尾端的识别。

3.装配后的检查

（1）检查机械部分的装配质量。

（2）测量绕组的绝缘电阻。

（3）按铭牌要求接好电源线，在机壳上接好保护接地线，接通电源，用钳形电流表测三相空载电流，看是否符合允许值。

（4）电动机温升是否正常，运转中有无异响。

4.三相异步电动机的装配

三相异步电动机的装配顺序与拆卸相反。在组装前应清洗电动机内部的灰尘，清洗轴承并加足润滑油，然后按以下顺序操作。

（1）安装轴承，用紫铜棒将轴承压入轴颈，要注意使轴承内圈受力均匀，切勿总是敲击一边，或敲轴承外圈。

（2）在转子上安装后端盖，用木锤均匀敲打后端盖四周，即可将其装上。

（3）安装转子，用手托住转子慢慢移入。注意：抽出转子或安装转子时动作要小心，一边送一边接，不可擦伤定子绕组。

（4）安装后端盖，用木锤小心敲打后端盖3个耳朵，使螺钉孔对准标记。用螺栓固定后端盖。

（5）安装前端盖，用木锤均匀敲打前端盖四周，并调整至对准标记。调整的方法同安装后端盖。并用螺栓固定前端盖。

（6）安装风扇，用木锤敲打风扇。

（7）安装风罩，将风罩上的螺钉孔与机座上的螺母对准并将螺钉拧紧即可。

（8）装插销，轻轻地用木锤敲打插销（固定键）入槽。

（9）装联轴器，将联轴器的插槽对准插销并用木锤敲击进行安装。

四、成绩评定

成绩评定见表4-1。

表4-1 评分表

项目内容	配分	评分标准	扣分	得分
电动机解体	40分	拆卸步骤不正确，每次扣5分		
		拆卸方法不正确，每次扣5分		
		工具使用不正确，每次扣5分		
电动机组装	30分	装配步骤不正确，每次扣5分		
		装配方法不正确，每次扣5分		
		一次装配后电动机不合要求，需重新装配扣20分		
电动机清洗与检查	20分	轴承清洗不干净扣5分		
		润滑油脂过多或过少扣5分		
		定子内腔和端盖处未做除尘处理或清洗扣10分		
安全文明生产	10分	违规一次扣5分		
工时：4h		每超过5min扣2分		
开始时间：		结束时间：		
合计				

注：可视电动机功率大小、新旧程度酌情安排电动机拆装时间。

任务2 三相异步电动机定子绕组判别

【任务描述】

本任务主要是三相异步电动机定子绕组的判别。学生应了解各种仪器仪表的功能及使用方法，能正确地使用测量仪表对三相异步电动机定子绕组首尾端及直流电阻进行判别。通过此任务的学习使学生熟悉三相异步电动机工作原理等相关知识，掌握正确使用测量仪表对三相异步电动机定子绕组进行判别的方法。

【任务分析】

电动机经过长期的运行，当各种原因造成电动机绕组6个引出头分不清首、尾端时，必须先分清三相绕组的首、尾端，才能进行电动机的Y形和△形连接，否则电动机无法正确接线使用，更不可盲目接线，引起电动机内部故障，因此必须分清6个线头的首、尾端后才能接线。本任务重点是学生应用36V交流电源和灯泡判别首、尾端及用万用表或微安表判别首、尾端，用兆欧表测量三相异步电动机定子绕组直流电阻值。

【相关知识】

三相异步电动机的工作原理

三相异步电动机与直流电动机一样，也是根据磁场与载流导体相互作用而产生电磁力的原理工作的。不同的是直流电动机的磁场是静止的，而异步电动机磁场是旋转的。

1.旋转磁场的产生及旋转磁场的转速

将三相异步电动机接上电源，转子就会转动，为了说明其转动的原理，可以先做一个演示实验。如图4-9所示是一个装有手柄的蹄形磁铁，极间放置一个可以自由转动的、由铜条组成的转子，形状像一个松鼠笼，称为鼠笼式转子。磁极与转子之间没有机械联系。当摇动磁极时，发现转子跟着磁极

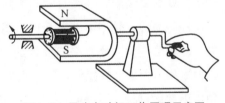

图4-9 异步电动机工作原理示意图

向同一转动方向转动起来。摇得快，转子转得也快；摇得慢，转得也慢。反摇，转子会跟着反转。通过这个实验，从现象上看来，只有磁场旋转，才能引起鼠笼转子跟着磁场向同一方向旋转。

在实际的异步电动机中，它的转子之所以会转动，必须也是由于旋转磁场的作用。但在异步电动机中，看不到永久磁铁在转动，那么磁场从何而来，又怎么还会旋转呢？下面将讨论这个问题。

（1）旋转磁场产生的条件。三相对称绕组通以三相对称电流。三相对称绕组的特点：①三相绕组相同（线圈数、匝数、线径分别相同）。②三相绕组在空间按互差120°电角度排列。图4-10（a）是绕组嵌放在定子铁芯槽里的示意图，图中只画出了各个绕组的有效边，连接两个有效边的端部没有画出。③三相绕组可以接成星形（Y）或三角形（△）。三相对称绕组的首端分别用U_1、V_1、W_1，末端用U_2、V_2、W_2表示，图4-10

（b）为三相定子绕组星形接线示意图。

（2）转子转动原理。图4-11所示为两极三相异步电动机转动原理示意图。设磁场以同步转速n_1顺时针方向旋转而切割不动的转子导体，即相当于磁场不动，转子导体以逆时针方向切割磁力线，于是在导体中产生感应电动势，

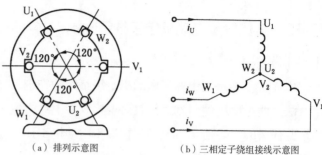

（a）排列示意图　　　　（b）三相定子绕组接线示意图

图4-10　三相异步电动机（$p=1$）三相定子绕组

其方向由右手定则确定。由于转子导体的两端由端环连通，形成闭合的转子电路，在转子电路中便产生了感应电流。载流转子导体在磁场中受电磁力f的作用，f对电动机的转轴形成一定转矩T，在此转矩的作用下，转子便沿旋转磁场的方向转动起来，其转速用n表示。

转子的旋转速度一般称为电动机的转速，用n表示。根据前面的分析可知，转子的转向与旋转

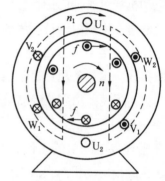

图4-11　三相异步电动机转动原理示意图

磁场方向相同，在没有其他外力作用下，转子的转速n永远略小于同步转速n_1，这是因为转子转动与磁场旋转是同方向的，假如$n=n_1$，则意味着转子与磁场之间无相对运动，转子不切割磁力线，转子中就不会产生感应电动势和电流，驱动转子旋转的电磁力矩T就会消失，转子会在阻力矩（来自摩擦或负载）作用下逐渐减速，使得$n<n_1$。当转子受到的电磁力矩和阻力矩（摩擦力矩与负载力矩之和）平衡时，转子保持匀速转动。所以，异步电动机正常运行时，总是$n<n_1$，这也正是此类电动机被称作"异步"电动机的由来。又因为转子中的电流不是由电源供给的，而是由电磁感应产生的，所以这类电动机也称为感应电动机。

（3）转差率。异步电动机转速n总是低于旋转磁场的转速n_1，旋转磁场的转速n_1与转子转速n之差与同步转速之比定义为异步电动机的转差率s，通常用百分数表，转差率是分析和计算异步电动机运行状态的一个重要参数。在固有参数下运行，空载转差率在0.5%以下，满载转差率在5%左右。

【任务实施】

一、任务名称

三相异步电动机定子绕组的判别。

二、器材、仪表、工具

三相异步电动机、万用表、兆欧表、灯泡、常用电工工具等。

三、实训步骤

（一）三相异步电动机定子绕组首、尾端的判别

利用提供的三相异步电动机掌握电动机接线端子的首、尾端判定方法。以避免当电动机接线端子损坏或维修后，定子绕组的6个线头分不清楚时，盲目接线，引起电动机内部故障，其操作步骤如下。

1.用36V交流电源和灯泡判别首、尾端

判别时的接线方式如图4-12所示，步骤如下：

（1）用兆欧表和万用表电阻挡，分别找出三相绕组的各相两个接线头。

（2）先任意给三相绕组的接线头分别编号为U_1和U_2、V_1和V_2，W_1和W_2，并把V_1和U_2连接起来，构成两相绕组串联。

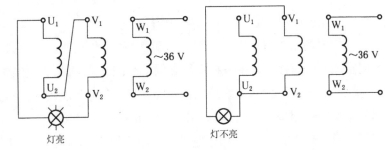

图4-12　用36V交流电源和灯泡判别首、尾端

（3）U_1、V_2线头上接一只灯泡。

（4）W_1、W_2两个线头上接通36V交流电源，如果灯泡发亮，说明线头U_1、U_2和V_1、V_2的编号正确。如果灯泡不亮，则把U_1、U_2或V_1、V_2中任意两个线头的编号对调一下即可。

（5）再按上述方法对W_1、W_2两线头进行判别。

2.用万用表或微安表判别首、尾端

方法一：

（1）先用兆欧表或万用表的电阻挡，分别找出三相绕组的各相两个线头。

（2）先任意给三相绕组的接线头分别编号为U_1和U_2、V_1和V_2、W_1和W_2。

（3）按图4-13所示接线，用手转动电动机转子，如万用表（微安挡）指针不动，则证明假设的编号是正确的；如指针有偏转，说明其中有一相首尾端假设编号不对，应逐相对调重测，直至正确为止。

方法二：

（1）先用兆欧表或万用表的电阻挡，分别找出三相绕组的各相两个线头，任意给三相绕组的接线头分别编号为U_1和U_2、V_1和V_2、W_1和W_2，如图4-14所示。

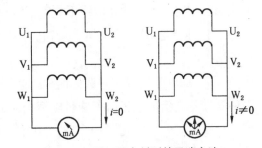

图4-13　用万用表判别首尾端方法一

（2）注意万用表（微安挡）指针摆动的方向，合上开关瞬间，若指针摆向大于零的一边，则接电池正极的线头与万用表负极所接的线头同为首端；如指针反向摆动，则接

电池正极的线头与万用表正极所接的线头同为首端或尾端。

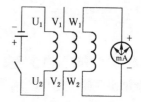

图4-14 用万用表判别首尾端方法二

（3）再将电池和开关接另一相两个线头，进行测试，就可正确判别各相的首尾端。

（二）三相异步电动机定子绕组直流电阻值测量

定子绕组经过绝缘处理和装配等工序，可能会发生机械损伤造成线头断裂、松动和导线绝缘层损坏，应该进行三相绕组直流电阻值的测量，看其偏差是否在允许范围内（一般各相绕组的直流电阻值与三相电阻平均值之间不超过平均值的±2%）。测量步骤如下：

1.拆掉三相异步电动机接线盒中连线

三相异步电动机正常运行时，可能会接成Y形连接、△连接或其他连接形式，测量直流电阻值时，将接线盒中各相绕组之间的连线（或短路片）拆掉，才能测得各相绕组的实际电阻值。如果不拆除接线，电动机定子绕组接成Y连接时，两个出线端测出的结果是每相绕组实际电阻值的2倍；电动机定子绕组接成△连接时，两个出线端测出的结果是每相绕组实际电阻值的2/3倍。由于定子绕组电阻值小，测量仪器采用直流双臂电桥。

2.测量过程

（1）测量前检查仪器、电池。测量前，检查仪器背面电池盒中是否装入1号干电池和1节9V层叠电池，并要注意电池电压是否正常，不要因为电压不足而影响电桥的灵敏度。

（2）内外电源选择。或准备外接稳压电源，要注意电源的极性不能接错，电源电压不要超过说明书上的规定值。电源的选择由表盘上电源选择开关决定，如采用直流双臂电桥内部电源，将拨钮开关合到"内"这一挡进行测量。

（3）测量接线。直流双臂电桥一般测量$10^{-4} \sim 10\Omega$的电阻，由于与被测电阻连接需要导线，这样与被测电阻相比，导线电阻和接触电阻的影响相对较大，要消除其对测量结果的影响，测量时应采用粗而短的导线将直流双臂电桥电位端钮P_1、P_2分别与电动机接线盒中接线柱U_1、U_2连接，电流端钮C_1、C_2也分别与电动机接线柱U_1、U_2连接，要保证接线头拧紧且接触良好，同时注意电位端钮的引线P_1、P_2须在内侧，电流端钮C_1、C_2须在外侧，电流端钮和电位端钮的连接线不能互相绞在一起。

（4）调零。调节"调零"旋钮，使检流计指针在零位，调节"灵敏度"旋钮，使灵敏度适中。

（5）通过万用表估测选择倍率。为了减小测量误差，要选择合适的倍率。可用万用表估测被测电阻值，将倍率旋钮旋至相应的位置，一般被测电阻为几欧姆时，倍率选×1挡；被测电阻小于1Ω时，倍率选$\times 10^{-1}$挡。

3.计算电阻值

被测电阻值=倍率数×读数盘读数

4.测量其他两相定子绕组电阻值

按测量U相定子绕组电阻值的步骤，测量出V相和W相绕组的电阻值。把三相异步电动机直流电阻的测量值填入表4-2中。

表4-2 三相异步电动机直流电阻的测量值

测量项目	U 相直流电阻（Ω）	V 相直流电阻（Ω）	W 相直流电阻（Ω）
测量结果			
测量结论：三相 平衡（填：是或不是）			

5.计算三相平均电阻值

测量结束，计算三相平均电阻值R_e：

$$R_e = \frac{R_U + R_V + R_W}{3}$$

相平均电阻值与各相电阻值的判别应小于等于5%，即

$$\frac{R_e - R_U}{R_e} \times 100\% \leqslant \pm 5\%$$

如电阻值相差过大，则表明绕组中有短路、断路、绕组匝数有误或接触不良等故障。

6.用兆欧表测量各相绕组相间及对机壳之间的绝缘电阻

定子绕组经过绝缘处理和装配等工序，可能绕组的对地绝缘和相间绝缘受损，因此必须使用兆欧表，测量电动机的各相绕组之间以及各相绕组与机壳之间的绝缘电阻。

（1）打开电动机接线盒，拆开连接片。对于额定电压是380V的电动机，选用500V兆欧表测量，其绝缘电阻值不得低于1MΩ。新绕制电动机的绝缘电阻值通常都在5MΩ以上。

（2）兆欧表性能校验。短路试验：把两表笔接触，手柄摇几转，表针应该指到"0"位。开路试验：分开两根表棒，再摇几转，表针应指到"∞"位。

（3）测试相对地绝缘电阻值。将"L"接到电动机绕组引线上，"E"接到电动机外壳上。

（4）测试相间绝缘电阻值。将"L"接到电动机绕组引线上，"E"接到另一相电动机绕组引线上。

（5）识读绝缘电阻值。放平兆欧表，摇动手柄，逐渐增加速度至120r/min时，待指针稳定后。识读绝缘电阻值。把三相异步电动机绝缘电阻的测量值填入表4-3中。

表4-3 三相异步电动机绝缘电阻的测量值

序号	测量项目	测量值（MΩ）
1	U 相-地	
2	V 相-地	
3	W 相-地	
4	U 相-V 相	
5	V 相-W 相	
6	W 相-U 相	

四、成绩评定

成绩评定见表4-4。

表4-4　评分表

项目内容	配分	评分标准	扣分	得分
判别方法	50分	接线不正确扣20～30分		
		仪表使用不正确扣20～30分		
		判断方法不对扣20～30分		
判断结果	20分	首尾端判断错误扣20分		
复验结果	20分	复验方法不正确扣20分		
		复验结果不正确扣20分		
安全文明生产	10分	违规一次扣5分		
工时：4h		每超过5min扣2分		
开始时间：		结束时间：		
合计				

任务3　三相异步电动机检修

【任务描述】

本任务主要是三相异步电动机检修。学生应了解三相异步电动机常见故障的现象、产生的原因及检修方法，理解并初步掌握三相异步电动机定子绕组故障的检查、分析方法及修理方法，学习用短路测试器查找绕组故障原理及方法，进一步熟悉万用表、单臂电桥、兆欧表、钳形电流表的使用。通过此任务的学习使学生熟悉三相异步电动机正确使用及维修的相关知识，掌握正确使用测量仪表对电动机故障进行检修的方法。

【任务分析】

三相异步电动机在使用时要根据供电电源的电压、频率、工作环境、负载等因素进行选用，在对三相异步电动机的运行和日常巡检中，如发现任何异常现象，除作相应的处理外，还应及时记录，分析并查找故障原因。本任务通过定子绕组端部断路故障、定子绕组匝间短路故障等相关训练，让学生学会用仪表测量电动机的一些参数及相关故障的分析及检修。

【相关知识】

一、三相异步电动机的选用原则

1.根据供电电源的电压和频率来选择

电动机的电压必须与供电电源的电压一致。我国Y及Y2系列笼型电动机的供电电压为380V。电动机的频率必须与供电电源的频率一致。我国为50Hz，国外有些为60Hz。

2.根据电动机的工作环境来选择

一般驱动用三相异步电动机的外壳防护形式有开启式（IP11）、防护式（IP23）和封闭式（IP44）。目前生产的主要是防护式和封闭式两类，在比较干燥，尘土较少，不会有水滴、杂物等浸入的场合可选用防护式，因为这种电动机的价格较便宜、通风良好。与上述使用环境不相符的一般驱动用的电动机可选用封闭式，如在水中工作的可选用水密式或潜水式。在特殊场合，如易燃、易爆工厂及矿井等环境下使用的电动机应选择防爆式。

3.根据负载情况来选择

（1）电动机功率的选择。电动机的功率要满足负载的需要。一般来说，电动机的额定功率要比负载的功率大些，以留有余地，但也不能太大，避免造成"大马拉小车"的现象。这样不仅增加了设备的投资成本，而且使电动机工作时效率及功率因数也较低，造成浪费。反之，如果选择电动机的功率比负载功率小，又可以使电动机长期过载运行，即所谓"小马拉大车"现象，电动机会因绝缘老化而容易烧损，这更不可取。

（2）电动机定额工作制的选择。一般电动机均可长期连续工作，故应选用连续工作制（S1），对驱动某些特殊负载的电动机，例如起重机械、空气压缩机等，可用短时工作制或断续工作制的电动机。

4.根据电动机的转速来选择

各种负载都有一定的转速要求，选用电动机时必须满足这些要求。若电动机转速和负载转速要求不一致时，可用带轮或齿轮等装置进行变速。一般情况下以选用四极（$2p=4$）三相异步电动机为宜。因为在功率相同的情况下，二极电动机机械磨损大，启动电流也相应较大，而启动转矩较小；如果电动机极数多，则转速低，使电动机体积、尺寸、价格贵，且效率也较低。

二、三相异步电动机检修

1.三相异步电动机故障检修

在对三相异步电动机的运用中和日常巡检中，如发现任何异常现象，除作相应的处理外，还应及时记录，并及时向有关领导报告。相关技术人员应及时对存在异常现象的电动机进行检测，根据电动机运行正常的有关标准和自己的相关经验，正确判断引起电动机异常的原因并做相应的处理。

2.三相异步电动机的维护检修

（1）解体清扫，检查电动机的绕组、转子、通风沟和接线板。

要求：电动机内部无明显积灰和油污，线圈、铁芯、槽锲无老化、松动、变色等现象，笼型转子条无脱焊或断条现象。

方法：用干净、清洁的压缩空气（不超过200kPa）或用"皮老虎"吹净，但不得碰坏绕组。

（2）测量绕组的绝缘电阻，必要时应进行干燥。

要求：电动机定子绕组相间电阻及对地绝缘电阻，要求每伏工作电压不低于1kΩ。

方法：把电动机的Y或△连接的连接片拆去，用500V兆欧表分别接触出线头与机座以及两个不同相的出线头进行测量。通常测量结果有如下几种：

①绕组正常。其测量结果符合上述要求。

②绕组绝缘不良。上述方法测得三相绕组对地或相间绝缘电阻都小于0.38MΩ，但不为零，说明绕组绝缘不良。需清洗干燥绕组，可先吹风清扫，再用灯泡、电炉、烘箱等加热烘干，使绝缘电阻恢复正常。

③绕组接地。上述方法测得三相对地电阻中有两相绝缘电阻较高，而另一相绝缘电阻为零，说明绕组接地。有时指针摇摆不定，表明此相绝缘已被击穿，但导线与地还未接牢。若此相绝缘电阻很低但不为零，表明此相绝缘已受损伤，有击穿接地的可能。

④绕组短路。上述方法测得三相绕组中有两相绝缘电阻为零或接近于零，即可说明该相间短路。

⑤绕组断路。用兆欧表测量同一绕组的两头，若指针达到无限大，即说明这一绕组有断线。

（3）测量绕组的直流电阻。

要求：三相交流电动机的定子绕组的三相直流电阻值偏差应小于其最小值的2%。

方法：用万用表测量。

（4）检查轴承状况。

要求：对于没有在线备台，且需连续运转的电动机，一般情况下，在大修期间都必须更换其轴承。对于有在线备台，能进行切换运行的电动机，可根据其轴承状况的好坏来决定是否更换。

方法：用手转动轴承外圈，使轴承转动起来，通过声音和转动状况来判断轴承的状况。若转动灵活、平稳、转动均匀、无杂音、正常停止转动、用手摇晃轴承时无明显撞击声的，说明状况正常。对于状况很好的，可对其进行清洗，加油，并可继续使用；对于状况一般或不良的，应进行更换。电动机轴承的润滑脂填满量应不超过轴承盒容积的70%，也不得少于容积的50%。更换润滑脂时，可用汽油、煤油或其他清洗剂，将轴承和轴承盖清洗干净，待汽油挥发干净后再加入润滑脂。

（5）检修接地装置。

【任务实施】

一、任务名称

三相异步电动机检修。

二、器材、仪表、工具

所需器材、仪表、工具见表4-5。

表4-5 所需器材、仪表、工具明细表

序号	名称	型号与规格	单位	数量
1	三相异步电动机	Y160M-4	台	1
2	故障检修专用工具	配套自定	套	1
3	超重设备		台	1

序号	名称	型号与规格	单位	数量
4	故障排除专用材料、备件及测试仪表	配套自定	套	1
5	常用电工工具	验电笔、钢丝钳、一字形和十字形螺钉旋具、电工刀、尖嘴钳、活络扳手、剥线钳等	套	1
6	变压器	220V/36V		
7	低压检验灯	36V		
8	万用表		块	1
9	兆欧表		台	1
10	劳保用品	绝缘鞋、工作服等	套	1

三、实训步骤

1.定子绕组端部断路故障的检修训练

（1）拆开电动机，将出线盒内的接线片拆下（△形连接）。

（2）用万用表或校验灯查处断路的一相绕组。

（3）逐步缩小断路故障范围，最后找出故障所在的线圈。

（4）将定子绕组放在烘箱内加热，使线圈的绝缘软化，再设法找出故障点，断路故障一般均发生在线圈之间的连接线处或铁芯槽口处。

（5）视故障实际情况进行处理。如断路点发生在端部，则可将断路处恢复加焊后再进行绝缘处理；如断路点发生在槽口或槽内，则一般可拆除故障线圈，用穿绕修补法进行修理或者重新绕制。

（6）将绕组及电动机复原。

2.定子绕组匝间短路故障的检修训练

（1）询问故障现象为后过热，分析故障原因。

①电源电压过大或三相电压相差过大，导致电流增大。

②电动机过载。

③电源一相断路或定子绕组一相断路，造成电动机缺相运行。

④定子绕组局部短路、相间短路，绕组通地。

⑤转子与定子相擦。

（2）对上述分析原因进行逐一排查，经检查电源电压正常，负载正常；在停电情况下，用手转动转子，运转灵活；确定故障可以是定子绕组局部断路或短路。

（3）按电动机拆卸步骤拆开电动机，在助手的帮助下，用起吊设备取出转子和端盖，拆开接线盒内连接片和电源连接线。

（4）用兆欧表测量相间绝缘电阻值，若某两相绝缘电阻为零，则该两相相间短路。

（5）将定子绕组烘焙加热至绝缘软化，拆开一相绕组各线圈的连接线，用淘汰法找出与另一相绕组短路的线圈。

（6）将36V电源与灯泡串联后，一端接故障线圈的一个端点，另一端接另一相绕组的一个端点，若灯亮，则故障就在该处。

（7）用划线板轻轻拨动故障线圈的前、后端部，当拨到某一点时，灯光闪动，该点就是相间短路点。

（8）用复合青壳纸做相间绝缘材料垫在故障点处，恢复相间绝缘。

（9）用校验灯和兆欧表复检，校验灯完全熄灭，故障部位的绝缘电阻值应大于0.5MΩ。

（10）将各接线点恢复并包扎整形。

（11）在故障处刷涂或浇注绝缘漆后烘干。

（12）重新装配电动机。

（13）对电动机进行修复后的有关试验。如直流电阻值的测量、绝缘电阻值的测量、转速试验，用钳形电流表检查三相电流和空载试验等，合格后校验。

四、成绩评定

成绩评定见表4-6。

表4-6　评分表

项目内容	配分	评分标准	扣分	得分
名牌参数含义	30分	有一处错误扣5分		
绝缘电阻的测量	40分	兆欧表使用不正确，每次扣20分		
		测量中不会读数，每次扣5分		
		测量方法不正确每次扣20分		
其他维护与检查	20分	检查方法不正确扣5分		
		检查结果不正确扣5分		
安全文明生产	10分	违规一次扣5分		
工时：4h		每超过5min扣2分		
开始时间：		结束时间：		
合计				

项目五　单相异步电动机拆装与检修

【知识目标】

　　1.熟悉单相异步电动机的结构。

　　2.掌握单相异步电动机的工作原理。

　　3.熟悉单相异步电动机的铭牌及分类。

【技能目标】

　　掌握单相异步电动机拆装技能。

任务1　单相异步电动机拆装

【任务描述】

　　本任务主要是单相异步电动机拆装。学生应学会正确选用和使用拆卸与装配工具，正确拆卸与装配小型直流电动机。通过此任务的学习使学生熟悉单相异步电动机的基本结构，掌握单相异步电动机的拆卸与装配工具和仪表的正确选用和使用，学会单相异步电动机的拆卸与装配的工艺。

【任务分析】

　　学生应通过本任务的学习初步了解单相异步电动机的结构特点、分类及工作原理，熟练运用各种电工工具，对电动机进行拆装训练，掌握单相异步电动机的拆卸和装配方法。

　　注意：在拆装过程中应按照一定的步骤和顺序进行，并正确使用相关工具完成拆装任务。

【相关知识】

一、单相异步电动机的结构

　　单相异步电动机中，专用电机占有很大比例，它们的结构各有特点，形式繁多。但就其共性而言，电动机的结构都由固定部分（定子）、转动部分（转子）、支撑部分（端盖和轴承）等组成。主要由机座、铁芯、绕组、端盖、轴承、离心开关或启动继电器和PTC启动器、铭牌等组成，如图5-1所示。

　　1.机座

　　机座结构随电动机冷却方式、防护形式、安装方式和用途而异。按其材料分类，有铸铁、铸铝和钢板结构等几种。铸铁机座，带有散热筋。机座与端盖连接，用螺栓紧固。铸铝机座一般不带有散热筋。钢板结构机座，是由厚为1.5～2.5mm的薄钢板卷制、焊接而成，再焊上钢板冲压件的底脚。

　　有的专用电动机的机座相当特殊，如电冰箱的电动机，它通常与压缩机一起装在一个密封的罐子里。而洗衣机的电动机，包括甩干机的电动机，均无机座，端盖直接固定在定子铁芯上。

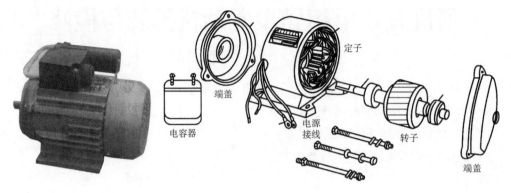

图5-1 单相异步电动机结构

2.铁芯

铁芯包括定子铁芯和转子铁芯，作用与三相异步电动机一样，是用来构成电动机的磁路。

3.绕组

单相异步电动机定子绕组常做成两相：主绕组（工作绕组）和副绕组（启动绕组）。两种绕组的中轴线错开一定的电角度。目的是为了改善启动性能和运行性能。定子绕组多采用高强度聚酯漆包线绕制。转子绕组一般采用笼型绕组。常用铝压铸而成。

4.端盖

相应于不同的机座材料、端盖也有铸铁件、铸铝件和钢板冲压件。

5.轴承

轴承有滚珠轴承和含油轴承。

6.离心开关或启动继电器和PTC启动器

（1）离心开关。在单相异步电动机中，除了电容运转电动机外，在启动过程中，当转子转速达到同步转速的70%左右时，常借助于离心开关，切除单相电阻启动异步电动机和电容启动异步电动机的启动绕组，或切除电容启动及运转异步电动机的启动电容器。离心开关一般安装在轴伸端盖的内侧。

（2）启动继电器。有些电动机，如电冰箱的电动机，由于它与压缩机组装在一起，并放在密封的罐子里，不便于安装离心开关，就用启动继电器代替。继电器的吸铁线圈串联在主绕组回路中，启动时，主绕组电流很大，衔铁动作，使串联在副绕组回路中的动合触点闭合。于是副绕组接通，电动机处于两相绕组运行状态。随着转子转速上升，主绕组电流不断下降，吸引线圈的吸力下降。当到达一定的转速，电磁铁的吸力小于触点的反作用弹簧的拉力，触点被打开，副绕组就脱离电源。

（3）PTC启动器。最新式的启动元件是PTC，它是一种能通或断的热敏电阻。PTC热敏电阻是一种新型的半导体元件，可用作延时型启动开关。使用时，将PTC元件与电容启动或电阻启动电机的副绕组串联。在启动初期，因PTC热敏电阻尚未发热，阻值很低，副绕组处于通路状态，电机开始启动。随着时间的推移，电机的转速不断增加，PTC元件的温度因本身的焦耳热而上升，当超过居里点T_c（电阻急剧增加的温度点），电阻剧增，副绕组电路相当于断开，但还有一个很小的维持电流，并有2～3W的损耗，使PTC元件的温度维持在居里点T_c（电阻急剧增加的温度点）值以上。当电机停止运行后，PTC元件温度不断下降，2～3min其电阻值降到T_c点以下，这时有可以重新启动，这一时间正好是电冰箱和空调机所规定的两次开机间的停机时间。

PTC启动器的优点：无触点、运行可靠、无噪声、无电火花，防火、防爆性能好，且耐振动、耐冲击、体积小、重量轻、价格低。

7.铭牌

铭牌包括电机名称、型号、标准编号、制造厂名、出厂编号、额定电压、额定功率、额定电流、额定转速、绕组接法、绝缘等级等。

二、单相异步电动机的工作原理

当给三相异步电动机的定子三相绕组通入三相交流电如图5-2所示时，会形成一个旋转磁场，在旋转磁场的作用下，转子将获得启动转矩而自行启动。当三相异步电动机通入单相交流电时就不能产生旋转磁场。

当向单相异步电动机的定子绕组中通入单相交流电后，当电流在正半周及负半周不断交变时，其产生的磁场大小及方向也在不断变化（按正弦规律变化），但磁场的轴线则沿纵轴方向固定不动，这样的磁场称为脉动磁场。

当转子静止不动时转子导体的合成感应电动势和电流为0，合成转矩为0，因此转子没有启动转矩。故单相异步电动机如果不采取一定的措施，单相异步电动机不能自行启动，如果用一个外力使转子转动一下，则转子能沿该方向继续转动下去。

如果在空间相差90°的两相对称绕组中，通入互差90°的两相交流电流，结果产生了旋转磁场。旋转磁场的转速为$n=\dfrac{60f}{P}$，旋转磁场的幅值不变，这样的旋转磁场与三相异步电动机旋转磁场的性质相同。

三、单相异步电动机分类

（1）电容分相式单相异步电动机。电容分相式单相异步电动机定子上有两个绕组，如图5-2所示。即工作绕组U1U2（又称主绕组）和启动绕组Z1Z2（又称副绕组）。它们的结构相同，但空间的布置位置互差90°电角度。在启动绕组中串入电容后再与工作绕组并联在单相交流电源上，选择适当容量的电容，使流过工作绕组的电流与流过启动绕组的电流在时间上相差90°电角度，就满足了旋转磁场产生的条件，在定子、转子及气隙间产生一个旋转磁场。单相异步电动机在该旋转磁场的作用下获得启

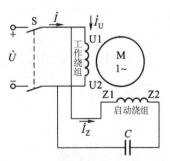

图5-2　电容分相式电动机接线图

动转矩而旋转。

电容分相式单相异步电动机可分为电容启动式单相异步电动机、电容运行式单相异步电动机、电容启动与运行式单相异步电动机（也称为单相双值电容式异步电动机）。

（2）电阻分相式单相异步电动机。电阻分相式单相异步电动机的启动绕组串接电阻，使启动绕组电路性质呈近乎电阻性，而主绕组呈感性电路性质，从而使两绕组中电流具有一定的相位差，电阻分相的相位差小于90°。实际电阻分相式单相异步电动机的启动绕组并没有串接电阻，而是通过选用阻值大的绕组材料，以及用绕组反绕的方法来增大启动绕组的电阻值，减少其感抗值，达到分相的目的。

理论和实践均证明，单相异步电动机通过电容或电阻分相后，在启动时就能产生旋转磁场，同三相异步电动机的工作原理相同，只要产生旋转磁场，单相异步电动机在启动时就能产生启动转矩。

（3）罩极式单相异步电动机。容量很小的单相异步电动机常利用罩极法来产生启动转矩。它的定子、转子铁芯采用0.5mm厚的硅钢片叠压而成。单相绕组套在磁极上，极面的一边开有小凹槽，凹槽将每个磁极分成大、小两部分，较小的部分（约1/3）套有铜环，称为被罩部分；较大的部分未套铜环，称为未罩部分，如图5-3所示。

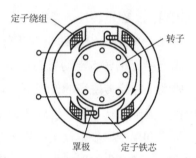

图5-3 罩极式单相异步电动机的结构图

四、单相异步电动机的反转

1.电容分相式单相异步电动机的反转

一般的方法：将主绕组（或者副绕组）的两出线端对调，就会改变旋转磁场的转向，从而使电动机的转向得到改变。

如果要求电动机频繁正、反向转动，例如，家用洗衣机的搅拌用电动机，运行中一般30s左右必须改变一次转向，此电动机一般用的是电容运转式单相电动机，其主绕组、启动绕组做得完全一样，通过转换开关，将电容器分别与主绕组、启动绕组串联，即可方便地实现电动机转向的改变，如图5-4所示。

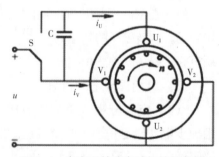

图5-4 电容运转式电动机的正反转

2.电阻分相式单相异步电动机的反转

欲使电阻分相式单相异步电动机反转，只要将主绕组（或启动绕组）的两个接线端对调即可。

【任务实施】

一、任务名称

单相异步电动机拆装。

二、器材、仪表、工具

单相异步电动机1台，电工工具1套（验电表、一字和十字螺钉旋具、铜丝钳、尖嘴钳、斜口钳、剥线钳、电工刀等），拆装、接线、调试的专用工具等。

三、实训步骤

1.拆卸前的准备工作

（1）把工作环境及电动机表面的油污、尘土清扫干净。

（2）做好现场拆卸标记，并做文字记录。

（3）电动机解体拆卸的记录。

（4）检查转轴在解体前是否灵活，记下其松紧程度，并注意观察是否有轴端弯翘等现象。

2.单相异步电动机的拆卸程序

拆卸联轴器或皮带轮→拆卸风罩及风叶→卸开前（输出端）轴承小盖的螺丝后将小盖取下→卸开前、后（风叶端）和端盖螺丝→在后端盖与机座接缝之间，用平凿将其敲楔开，但最好是在对称位置同时进行→用硬木板（或铜、铝等）垫住轴前端面用锤敲击，使后端盖脱离机座止口，前轴承脱离前端盖轴承室→卸开前端盖，再将转子连后端盖一起退出定子→卸开后轴承小盖螺丝，取下轴承盖，然后将后端盖从转轴上拆下→将拆卸的所有零部件归拢放好备用。

3.单相异步电动机的拆卸方法

（1）皮带轮或联轴器的拆卸。

（2）风罩和风叶的拆卸。

（3）端盖拆卸。

（4）轴承的拆卸。

四、单相异步电动机的装配

1.装配前准备工作

（1）先将电动机定转子内、外表面的灰尘、油污、锈斑等清理干净。

（2）再把浸漆后凝留在定子内腔表面、止口上的绝缘漆刮除干净（非重绕电动机免此项）。

（3）检查槽楔应无松动，绕组绑扎无松脱、无过高现象。

（4）检查绕组绝缘电阻应符合质量要求。

2.电动机装配程序

电动机装配程序：轴承装入转子轴→转子装入定子内腔→装配后端盖和前端盖→后轴装风叶和风罩→进行必要的质量检查、调整和试验。

3.单相异步电动机的装配方法

（1）轴承的安装。

（2）转子及端盖的装配。

（3）风叶与风罩的装配。

五、成绩评定

成绩评定见表5-1。

表5-1 评分表

项目内容	配分	评分标准	扣分	得分
单相异步电动机解体	50 分	拆卸步骤不正确，每次扣 5 分		
		拆卸方法不正确，每次扣 5 分		
		工具使用不正确，每次扣 5 分		
单相异步电动机组装	40 分	装配步骤不正确，每次扣 5 分		
		装配方法不正确，每次扣 5 分		
		一次装配后电动机不合要求，需重新装扣 20 分		
安全文明生产	10 分	违规一次扣 5 分		
工时：4h		每超过 5min 扣 2 分		
开始时间：		结束时间：		
合计				

任务2　单相异步电动机检修

【任务描述】

本任务主要是单相异步电动机检修。学生应了解各种仪器仪表的功能及使用方法，能正确地使用测量仪表对单相异步电动机进行测量，了解单相异步电动机的常见故障分析及处理方法。通过此任务的学习使学生熟悉单相异步电动机故障查找及测试的相关知识，掌握正确使用测量仪表对电动机的故障查找及测试的方法。

【任务分析】

电动机经过长期的运行，难免会出现各种各样的故障，作为电动机的修理人员，应能根据单相异步电动机的故障现象，分析其产生的原因，并采用恰当的方法排除故障。本任务重点围绕单相异步电动机的常见故障进行分析与排除训练。

【相关知识】

单相异步电动机的常见故障与处理方法

单相异步电动机的常见故障见表5-2，并对故障产生的原因和处理方法进行了分析，可供检修时参考。

表5-2 单相异步电动机常见故障分析与处理方法

故障现象	故障分析	处理方法
电源正常电动机不能启动	1. 引线或绕组断路 2. 离心开关接触不良 3. 电容器击穿 4. 轴承卡住，原因有轴承质量不好、润滑脂干固、轴承中有杂物、轴承装配不良 5. 定、转子铁芯相磨擦 6. 过载	1. 使用万用表找到断路处，并修理好，修理处应抹上绝缘漆并衬垫绝缘物，或者改换线圈 2. 修整离心开关 3. 换新的电容器 4. 换轴承，或将轴承卸下，用汽油洗净，抹上润滑脂，再装配好 5. 取出转子，校正转轴，或锉去定转子铁芯上的凸出部分 6. 减载或选择功率较大的电动机

续表

故障现象	故障分析	处理方法
电动机接通电源后熔丝熔断	1. 定子绕组内部接线错误 2. 定子绕组有匝间断路或对地短路 3. 电源电压不正常 4. 熔丝选择不当	1. 用指南针检查绕组接线 2. 用短路测试器检查绕组是否有匝间短路，用兆欧表测量绕组对地绝缘电阻对地绝缘电阻 3. 调整电源电压至正常 4. 更换合适的熔丝
转速低于额定值	1. 电源电压过低 2. 轴承损坏 3. 工作绕组接线错误 4. 过载 5. 工作绕组接地或短路 6. 转子断条 7. 启动后离心开关触头断不开，辅助绕组未脱离电源	1. 调整电源电压至额定值 2. 更换轴承 3. 改正绕组端部连接 4. 减载或选择功率较大的电动机 5. 拆开电机，观察是否有烧焦绝缘的地方或嗅到气味，若局部短路，应用绝缘物隔开，若短路多处应换绕组 6. 查出断处，接通断条，或更换新转子 7. 修理或更换离心开关
电动机温度过高	1. 定子绕组有匝间短路或对地短路 2. 离心开关触点不断开 3. 启动绕组与工作绕组接错 4. 电源电压不正常或电容器变质或损坏 5. 定子与转子相碰或轴承不良	1. 用短路测试器检查绕组是否有匝间短路，用兆欧表测量绕组对地绝缘电阻 2. 检查离心开关触点、弹簧等，加以调整或修理 3. 测量绕组的直流电阻，电阻大者为启动绕组 4. 用万用表测量电源电压，更换电容器 5. 找出原因对症处理，清洗或更换轴承
运行时噪声大	1. 工作、辅助绕组接地或短路 2. 工作绕组接线错误或离心开关损坏 3. 电机内落入杂物或轴承损坏 4. 轴向间隙太大	1. 拆开电机。观察是否有烧焦绝缘的地方或嗅到气味，若局部短路，应用绝缘物隔开，若多路多处应更换绕组 2. 改正接线，更换离心开关 3. 拆开电机，清理并用风吹净，更换轴承 4. 将间隙调至适当值
电动机绝缘电阻降低	1. 电动机受潮或灰尘较多 2. 电动机过热后绝缘老化	1. 拆开后，清扫并进行烘干处理 2. 重新浸漆处理

【任务实施】

一、任务名称

单相异步电动机检修。

二、设备、仪表、工具

1.设备

单相异步电动机1台。

2.仪表

MF30型万用表或MF47型万用表、T301-A型钳形电流表、兆欧表500V（0～2000MΩ）等。

3.电工工具

验电表、一字和十字螺钉旋具、铜丝钳、尖嘴钳、斜口钳、剥线钳、电工刀等。

三、实训步骤

（一）单相异步电动机的维护

1.检查电动机绝缘电阻值。

用兆欧表检测单相异步电动机的启动绕组与工作绕组间及各绕组对外壳间的绝缘电阻值，应大于0.5MΩ才可使用。如绝缘电阻值较低，则应先将电动机进行烘干处理，然后再测绝缘电阻值，合格后才可通电使用。

2.电动机机温检查

用手触及外壳，看电动机外壳是否过热烫手，如果发现过热，可在电动机外壳上滴几滴水，如果水急剧汽化，说明电动机显著过热，此时应立即停止运行，查明原因，排除故障后方能继续使用。

3.机械性能检查

通过转动电动机的转轴，看其转动是否灵活。如转动不灵活，必须拆开电动机观察转轴是否有积炭、有无变形、是否缺润滑油？如果是有积炭，可用小刀轻轻地将积炭刮掉并补充少量凡士林做润滑。如果是缺润滑油的话，就补充适量的润滑油。

4.运行中听声音

用长柄旋具头，触及电机轴承外的小油盖，耳朵贴紧旋具柄，细听电动机轴承有无噪声、振动，以判断轴承运行情况。如果有均匀的"沙沙"声，说明运转正常。如果有"咝咝"的金属碰撞声，说明电动机缺油；如果有"咕噜咕噜"的冲击声，说明轴承有滚珠被轧碎。

5.监视机壳是否漏电

用手摸之前用验电笔试一下外壳是否带电，以免发生触电事故。

6.清洁

对拆开的电动机进行清理，先清理掉各部件上所有灰尘和杂物，尤其定子绕组上的积尘，可用"皮老虎"或空气压缩泵将灰尘吹掉，然后干布擦掉油污，必要时可蘸少量汽油擦净，以不损伤绕组绝缘漆为原则。擦洗完毕，再吹一次。

7.使用和维护

单相异步电动机使用和维护与三相异步电动机相同，维护时注意以下几个方面：

（1）单相异步电动机接线时，需正确区分工作绕组与启动绕组，并注意它们的首、尾端。如果出现标志脱落，则电阻值大者为辅助绕组。

（2）更换电容器时，电容器的容量与工作电压必须与原规格相同。启动用的电容器应选用专用的电解电容器，其通电时间一般不得超过3s。

（3）单相启动式电动机，只需在电动机静止或转速降低到使离心开关闭合时，才能采用对其改变方向的接线。

（4）额定频率为60Hz的电动机，不得用于50Hz电源。否则，将引起电流增加，造成电动机过热甚至烧毁。

（二）单相异步电动机常见故障处理

1.电动机通电后不转，发出"嗡嗡"声，用外力推动后可正常旋转的故障处理方法

（1）用万用表检查启动绕组是否断开。如在槽口处断开，则只需一根相同规格的绝缘线把断开处焊接，加以绝缘处理；如内部断线，则要更换绕组。

（2）对单相电容异步电动机，检查电容器是否损坏。如损坏，更换同规格的电容。

判断电容是否有击穿、接地、开路或严重泄漏故障方法：将万用表拨至×10kΩ

或×1kΩ挡，用螺钉旋具或导线短接电容两端进行放电后，把万用表两表笔接电容器出线端。表针摆动可能为以下情况，如图5-5所示。

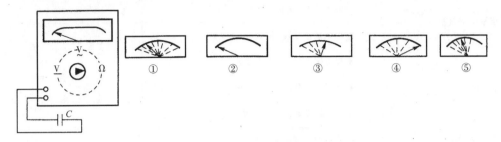

图5-5　检查电容器

①指针先大幅度摆向电阻零位，然后慢慢返回初始位置说明电容器完好。

②指针不动说明电容器有开路故障。

③指针摆到刻度盘上某较小阻值处，不再返回说明电容器泄漏电流较大。

④指针摆到电阻零位后不返回说明电容器内部已击穿短路。

⑤指针能正常摆动和返回，但第一次摆幅小说明电容器容量已减小。

⑥把万用表拨至×100Ω挡，用表笔测电容器两端接线端对地电阻，若指示为零说明电容器已接地。

（3）对单相电阻式异步电动机，用万用表检查电阻元件是否损坏。如损坏，同样更换同规格的电阻。

（4）对单相启动异步电动机，要检查离心开关（或继电器）。如触点闭合不上，可能是有杂物进入，使铜触片卡住而无法动作，也可能是弹簧拉力太松或损坏。处理方法是清除杂物或更换离心开关（或继电器）。

（5）对罩极电动机，检查短路环是否断开或脱焊，焊接或更换短路环。

2.电动机通电后不转，发出"嗡嗡"声，外力推动也不能使之旋转的故障处理方法

（1）检查电动机是否过载，若过载即减载。

（2）检查轴承是否损坏或卡住，修理或更换轴承。

（3）检查定、转子铁芯是否相擦，若是轴承松动造成，应更换轴承，否则应锉去相磨擦部位，校正转子轴线。

（4）检查工作绕组和启动绕组接线，若接线错误，重新接线。

3.电动机通电后不转，没有"嗡嗡"声，外力也不能使之旋转的故障处理方法

（1）检查电源是否断线，恢复供电。

（2）检查进线线头是否松动，重新接线。

（3）检查工作绕组是否断路、短路（与三相异步电动机定子绕组的检查方法相同），找出故障点，修复或更换断路绕组。

四、成绩评定

成绩评定见表5-3。

表5-3　评分表

项目内容	配分	评分标准	扣分	得分
电动机的维护	40 分	检查方法不正确扣 20 分		
		检查结果不正确扣 20 分		
故障处理	50 分	不能正确使用仪表扣 10 分		
		不能正确排除故障扣 10 分		
		第二次仍不能排除故障扣 20 分		
安全文明生产	10 分	违规一次扣 5 分		
工时：4h		每超过 5min 扣 2 分		
开始时间：		结束时间：		
合计				

项目六 常用低压电器拆装与检修

【知识目标】

　　1.掌握交流接触器的结构及工作原理。

　　2.掌握电磁式继电器的结构。

　　3.掌握热继电器的结构及工作原理。

　　4.了解低压断路器的用途。

　　5.掌握常用低压电器的结构及检修方法。

【技能目标】

　　1.掌握交流接触器拆装步骤与技能。

　　2.掌握电磁式继电器拆装与调整。

　　3.掌握热继电器拆装与调整。

　　4.掌握常用低压电器的故障分析及检修。

任务1 交流接触器拆装

【任务描述】

　　本任务主要是交流接触器的拆卸与装配。学生应学会正确选用和使用拆卸与装配工具，正确拆卸与装配交流接触器。通过此任务的学习使学生交流接触器的基本结构及动作原理，掌握交流接触器的拆卸与装配工具和仪表的正确选用和使用，学会交流接触器的拆卸与装配的工艺。

【任务分析】

　　学生应通过本任务的学习初步了解交流接触器的结构特点，交流接触器的动作原理，熟练运用各种电工工具，对交流接触器进行拆装训练，掌握交流接触器的拆卸和装配方法，尤其注意安装事项，一般应安装在垂直面上，倾斜度不超过5°，安装孔的螺钉应装有弹簧垫圈，以防松动和因振动而脱落。

　　注意：在拆装过程中应按照一定的步骤和顺序进行，并正确使用相关工具完成拆装任务。

【相关知识】

一、常用低压电器

　　电器是根据外界的电信号或非电信号自动地或手动地对外电路实现接通、断开控制，连续地或断续地改变电路参数，实现对电路或非电对象的切换、控制、保护、检测、变换、调节用的电气设备。根据电路工作电压分为低压电器和高压电器。低压电器一般指交流电压1000V以下、直流电压1200V以下的电器。由控制电器组成的自动控制系统，称为继电器-接触器控制系统，简称电器控制系统。电器用途广泛，功能多样，种类繁多，结构各异。

1.常用低压电器的分类

（1）按动作原理分为手动电器和自动电器。手动电器是用手或依靠机械力直接控制电路状态，如手动开关、控制按钮、行程开关等。自动电器是借助电磁力或某个物理量的变化自动地改变、控制电路的状态，如接触器、各种类型的继电器、电磁阀等。

（2）按用途分为控制电器、主令电器、保护电器、执行电器和配电电器。低压控制电器主要用于电力拖动控制系统中，用以实现拖动设备的自动控制，例如接触器、继电器、电动机启动器等。主令电器用于自动控制系统中发送动作指令的电器，例如按钮、行程开关、万能转换开关等。保护电器用于保护电路及用电设备的电器，如熔断器、热继电器、各种保护继电器、避雷器等。执行电器用于完成某种动作或传动功能的电器，如电磁铁、电磁离合器等。配电电器主要用于低压供电、配电系统中，用以实现对供电系统和配电系统电路的接通、断开、保护、检测作用等，包括刀开关、转换开关、熔断器、断路器、互感器及各种保护用的继电器等电器。

（3）按工作原理分为电磁式电器和非电量控制电器。电磁式电器依据电磁感应原理来工作，如接触器、各种类型的电磁式继电器等。非电量控制电器依靠外力或某种非电物理量的变化而动作的电器，如刀开关、行程开关、按钮、速度继电器、温度继电器等。

（4）低压电器根据工作条件、环境分为一般工业电器、牵引电器、船舶电器、矿山电器、航空电器等。

2.常用低压电器的组成

（1）感受部分。主要用来感受外界信号，通过将信号转换、放大、判别后做出有规律的反应，使执行部分动作。在自动控制系统中，感受部分是电磁机构；在手动控制系统中，感受部分是操作手柄、按钮等。

（2）执行部分。主要是触头（包括灭弧装置），用来完成电路的接通和断开任务。除了感受部分和执行部分外，还有中间部分，通过中间部分把感受部分和执行部分连接起来，使二者协调一致，按一定规律动作。

3.常用低压电器的作用

低压电器是指能够依据操作信号或外界现场信号的要求，自动或手动地改变电路的状态、参数，实现对电路或被控对象的控制、保护、测量、指示、调节。低压电器的作用如下。

（1）控制作用。如电梯的上下移动、快慢速切换及自动停层等。电动机的启动、停车、正反转运行等。

（2）保护作用。能根据设备的特点，对设备、环境，以及人身实行自动保护，如电机的过热保护、电网的短路保护、漏电保护等。

（3）测量作用。配合仪表及与这相适应的电器，对设备、电网或其他非电参数进行测量，如电流、电压、功率、转速、温度等。

（4）调节作用。低压电器可对一些电量或非电量进行调整，以满足用户的要求，如房间温湿度的调节、照度的自动调节等。

（5）指示作用。利用低压电器的控制、保护等功能，检测出设备运行状况与电气电路工作情况，如绝缘监测、保护牌指示等。

（6）转换作用。在用电设备之间转换或对低压电器、控制电路分时投入运行，以实现功能切换，如励磁装置手动与自动的转换，供电的市电与自备电的切换等。

当然，低压电器作用远不止这些，随着科学技术的发展，新功能、新设备会不断出现。

二、交流接触器

交流接触器是一种应用广泛的电磁式自动切换器，主要用于电力传输系统中。它具有工作准确可靠、操作效率高、寿命长、体积小等优点。接触器是用来频繁接通和断开电路的自动切换电器，它具有手动切换电器所不能实现的遥控功能，它通过电磁力作用下的吸合和反向弹力作用下的释放，使触点闭合和分断，控制电路的接通和断开。同时还具有欠电压、失电压保护功能，但却不具备短路保护和过载保护功能。它是机械设备中最重要的控制电器之一。接触器的主要控制对象是电动机。

1.交流接触器的结构及原理

接触器主要由电磁机构、触点系统、灭弧装置和其他部分组成，如图6-1所示。交流接触器工作原理示意图如图6-2所示。电磁机构主要包括铁芯、吸引线圈和衔铁等，其中铁芯和吸引线圈固定不动，衔铁可以移动。触点系统包括3对主触

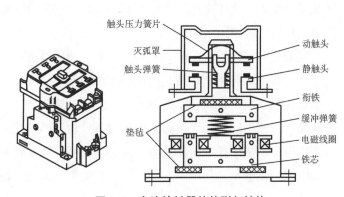

图6-1 交流接触器的外形与结构

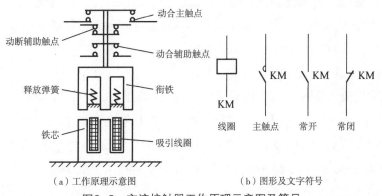

（a）工作原理示意图　　（b）图形及文字符号

图6-2 交流接触器工作原理示意图及符号

点和4对辅助触点，3对主触点接在主电路中，起接通和断开主电路的作用，允许通过较大的电流；辅助触点接在控制电路中，只允许通过小电流，可完成一定的控制要求（自锁、互锁等）。触点除有主辅之分外，还可以分成动合和动断两类。

2.交流接触器的选择

交流接触器的选用原则：主触点的额定电流等于或者大于电动机的额定电流，所用接触器的线圈的额定电压必须符合控制电源电压的要求，接触器触点的种类和数量应满足主电路和控制电路的要求。

3.交流接触器的使用和维护

（1）安装前的检查。检查接触器铭牌与线圈的技术参数数据是否符合要求。新近购置或搁置已久的接触器，要把铁芯上的防锈油擦干净，以免油污的黏性影响接触器的动作；检查接触器在85%额定电压时能否正常动作；在失压或电压过低时能不能释放；检查接触器的外观有无机械损坏。用手推动接触器的活动部分时动作要灵活，无卡住现象；检查接触器的绝缘电阻。

（2）安装注意事项。一般应安装在垂直面上，倾斜度不超过5°；安装孔的螺钉应装有弹簧垫圈，以防松动和因振动而脱落。

4.直流接触器

直流接触器主要用于远距离接通和分断直流电路，直流电动机的频繁启动、停止、反转和反接制动。直流接触器的结构和工作原理与交流接触器基本相同，也由电磁机构、触头系统和灭弧装置组成。

电磁机构采用沿棱角转动拍合式铁芯，由于线圈中通入直流电，铁芯不会产生涡流，可用整块铸铁或铸钢制成铁芯，也不需要短路环。

触头系统有主触头和辅助触头，主触头通断电流大，采用滚动接触的指型触头，辅助触头通断电流小，采用点接触式桥式触头。由于直流电弧比交流电弧难以熄灭，故直流接触器采用磁吹式灭弧装置和其他灭弧方法灭弧。直流接触器通入直流电，吸合时没有冲击启动电流，不会产生猛烈撞击现象，因此使用寿命长，适宜频繁操作场合。

5.接触器的主要技术指标

（1）额定电压。接触器的额定电压，指在规定条件下，能保证电器正常工作的电压值。指主触头的额定电压。接触器额定工作电压标注在接触器的铭牌上。

交流接触器：127V、220V、380V、500V。

直流接触器：110V、220V、440V。

（2）额定电流。接触器的额定电流指主触头的额定电流，由工作电压、操作频率、使用类别、外壳防护形式、触头寿命等所决定。该值标注在铭牌上。

交流接触器：5A、10A、20A、40A、60A、100A、150A、250A、400A、600A。

直流接触器：40A、80A、100A、150A、250A、400A、600A。

辅助触头的额定电流通常为5A。

（3）通断能力。通断能力以电流大小来衡量，接通能力是指开关闭合接通电流时不会造成触点熔焊的能力，断开能力是指开关断开电流时能可靠熄灭电弧的能力。通断能力与接触器的结构及灭弧方式有关。

此外，还有操作频率、吸引线圈的额定电压、启动功率、寿命等。

【任务实施】

一、任务名称

交流接触器拆装。

二、器材、仪表、工具

1.器材

控制板1块，调压变压器（TDGC2-10/0.5）1台，交流接触器（CJ10-20）1台，电磁式电流继电器（JT4或JL12-5）1台，低压断路器（DZ5-20）1台，低压变压器（220V/6V，100V·A）1台，热继电器（JR0或JR16，11A）1台，游标卡尺1个，内卡钳1个，砝码等触点压力测量装置1套，指示灯（220V、25W）3个，待检交流接触器若干，截面为1mm^{2}的铜芯导线（BV）若干。

2.仪表

兆欧表（ZC25-3）、钳形电流表（MG3-1）、5A电流表（T10-A）1块、600V电压表（T10-V）、MF47型万用表。

3.工具

测试笔、螺钉旋具、斜口钳、尖嘴钳、剥线钳、电工刀等。

三、实训步骤

（1）松开灭弧罩的固定螺钉，取下灭弧罩，检查，如有炭化层，可用锉刀锉掉，并将内部清理干净。

（2）用尖嘴钳拔出主触点及主触点压力弹簧，查看触点的磨损情况。

（3）松开底盖的紧固螺钉，取下盖板。

（4）取出静铁芯、铁皮支架、缓冲弹簧、拔出线圈与接线柱之间的连接线。

（5）从静铁芯上取出线圈、反作用弹簧、动铁芯和支架。

（6）检查动静铁芯接触是否紧密，短路环是否良好。

（7）维护完成后，应将其擦拭干净。

（8）按拆卸的逆顺序进行装配。

（9）装配后检查接线，正确无误后在主触点不带电的情况下，通断数次，检查动作是否可靠，触点接触是否紧密。

（10）接触器吸合后，铁芯不应发出噪声，若铁芯接触不良，则应将铁芯找正，并检查短路环及弹簧松紧适应度。

（11）最后应进行数次通断试验，检查动作和接触情况。

任务2 继电器拆装与调整

【任务描述】

本任务主要是继电器的拆卸与装配。学生应学会正确选用和使用拆卸与装配工具，正确拆卸与装配继电器。通过此任务的学习使学生熟悉继电器的基本结构及动作原理，掌握继电器的拆卸与装配工具和仪表的正确选用和使用，学会继电器的拆卸与装配的工艺。

【任务分析】

学生应通过本任务的学习初步了解继电器的结构特点、继电器的动作原理，熟练运用各种电工工具，对继电器进行拆装训练，掌握继电器的拆卸和装配方法，进行过电流继电器线圈或发热元件动作电流调整试验时必须注意，合上开关前，必须将自耦调压器手柄置于零位。调节时必须一边轻轻转动调节手柄，一边观察电流表的读数，电流最大值不要超过电流表量程。

注意：在拆装过程中应按照一定的步骤和顺序进行，并正确使用相关工具完成拆装任务。

【相关知识】

继电器是一种自动控制电器，当输入信号（电量或非电量）达到规定值时，继电器的触点便自动接通或者断开所控制的电路，起到保护和控制电路的作用，继电器的种类繁多，按输入信号不同分为电压继电器、电流继电器、时间继电器、温度继电器、速度继电器、压力继电器等；按工作原理分为电磁式继电器、感应式继电器、热继电器、电动式继电器和电子式继电器等。

一、电磁式继电器

电磁式继电器（简称继电器）广泛用于电力拖动系统中，起控制、放大、联锁、保护和调节作用。电磁式继电器按电源种类分为直流继电器和交流继电器；按动作原理分为电压继电器、电流继电器、中间继电器和时间继电器。

电磁式继电器的结构和工作原理与接触器基本相同，也由电磁机构和触头系统组成。继电器可对相应的各种电量或非电量做出反应。

接触器一般用于控制大电流电路，其主触点额定电流不小于5A，而继电器一般控制小电流电路，其触点额定电流不大于5A。

1.电磁式电流继电器

电流继电器的线圈串联在电路中，根据线圈电流的大小而动作，线圈导线粗、匝数少、阻抗小。电流继电器又分为过电流继电器和欠电流继电器，图6-3为过电流继电器外形结构。当电路电流高于某整定值时动作的为过电流继电器，正常工作电流时，衔铁释放，用于频繁重载启动场合，作为电动机或主电路的短路和过载保护，当电路电流低于某整定值释放的为欠电流继电器，一般用于直流电动机欠励磁保护。通入正常工作电流时，衔铁吸合，触点动作，其符号如图6-4所示。

2.电磁式电压继电器

电磁式电压继电器的结构、原理和内部接线与电流继电器类同，只是电压线圈并联在电路中，匝数多、导线细，根据线圈两端电压的大小接通或断开电路。根据动作反映线路中电压过高或过低，有过电压继电器，欠电压继电器和零压继电器，常用于交流电路中做过电压、欠电压和失压保护。图6-5为电压继电器图形符号。

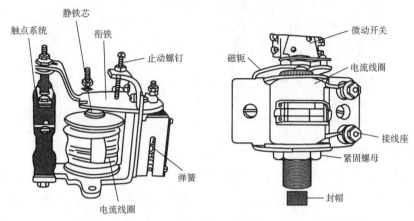

（a）JT4 型过电流继电器　　　　（b）JN12 系列过电流继电器

图6-3　过电流继电器

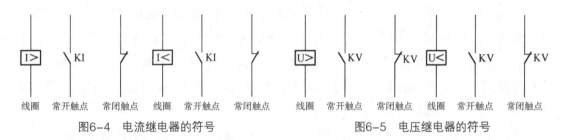

图6-4　电流继电器的符号　　　　图6-5　电压继电器的符号

二、热继电器

热继电器是利用电流的热效应而使触点动作的保护电器。图6-6所示为常见的热继电器，在电路中做电动机的过载保护、断相保护以及电流不平衡运行保护，也可用于其他电气设备发热状态的控制。

1.热继电器结构及原理

由图6-6可见，热继电器主要由下列5个部分组成：

（1）发热元件：这是热继电器的主要部分，它由双金属片及绕在外面的电阻丝组成。

（2）动断触点：它由动触点和静触点组成，是热继电器的输出结构。

（3）传动机构：将双金属片的动作传到动触点。

（4）复位按钮：用来使动作后的动触点复位。

（5）调整电流装置：调整过载保护电流的大小。

图6-7所示为热继电器触头图形符号。

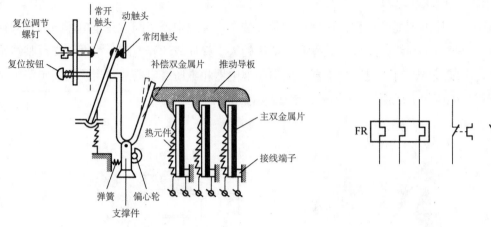

图6-6　热继电器结构原理图　　　　图6-7　热继电器触头图形符号

2.热继电器工作原理

热继电器的工作电流可以在一定范围内调整，称为整定。整定电流值应是被保护电动机的额定电流值，其大小可以改变。由于热元件的热惯性，当流过热继电器的过载电流超过整定电流时，必须经过一定时间，热继电器才动作，因此热继电器不能做短路保护作用。

当电动机过载时，主电路流过的电流超过了额定值，使双金属片过热。因为左面一片金属的热膨胀系数比右面一片金属的大，双金属片向右弯曲，推动绝缘导板带动补偿片和推杆，从而顶向动触点上的铜片，在铜片的弹性作用下，使动静触点分断。热继电器的动断触点和主电路中的吸引线圈串联，所以当热继电器动作后，接触器的主触点也随之断开，电动机停转，达到了过载保护的目的。

电动机断电后，双金属片散热冷却，经过一段时间，在弹簧拉力的作用下，动触点又恢复和静触点接触。只有在热继电器的动断触点复位后，才能重新启动电动机。除上述自动复位（5min）外，也可采用手动复位（2min）。

3.热继电器的选择

热继电器的整定电流为长期流过热元件而不致引起热继电器动作的最大电流。整定电流是靠调节凸轮来调节，以便与控制的电动机相配合，一般调节范围是热元件额定电流值的60%～100%。例如，热元件的额定电流为16A的热继电器，整定电流在10～16A内可调。

需要指出的是，之前已经介绍了熔断器和热继电器两种保护电路都是利用电流的热效应原理做过流保护的，但它们的动作原理不同，用途也有所不同。熔断器由熔体直接受热而在瞬间迅速熔断，主要用短路保护；为避免在时熔断，应选择熔体的额定电流大于电动机的额定电流，因此在电动机过载量不大时，熔断器不会熔断，所以熔断器不宜用作电动机的过载保护。而热继电器动作有一定的惯性，在过流时不可能迅速切断电路，所以绝不能做短路保护。

三、时间继电器

时间继电器用来按照所需时间间隔，接通或断开被控制的电路，以协调和控制生产机械的各种动作，因此是按整定时间长短进行动作的控制电器。

图6-8所示为时间继电器的图形符号和文字符号。通常时间继电器上有好几组辅助触点，所谓瞬时动作的触点是指当时间继电器的感测机构接收到外界动作信号后，该触点立即动作（与接触器一样），而通电延时触点是指接收输入信号延时一定时间，输出信号才发生变化。当输入信号消失后输出瞬时复原。断电延时是指当接收输入信号时，瞬时产生相应的输出信号。当输入信号消失后，延迟一定时间，输出才复原。

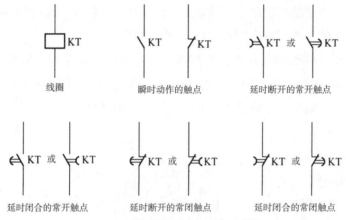

图6-8 时间继电器图形及文字符号

空气式时间继电器是一种应用较为广泛的时间继电器，具有结构简单、延时范围大（0.4～180s）、寿命长、价格低等优点。现以JS7-A系列为例介绍其工作原理。

JS7-A系列时间继电器是由电磁系统、触点系统、空气室和传动机构等组成，如图6-9所示。

空气阻尼通电延时型时间继电器的结构和工作原理如下：

（1）当线圈1通电后，衔铁3被铁芯2吸合，活塞杆6在塔形弹簧8的作用下，带动活塞12和橡皮膜10向上移动。但由于橡皮膜下方气室的空气稀薄，形成负压，使活塞杆6只能慢慢向上移动，其移动的速度视进气孔的大小而定，可通过调节螺杆13进行调整。经过一定的延时时间后，活塞杆才能移到最上端，这时通过杠杆7将微动开关15压动，

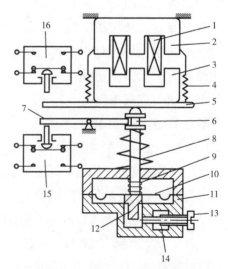

1-线圈；2-铁芯；3-衔铁；4-反力弹簧；5-推板；6-活塞杆；7-杠杆；8-塔形弹簧；9-弱弹簧；10-橡皮膜；11-空气室壁；12-活塞；13-调节螺杆；14-进气孔；15-微动开关；16-微动开关

图6-9 空气式时间继电器工作原理图

使其常闭触头断开，常开触头闭合，起到通电延时的作用。

（2）当线圈1断电时，电磁吸力消失，衔铁3在反力弹簧4的作用下释放，并通过活

塞6将活塞12推向下端，这时橡皮膜10下方气室内的空气通过橡皮膜10、弱弹簧9和活塞12的肩部所形成的单向阀，迅速从橡皮膜上方的气室缝隙中排除，杠杆7和微动开关15随之迅速复位。

（3）在线圈1通电和断电时，微动开关16在推板5的作用下都能瞬时动作，即为时间继电器的瞬动触头。

（4）若将通电延时型的时间继电器的电磁机构翻转180°安装，即为断电延时型。

四、中间继电器

中间继电器实质上是一种电压继电器，结构和工作原理与接触器相同。但它的触点数量较多，在电路中主要是扩展触点的数量。可以通过一个控制信号同时控制多条线路的通断，另外这些线路的电流可以比输入信号电流大许多。

中间继电器的电磁线圈所用电源有直流和交流两种。常用的中间继电器有JZ7和JZ8两系列，其触头的额定电流为5A，可用于直接启动小型电动机或接通电磁阀，气阀线圈等。在选择中间继电器时，主要是考虑电压等级和触点数目。

五、速度继电器

速度继电器是以速度的大小为信号与接触器配合，完成三相异步电动机的反接制动控制，速度继电器结构主要由转子、定子及触点三部分组成，如图6-10所示。速度继电器主要用于三相异步电动机反接制动的控制电路中，它的任务是当三相电源的

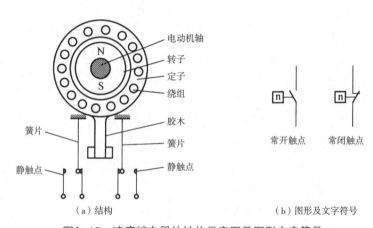

（a）结构　　　　　　　（b）图形及文字符号

图6-10　速度继电器的结构示意图及图形文字符号

相序改变以后，产生与实际转子转动方向相反的旋转磁场，从而产生制动力矩。因此，使电动机在制动状态下迅速降低速度。在电机转速接近零时立即发出信号，切断电源使之停车（否则电动机开始反方向启动）。

由于速度继电器工作时与电动机同轴，不论电动机正转或反转，继电器的两个常开触点，就有一个闭合，准备实行电动机的制动。一旦制动时，由控制系统的联锁触点和速度继电器的备用的闭合触点，形成一个电动机相序反接电路，使电动机在反接制动下停车。而当电动机的转速接近零时，速度继电器的制动常开触点分断，从而切断电源，使电动机制动状态结束。

【任务实施】

一、任务名称

继电器拆装与调整。

二、器材、仪表、工具

1.器材

控制板1块，调压变压器（TDGC2-10/0.5）1台，交流接触器（CJ10-20）1台，电磁式电流继电器（JT4或JL12-5）1台，低压断路器（DZ5-20）1台，低压变压器（220V/6V、100V·A）1台，热继电器（JR0或JR16、11A）1台，游标卡尺1个，内卡钳1个，砝码等触点压力测量装置1套，指示灯（220V、25W）3个，待检交流接触器若干，截面为1mm²的铜芯导线（BV）若干。

2.仪表

兆欧表（ZC25-3）、钳形电流表（MG3-1）、5A电流表（T10-A）1块、600V电压表（T10-V）、MF47型万用表。

3.工具

测试笔、螺钉旋具、斜口钳、尖嘴钳、剥线钳、电工刀等。

三、实训步骤

1.电磁式电流继电器的拆装

在了解电磁式电流继电器的结构之后，其结构简单，一目了然，因此它的拆装过程也很容易，这里不予细述，重要的是掌握电流继电器的调整。

2.电磁式电流继电器的调整

欠电流继电器重要的是释放电流值的调整，过电流继电器重要的是吸合电流值（动作电流）的调整。

电磁式电流继电器的释放值和动作值可以用调整反力弹簧的弹力、衔铁与环形极靴（铁芯）之间的间隙以及非磁性垫片的厚度来加以调节。

（1）电流继电器动作值的调整。

① 使用额定电流为5A的过电流继电器KA，将其吸引线圈接在低压变压器的低压侧，用电流表A测量流过吸引线圈的电流。按图6-11所示接线，将自耦高压器T的手柄置零位，合上电源开关S，观察电流表是否有读数，再缓

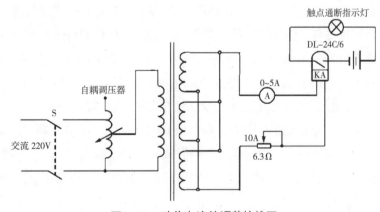

图6-11　动作电流的调整接线图

慢、轻轻地转动自耦调压器手柄，观察电流表指针的变化。当电流表指示在5A左右时，即断开开关S。自耦调压器T的手柄不动，保证加在KA上的电流不变。由于电流继电器KA的电流线圈电阻很小，为防止流过KA中的电流变化过快，在电路中串入了电阻元件。

②逆时针转动电流继电器上的调节螺母，以减小反力弹簧的弹力，调节以后，合上开关S，观察电流表中的电流，并看过电流继电器能否吸合，如不吸合，则继续调松反力弹簧的弹力，直至吸合为止，断开开关S，则电流继电器的衔铁释放。

③向上拧动止动螺钉，加大衔铁与静铁芯之间的空气隙，再闭合开关S，观察电流继电器能否吸合。如不能吸合，则先断开开关，继续重复步骤②，一直到吸合为止。

④也可以将止动螺钉向下拧动，减小空气隙，再重复调节调节螺母，改变反力弹簧弹力，观察电流继电器的动作情况。

⑤操作记录（结论）：反力弹簧弹力越大，则电流继电器的动作电流。衔铁与铁芯间的空气隙越大，则动作电流。

（2）电流继电器释放值的调整。

①先调节反力弹簧或止动螺钉，使电流继电器衔铁吸合。旋动自耦调压器手柄，减小输出电压，即减小电流继电器线圈中的电流，观察电流表指针，记录电流继电器衔铁释放时的电流值A。

②增加衔铁上非磁性垫片的厚度，重复步骤（1）和（2），记录电流继电器衔铁释放时的电流值A。从而可以得出结论：非磁性垫片厚度增加，电流继电器释放电流。

③断开开关S，减小反力弹簧弹力（拧松调节螺母），合上开关S，增加自耦调压器的输出，使衔铁吸合；然后慢慢减小自耦调压器输出电压，即减小输出电流，一直到衔铁释放，记录电流表读数A。由此得出结论；反力弹簧弹力减小，电流继电器释放电流。

3.热继电器的调节

（1）动作电流的调节。为了减小发热元件的规格，以利于生产及使用，要求有一种规格（额定电流一定）的热继电器，其整定电流值可以在一定范围内调节，通常其调节范围为66%～100%。例如额定电流为11A的热继电器，其额定电流可在6.8～11A范围内调整。热继电器整定电流的调整可通过偏心凸轮进行，用顺时针转动偏心凸轮旋钮，则偏心凸轮推动与之接触的杠杆一端向左运动，而杠杆的另一端则向右运动，使补偿双金属片与导板之间的距离缩小，则受主电路电流控制的双金属片只需较小弯曲即使导板推动补偿双金属带动触点动作，亦即热继电器的整定电流向小的方向调节。反之，若反时针转动偏心凸轮旋钮，则整定电流调大。实际操作：将热继电器的一组发热元件接在变压器的低压侧，旋钮置于整定电流最小值（6.8A）处，调节自耦调压器，使电流表读数为10A左右，观察并记录热继电器动作的时间（看钟或表均可）。待热继电器冷却复位后，转动旋钮，提高整定电流值9A处，重复上述通电方法，观察在上次记录的时间内热继电器是否动作，记录如下。

（2）动作电流的测定。当流过热继电器发热元件中的电流超过其整定电流以后，经过一定时间热继电器会动作，其所需时间的长短与超过整定电流的大小有关，通常为1.2倍整定电流时，在20min以内动作；为1.4倍整定电流时，约在2min动作。实际操作：将热继电器的一组发热元件接在低压变压器低压侧，旋钮置于1.2倍整定电流（1.2×6.8A=8.16A）处，记录动作时间，再将旋钮置于1.47倍整定电流（1.47×6.8A=10A）时，记录动作时间。

4.注意事项

（1）在按图6-11所示接线后，进行过电流继电器线圈或发热元件动作电流调整试验时必须注意，合上开关S前，必须将自耦调压器手柄置于零位。调节时必须一边轻轻转动调节手柄，一边观察电流表的读数，电流最大值不要超过电流表量程。

（2）进行触点压力、开距及超程测量时必须仔细小心，务求提高准确度。

（3）注意设备及人身安全。

四、成绩评定

成绩评定见表6-1。

表6-1　评分表

项目内容	配分	评分标准	扣分	得分
电磁式电流继电器	50分	拆卸不合要求扣5～10分		
		动作值调整结果有误扣10～15分		
		释放值调整结果有误扣5～10分		
触点压力、开距、超程测量	20分	触点压力测量不正确扣3～5分		
		触点开距测量不合要求扣3～5分		
		触点超程测量不对扣3～5分		
热继电器调节	20分	动作电流调节不对扣5～10分		
		动作电流测定不对扣3～5分		
安全、文明生产	10分			
工时：4h				
合计				

任务3　常用低压电器故障分析与检修

【任务描述】

本任务主要是常用低压电器故障分析与检修。学生应了解各种仪器仪表的功能及使用方法，能正确地使用测量仪表对常用低压电器的故障进行测量，了解常用低压电器的常见故障分析及处理方法。通过此任务的学习使学生熟悉常用低压电器故障查找及测试的相关知识，掌握正确使用测量仪表对常用低压电器的故障查找及检修的方法。

【任务分析】

常用低压电器经过长期的运行，难免会出现各种各样的故障，作为电器修理人员，应能根据常用低压电器的故障现象，分析其产生的原因，并采用恰当的方法排除故障。本任务重点围绕交流接触器、热继电器、空气式时间继电器、低压熔断器、组合开关等低压断路器进行故障排除及检修。学生应认真、仔细确定故障部位后再对症下药进行修理。

【相关知识】

一、开关电器

开关电器根据外界的信号和要求，自动或手动接通或断开电路，断续或连续地改变电路参数，以实现对电路或非电路对象的切换、控制、保护、检测、变换和调节用的电气设备。是一种能控制电能的器件。常用低压开关类电器包括刀开关、转换开关、断路器三大类。

1.刀开关

刀开关又称刀闸开关或隔离开关，是手动电器中结构最简单的一种，用于各种供电线路和配电设备中做隔离开关用，也用来不频繁地接通、分断容量较小的低压供电线路或启动小容量的三相异步电动机。

常用的刀开关有胶盖闸刀开关和铁壳开关，它又叫开启式负荷开关。这种开关结构简单，价格低廉、安装、使用、维修方便，广泛用在照明电路和小容量（5.5kW及以下）动力电路不频繁启动的控制开关。

（1）结构：绝缘座板、触刀插座、触刀、手柄、外面装有胶盖。

刀开关结构如图6-12所示，其结构简单、操作方便，只要推动手柄带动刀插入静插座中，电路便接通，否则电路便断开。

（2）型号：常用开启式负荷开关的型号有HK1、HK2、HK4和HK8等系列。型号的具体含义如下：

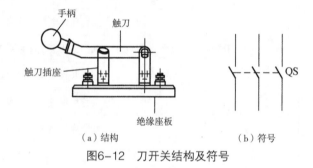

（a）结构 （b）符号

图6-12 刀开关结构及符号

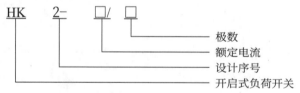

（3）刀开关的选用。

①刀开关的额定电压应等于或大于电源额定电压，额定电流应等于或大于电路工作电流。若用刀开关控制小型电动机，应考虑电动机的启动电流，选用额定电流较大的电器。刀开关的通断能力和其他性能均应符合电器的要求。

②刀开关断开负载电流时，不应大于允许断开电流值，一般结构的刀开关不允许带负载操作，但装有灭弧室的刀开关，可作不频繁带负载操作。

③刀开关所在线路的三相短路电流不应超过规定的动、热稳定值。

（4）使用注意事项。垂直安装在控制屏或开关板上决不允许倒装，以防手柄因自重落下而引起误合闸；接线时应将电源线接上端，负载接下端，内装熔丝作为短路和严重过载保护，操作时分合闸动作应迅速。

2.组合开关（转换开关）

组合开关又叫转换开关，与前述刀开关一样，同属于手动电器，可作为电源引入开关，组合开关可用作交流50Hz，380V以下和直流220V及以下的电源引入开关，也可以用于4kW及以下小功率电动机的直接启动和正反转，以及机床照明电路中的控制开关。

组合开关的优点是体积小、寿命长、结构简单、操作方便、灭弧性能较好，多用于机床控制电路。其额定电压为380V，额定电流有6A、10A、15A、25A、60A、100A等多种。

（1）结构：组合开关由动触片，静触片，方形转轴、手柄、绝缘杆和外壳等组成。3个分别装在3层绝缘件内的双断点桥式动触片、与盒外接线柱相连的静触点、绝缘方轴、手柄、动触片装在附有手柄的绝缘方轴上，方轴随手柄而转动，于是动触片随方轴转动并与静触点分、合的位置，如图6-13所示。

（2）型号：常用组合开关型号有HZ5、HZ10和HZ15等系列。型号的具体含义如下：

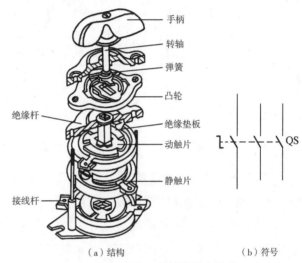

（a）结构　　　　（b）符号

图6-13　组合开关的结构及符号

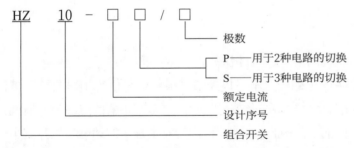

（3）使用注意事项。安装在控制屏面板上，面板上只能看到手柄，其他部分在屏内，以保证操作安全；操作频率不能过高，一般每小时不宜超过15次，操作频率较高时，应当降容使用；用于电动机可逆运行时，应电机完全停止后，再进行反向操作。

3.断路器

断路器又叫自动开关或自动空气开关。它相当于刀开关、熔断器、热继电器和欠压继电器的功能组合，是一种起手动开关作用，在低压电路中，用作分断和接通负荷电路，控制电动机运行和静止。当电路发生过载、短路、失压等故障时，它能自动切断故障电路，保护电路和用电设备的安全。自动空气开关广泛用于低压发电机及各干线或电动机的非频繁操作回路中。

　　自动空气开关由触头装置、灭弧装置、脱扣机构、传动装置和保护装置五部分组成，它的工作原理如图6-14所示。主触点通常由手动的操作机构来闭合的，闭合后主触点被锁钩住。如果电路中发生故障，脱扣机构就在有关脱扣器的作用下将锁钩脱开，于是触点在释放弹簧的作用下迅速分断。

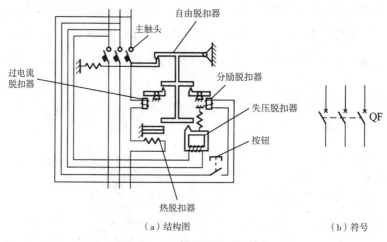

　　（a）结构图　　　　　　　　　　（b）符号

图6-14　DZ断路器结构和符号

　　（1）触头系统。由3对动、静触头串于主电路中，另有常开、常闭辅助触头各1对。触头采用直动式双断口桥式触头。

　　（2）灭弧结构。开关内装有灭弧罩，罩内有相互绝缘的镀铜钢片组成灭弧栅片，便于在切断短路电流时，加速灭弧和提高断流能力。

　　（3）传动机构。用于实现断路器的闭合与断开，有手动操作机构、电动机操作机构、电磁铁操作机构等。

　　（4）脱扣机构。

　　①过流脱扣器（电磁脱扣器）。过流脱扣器上的线圈串联于主电路内，线路正常工作通过正常电流时，产生的电磁吸力不足以使衔铁吸合，自由脱扣器的上下搭钩钩住，使3对主触头闭合。当线路发生短路或严重过载时，电磁脱扣器的电磁吸力增大，将衔铁吸合，向上撞击杠杆，使上下搭钩脱离，弹簧力把3对主触头的动触头拉开，实现自动跳闸，达到切断电路之目的。

　　②失压脱扣器。当线路电压下降或失去时，失压脱扣器的线圈产生的电磁吸力减小或消失，衔铁被弹簧拉开，撞击杠杆，搭钩脱离，断开主触头，实现自动跳闸。用于电动机的失压保护。

　　③热脱扣器。热脱扣器的热元件串联在主电路中，当线路过载时，过载电流流过发热元件，双金属片受热弯曲，撞击杠杆，搭钩分离，主触头断开，起过载保护。跳闸后不能立即合闸，须等1～3min待双金属片冷却复位后才能再合闸。

　　④分励脱扣器。由分励电磁铁和一套机械机构组成，当需要断开电路时，按下跳闸按钮，分励电磁铁线圈通入电流，产生电磁吸力吸合衔铁，使开关跳闸。分励脱扣只用于远

距离跳闸，对电路不起保护作用。

（5）型号。常用的自动开关有DZ5、DZ20、DZ47系列等。具体含义如下：

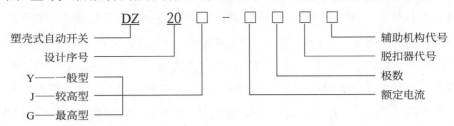

（6）使用注意事项。

①按规定垂直安装，连接导线要按规定截面选用。

②操作机构在使用一定次数后，应添加润滑油。

③定期检查触头系统，保证触头接触良好。

二、低压熔断器

熔断器是一种最常用，简单、有效的严重过载和短路保护电器，使用时串联在被保护电路的首端，当电路发生短路故障时，便有较大的短路电流流过熔断器，使熔体（熔丝或熔片）发热后自动熔断，从而自动切断电路，起到保护电路及电气设备的目的。它具有结构简单，维护方便，价格便宜，体积小重量轻之优点。

1.熔断器的结构和原理

熔断器由熔体和熔座两部分组成。熔体一般用电阻率较高，熔点较低的合金材料制成片状或丝状，如铅锡合金丝，也可用截面很小的铜丝、银丝制成。熔座是熔体的保护外壳，在熔体熔断时还兼有灭弧作用。

正常情况下，熔体中通过额定电流时熔体不应该熔断，当电流增大到某值时，熔体经过一段时间后熔断并熄弧，这段时间称为熔断时间。熔断时间与通过的电流大小有关，具有反时限保护特性，即通过熔体的电流越大，熔断时间越短；当通过最小熔断电流时，熔断时间从理论上讲应为无限长，但实际使用中，由于熔体发热而被氧化和老化，或受机械损伤，即使电流小于最小熔断电流，也可能熔断，所以熔体的安全工作最大电流规定为2～3倍最小熔断电流，这就是熔体的额定电流。

2.熔断器的技术参数

（1）额定电压。额定电压指保证熔断器长期正常工作的电压，熔断器的额定电压不能小于电网的额定电压。

（2）额定电流。额定电流指保证熔断器能长期工作，各部件温升不超过允许值时所允许通过的最大电流，熔断器的额定电流不能小于熔体的额定电流。

熔断器的额定电流是指载流部分和接触部分所允许长期工作的电流，熔体的额定电流是指长期通过熔体而熔体不会熔断的最大电流。在同一个熔断器内，可装入不同额定电流的熔体，但熔体的额定电流不能超过熔断器的额定电流。例如：RL1-60型螺旋式熔断器，额定电流为60A，额定电压为500V，则15A、20A、35A、60A的熔体都可装入此熔断器使用。

3.熔断器的主要特点

优点：选择性好，即上级熔断体额定电流不小于下级的该值的1.6倍，就视为上下级能有选择性切断故障电流；限流特性好，分断能力高，在额定工作电压下，熔断器的分断能力可达到80~120 kA；相对断路器来说尺寸较小，价格较便宜；内部结构较简单，运行时可靠性高；运行维护成本较低。在发生短路、过负荷故障情况下，因熔断器组合电器起保护作用的是熔断器熔体，所以损坏的是熔断器的一个部件，只需更换熔断器部件即可，方便快捷。

缺点：故障熔断后必须更换熔断体；保护功能单一，只有一段过电流反时限特性，过负荷、短路和接地故障都用此保护。

三、常用低压电器的常见故障分析及处理方法

1.交流接触器的常见故障分析及处理方法

交流接触器的常见故障分析及处理方法见表6-2。

2.熔断器的常见故障分析及处理方法

熔断器的常见故障分析及处理方法见表6-3。

3.热继电器的常见故障分析及处理方法

热继电器的常见故障分析及处理方法见表6-4。

4.低压断路器的常见故障分析及处理方法

低压断路器的常见故障分析及处理方法见表6-5。

5.组合开关的常见故障分析及处理方法

组合开关的常见故障分析及处理方法见表6-6。

6.时间继电器的常见故障分析及处理方法

时间继电器的常见故障分析及处理方法见表6-7。

7.速度继电器的常见故障分析及处理方法

速度继电器的常见故障分析及处理方法见表6-8。

表6-2　交流接触器的常见故障分析及处理方法

故障现象	故障分析	处理方法
动铁芯吸不上或吸力不足	1. 电源电压过低或波动过大 2. 绕组电压不足或接触不良 3. 触点弹簧压力过大	1. 设法提高电源电压 2. 检修控制回路，查找原因 3. 减小触点弹簧压力
动铁芯不释放或释放缓慢	1. 触点弹簧压力过小 2. 触点熔焊 3. 机械可动部分卡滞 4. 反力弹簧损坏 5. 铁芯截面有油污或灰污 6. 铁芯磨损过大	1. 提高触点弹簧压力 2. 排除熔焊故障，更换触点 3. 排除卡滞故障 4. 更换反力弹簧 5. 清理铁芯截面 6. 更换铁芯
电磁铁噪声大	1. 电源电压过低 2. 机械可动部分卡滞 3. 短路环断裂 4. 铁芯截面有油污或灰尘 5. 铁芯磨损过大	1. 调整电源电压 2. 排除机械卡滞故障 3. 更换短路环 4. 清理铁芯截面 5. 更换铁芯

续表

故障现象	故障分析	处理方法
绕组过热或烧坏	1. 电源电压过低或过高 2. 绕组额定电压不对 3. 操作频率过高 4. 绕组匝间短路	1. 调整电源电压 2. 更换绕组或调换接触器 3. 调换适合高频率操作的接触器 4. 排除故障，更换绕组
触点灼伤或熔焊	1. 触点弹簧压力过小 2. 触点表面有异物 3. 操作频率过高或工作电流过大 4. 长期过载使用 5. 负载侧短路	1. 调整触点弹簧压力 2. 清理触点表面 3. 调换容量大的接触器 4. 调换合适的接触器 5. 排除故障，更换触点

表6-3 熔断器的常见故障分析及处理方法

故障现象	故障分析	处理方法
瞬间熔体便熔断	1. 熔体额定电流选择过小 2. 电路有短路或接地 3. 熔体安装时有损伤	1. 更换合适熔体 2. 排除短路或接地故障 3. 更换熔体
熔体未熔断但电路不通	1. 熔体或接线端接触不良 2. 坚固螺钉松动	1. 旋紧熔体或接线端 2. 旋紧螺钉或螺母

表6-4 热继电器的常见故障分析及处理方法

故障现象	故障分析	处理方法
热元件烧断	1. 负载短路电流过大 2. 操作频率高	1. 排除故障更换热继电器 2. 更换合适参数的热继电器
热继电器不动作	1. 热继电器的额定电流值选用不合适 2. 整定值偏大 3. 动作触头接触不良 4. 热元件烧断或脱焊 5. 动作机构卡住 6. 导板脱出	1. 按保护容量合理选用 2. 合理调整整定值 3. 消除触头接触不良因素 4. 更换热继电器 5. 清除卡住因素 6. 重新放入并调试
热继电器动作不稳定，时快时慢	1. 热继电器内部机构某些部件松动 2. 在检修中弯折了双金属片 3. 通电电流波动太大，或接线螺丝松动	1. 将这些部件加以紧固 2. 用2倍电流预试几次或将双金属片拆下来热处理以去处内应力 3. 检查电源电压或拧紧接线螺钉
热继电器动作太快	1. 整定值偏小 2. 时间过长 3. 连接导线太细 4. 操作频率过高 5. 使用场合有强烈冲击和振动 6. 可逆转换频繁 7. 安装热继电器处与电动机处环境温度差太大	1. 合理调整整定值 2. 按启动时间要求，选择具有合适的可返回时间的热继电器或在启动过程中将热继电器短接 3. 选用标准导线 4. 更换合适的型号 5. 选用带防振动冲击的或采取防振动措施 6. 改用其他保护措施 7. 按两地温差情况配置适当的热继电器
主电路不通	1. 热元件烧断 2. 接线螺钉松动或脱落	1. 更换热继电器或热元件 2. 紧固接线螺钉
控制电路不通	1. 触头烧坏或动触头片弹性消失 2. 可调整式旋钮转到不合适的位置 3. 热继电器动作后未复位	1. 更换触头或簧片 2. 调整旋钮或螺钉 3. 按动复位按钮

表6-5 低压断路器的常见故障分析及处理方法

故障现象	故障分析	处理方法
手动操作断路器不能闭合	1. 欠电压脱扣器无电压或线圈损坏 2. 储能弹簧变形，导致闭合力减小 3. 反作用弹簧力过大 4. 机构不能复位再扣	1. 检查线路，施加电压或更换线圈 2. 更换储能弹簧 3. 重新调整弹簧反力 4. 调整再扣接触面至规定值
电动操作断路器不能闭合	1. 电源电压不符合 2. 电源容量不够 3. 电磁拉杆行程不够 4. 电动机操作定位开关变位 5. 控制器中整流管或电容器损坏	1. 更换电源 2. 增大操作电源容量 3. 重新调整 4. 重新调整 5. 更换损坏元件

故障现象	故障分析	处理方法
有一相触头不能闭合	1. 一般断路器的一相连杆断裂 2. 限流断路器拆开机构的可折连杆的角度变大	1. 更换连杆 2. 调整至技术条件规定值
分励脱扣器不能使断路器分断	1. 线圈短路 2. 电源电压太低 3. 再扣接触面太大 4. 螺丝松动	1. 更换线圈 2. 更换电源电压 3. 重新调整 4. 拧紧
欠电压脱扣器不能使断路器分断	1. 反力弹簧变小 2. 入围储能释放，则储能弹簧变形或断裂 3. 机构卡死	1. 调整弹簧 2. 调整或更换储能弹簧 3. 消除结构卡死原因，如生锈等
电流未达到整定值时误动作	1. 整定电流调得过小 2. 搭钩磨损脱钩	1. 调整整定电流 2. 更换新品
断路器温升过高	1. 触点接触不良 2. 触头压力过低 3. 接线柱螺钉松动	1. 修理或更换触点 2. 调整触点压力 3. 拧紧螺钉
欠电压脱扣器噪音	1. 反力弹簧太大 2. 铁芯工作面有油污 3. 短路环断裂	1. 重新调整 2. 清除油污 3. 更换衔铁或铁芯
辅助开关不通	1. 辅助开关的东触桥卡死或脱离 2. 辅助开关传动杆断裂或滚轮脱落 3. 触头不接触或氧化	1. 拨正或重新装好触桥 2. 更换转杆或更换辅助开关 3. 调整触头，清理氧化膜
带半导体脱扣器之断路器误动作	1. 半导体脱扣器元件损坏 2. 外界电磁干扰	1. 更换损坏元件 2. 清除外界干扰，例如临近的大型电磁铁的操作，接触器的分断、电焊等，予以隔离或更换
漏电断路器经常自行分断	1. 漏电动作电流变化 2. 线路有漏电	1. 送制造厂重新校正 2. 找出原因，如系导线绝缘损坏，则更换之
漏电断路器不能闭合	1. 操作机构损坏 2. 线路某处有漏电或接地	1. 送制造厂处理 2. 清除漏电处或接地故障

表6-6　组合开关的常见故障分析及处理方法

故障现象	故障分析	处理方法
手柄转动后，内部触点未动作	1. 手柄上的轴孔磨损变形 2. 绝缘杆变形 3. 手柄与轴、轴与绝缘杆配合松动 4. 操作机构损坏	1. 调换手柄 2. 更换绝缘杆 3. 坚固松动部件 4. 修理或更换
手柄转动后，动、静触点不能同时通、断	1. 组合开关选用不正确 2. 触点角度装配不正确 3. 触点失去弹性或接触不良	1. 更换开关 2. 重新装配 3. 更换触点或清洁触点
接线柱间短路	因铁屑或油污附着在接线柱间形成导电层，绝缘胶木被烧后形成短路	更换开关

表6-7　时间继电器的常见故障分析及处理方法

故障现象	故障分析	处理方法
延时触点未动作	1. 电源电压过低 2. 线圈损坏 3. 接线松动 4. 动作机构卡滞或损坏	1. 调整电压 2. 更换线圈 3. 紧固接线 4. 排除卡滞或更换部件
延时时间缩短	1. 气室装配不严，漏气 2. 橡皮膜损坏	1. 修理后调试气塞 2. 更换橡皮膜
延时时间变长	排气孔阻塞	排除阻塞原因

表6-8　速度继电器的常见故障分析及处理方法

故障现象	故障分析	处理方法
继电器无制动功能	1. 胶木杆断裂 2. 触点接触不良 3. 接线松动 4. 绕组开路	1. 更换胶木杆 2. 清理触点 3. 紧固接线 4. 更换继电器
不能正常制动	1. 整定值不合理 2. 限位触点断裂 3. 改变转子转速的反力弹簧断裂	1. 调整整定值 2. 更换触点 3. 更换反力弹簧

四、常用低压电器的检修

1. 触头系统故障的检修

（1）触头过热。触头发热主要是因电流流过触头，在触头间有功率损耗（如接触电阻损耗、电弧能量损耗）所致。触头一般发热是正常的，严重发热（过热）则是一种故障。触头过热故障的主要原因应从以下几方面查找。

（2）触头接触压力降低。在使用过程中，触头的弹簧因受到机械损伤而变形；或者在电弧作用下，高温使弹簧退火；动触头压力降低；或者触头本身变形，例如刀开关中静触头的两瓣向外张开，触头接触压力降低。

（3）触头表面氧化或有杂质。许多金属氧化物是不良导体，会使触头接触电阻增大，造成触头过热。运行时触头温度越高，氧化越严重；接触电阻越大，温度升高越快。对于氧化严重的触头，可用00号金刚石砂纸轻轻打磨。不少触头在其接触面上镶有银块，而银的氧化物是良导体，可以不做处理。触头表面的尘埃、污垢一旦形成绝缘薄膜，就会使接触电阻大大增加，应定期清除。

（4）触头磨损量过多。长期使用的开关，触头磨损超过一定量后，压力减少，也会使触头过热，这时应对触头行程做适当的调整。

2. 系统故障

灭弧装置是开关的重要组成部分，尤其是对断路器、熔断器显得更加重要。

如果开关不能正常灭弧，将导致开关损坏，进而使电气装置发生更大的故障。灭弧系统故障的主要原因如下所述。

（1）灭弧罩受潮。灭弧罩通常由石棉水泥板或纤维板制成，容易受潮。受潮以后，绝缘能力降低，电弧不能被拉长。同时，电弧燃烧时，在电弧高温作用下使灭弧罩内水分汽化，造成灭弧罩上部空间压力增大，阻止了电弧进入灭弧罩，延长灭弧时间。这种故障比较容易判断。正常时，电弧喷出灭弧罩的范围很小，还会听到清脆的声音。如果电弧喷射范围很大，并且听到软弱无力的"卜卜"声，以及触头烧毛严重、有灭弧罩烧焦等现象，就说明灭弧罩已经受潮。这时只要将灭弧罩烘干即可。

（2）灭弧罩炭化。灭弧罩在高温情况下，其表面被烧焦，形成一种炭质的导电桥，对灭弧很不利，应及时处理。处理的方法可用细锉轻轻地将其锉掉，但不能增加粗糙度，因为毛糙的表面会增大电弧的阻力。

（3）磁吹线圈短路。为了将电弧引入灭弧罩中，一些开关常用磁吹线圈。这种线圈一般采用空气绝缘，不另外增加绝缘材料。如果线圈受到碰撞变形，导电灰尘积聚太多，就会出现线圈线路或匝间短路，使线圈不能工作，降低了开关的灭弧性能。

（4）灭弧栅片损坏。金属灭弧栅片损坏脱落、锈蚀，使电弧不能顺利拉入栅片中，影响灭弧效果，因此该及时修补。灭弧栅片外表看似铜质，其实绝大部分是钢质的，仅在表面镀了一层铜。损坏的栅片可用普通白铁片代替。

（5）灭弧触头的故障。灭弧触头起消灭电弧的作用，是保护主触头的。它的基本工作程序是：先于工作触头闭合，后于工作触头打开。如果磨损严重或装配不合理，将失去其作用，因此应定期检查调整。

（6）绝缘油质量下降。开关中的绝缘油往往兼有灭弧、冷却及绝缘作用。绝缘油质量下降（主要是水分、杂质增加），绝缘性能下降，对于灭弧极不利，甚至可能引发爆炸、向外喷油等类严重事故。因此应定期检查，进行过滤或更换。

3.吸引电磁铁故障

吸引电磁铁是许多自动开关（如接触器、断路器）操动装置的主要组成部分之一，它起到使开关自动接通或断开的作用。在交流电路里，铁芯中的磁通是交变的，吸力也是交变的，这将使衔铁产生振动，开关工作不可靠。为了克服这一缺点，在铁芯端面装有一个短路环，由于短路环中感应电流产生的感应磁铁与铁芯中的主磁铁相位有差别。这样合成磁通任何时候都不等于零，衔铁就不振动了。电磁铁常见故障及原因如下。

（1）噪声很大。正常运行的电磁铁只发出均匀、调和、轻微的工作声音，如果噪声很大，说明有故障，其原因如下：

①铁芯与衔铁端面接触不良。由于端面磨损、锈蚀，或者存在灰尘、油垢等杂质，端面间空气隙加大，电磁铁的励磁电流增加，振动剧烈，使噪声加大。铁芯与衔铁端面是经过精加工的，一般不能使用锉刀、砂布等工具磨平，只要用汽油、煤油清洗即可。如果使用锉刀、砂布修理，可按下列方法进行：首先在端面上衬一层复写纸，衔铁吸合后，端面凸出部分在复写纸上印有斑点，然后轻轻将斑点锉去，重复几次后，即可将端面整平。

②短路环损坏。短路环是专为防止振动而设置的，短路环断裂或者脱落。将使铁芯因振动而发出噪声。一经查出，只要用铜质材料加工一个换上即可。

③电压太低。加在线圈上的电压太低，一般低于额定电压的85%，就使得吸力不足，励磁电流增加，噪声也增大。

④运动部分卡阻。衔铁带动开关的运动部分存在卡阻时，反作用力加大，衔铁不能正常吸合，产生振动与噪声。因此，应经常在运动摩擦部位加注几滴轻油，如机油、变压器油等。

（2）线圈过热甚至烧毁。线圈过热的原因是由于线圈中流过的电流，较长时间超过额定值，而线圈中电流的大小与加在线圈两端的电压有关，与衔铁带动的负载有关，而主要是与磁路所需要的线圈励磁电流有关。衔铁打开时，空气距离大，磁路磁阻大，产生相同磁通所需要的线圈励磁电流大；衔铁闭合后，磁路磁阻小，励磁电流小得多。据计算，衔铁启动时的励磁电流比闭合时要大几十倍。线圈长时间过热是线圈烧毁的主要原因。大致原因有以下几个方面。

①开关操作频繁，需要频繁启动，线圈中频繁地受到大电流的冲击。

②衔铁与铁芯端面接触不紧密，大的空气气隙使线圈中的电流较额定值大得多。

③衔铁安装不好，铁芯端面与衔铁端面没有对齐，使磁路磁阻增大，线圈中电流增加。

④传动部分出现卡阻电磁铁过负荷，不能很好地吸合。

⑤线圈电压过低，带动同样负载，线圈中的电流必然增加。

⑥线圈端电压过高，铁芯磁通饱和，同样引起铁芯过热。

⑦线圈绝缘受潮，存在匝间短路，也会使线圈中的电流增加。

4.熔断器的故障

熔断器是电路中最简单的一种保护电器，它串接在电路中使用，可以用来保护电气装置，防止过载电流和短路电流的损害，其结构由熔体、连接熔体的触头和外壳等组成。有些熔断器还有简单的灭弧装置，用以提高熔断器的灭弧能力。由于熔断器结构及维护简单，体积小，在低压配电装置中被广泛应用，在3～35kV的高压电网中，也被广泛用来保护电压互感器和小容量电气设备。

熔体一般制成3种形状，即丝状、片状和笼状。铅锡熔体一般做成丝状。锌锡熔体一般做成片状。银熔体做成丝状或片状。铜熔体可做成丝状、片状和笼状。

当电路中的电流，即两个熔断器熔丝的电流达到一定值时，熔丝将熔断。熔断器的故障主要表现于熔丝经常非正常烧断、熔断器的连接螺丝钉烧毁、熔断器使用寿命降低。熔断器在使用中应注意事项：

①应正确选择熔体，保证其工作的选择性。

②熔断器内所装熔体的额定电流只能小于或者等于熔断器的额定电流。

③熔体熔断后，应更换相同尺寸和材料的熔体，不能随意加粗或减小，更不能用不易熔断的其他金属丝去更换，以免造成事故。

④安装熔体时，不应碰伤熔体本身。否则可能在正常工作电流通过时烧断，造成不必要的停电。

⑤熔断器的熔体两端应接触良好。

⑥更换熔体时，要切断电源，不能在带电情况下拔出熔断器，更换时工作人员要戴绝缘手套，穿绝缘靴。

5.常用时间继电器的检修

空气式时间继电器的故障检修。它的故障主要分电磁系统和延时不准确故障两大类。电磁系统故障的检修方法与上面分析介绍的方法相同。延时不准确故障及其检修方法：

（1）空气室经过拆卸重新装配时若密封不严或漏气，就会使延时动作缩短，甚至不产生延时。此时必须拆开，查找原因，排除故障后重新装配。

（2）空气室内要求清洁，如果在拆装过程中或因其他原因有灰尘进入空气通道，使空气通道受到阻塞，时间继电器的延时就会变长。出现这种故障时，清除气室灰尘故障即可排除。长期不使用的时间继电器第一次使用时延时可能会长一些；环境温度变化对延时的长短也有影响。

6.速度继电器的故障检修

（1）反接制动时速度继电器失效，电动机不能制动。故障原因为速度继电器的胶木摆杆断裂，动合触点接触不良，弹性动触点断裂或失效。此时必须更换损坏或失效部件后重新装配。

（2）反接制动时制动不正常，故障原因速度继电器的弹性动触片调整不当。此时可将调整螺钉向上旋，使弹性减小。

7.热继电器的故障及检修。

热继电器的故障主要有发热元件损坏，触点误动作和不动作3种情况。

（1）发热元件烧坏，原因可能是热继电器动作频繁，负载发生短路，通过热继电器的电流过大等，也可能是热继电器发热元件额定电流选择偏小，造成发热元件长期过载。处理方法为先切断电源排除故障，重新选用合适的热继电器，重新调整整定值。

（2）发热元件误动作，原因可以是整定值偏小，时间过长，操作频率过高，使用场合有强烈的冲击及振动，使热继电器动作机构松动而使动断触点断开。处理方法为：调换适合于上述工作性质的热继电器，并合理调整整定值。调整时只能调整螺钉，绝对不可弯折双金属片。

（3）热继电器触点不动作，原因可能是发热元件烧断或脱焊；电流整定值偏大，以致过载很久热继电器仍不动作，对电动机就不能起到保护作用；热继电器动作机构中某部件损坏或松脱造成双金属片到触点之间的传动部分失灵。检修时应根据负载工作电流来调整整定电流。热继电器使用日久，应定期检查它的动作是否正确可靠。热继电器动作脱扣后，不要立即手动复位，应待双金属片冷却复原后再使动触点复位。按复位按钮时不要用力过猛，否则会损坏操作机构。

【任务实施】

一、任务名称

常用低压电器故障分析与检修。

二、器材、仪表、工具

1.器材

交流接触器，待修。热继电器，待修。空气式时间继电器，待修。低压熔断器，待修。组合开关，待修。低压断路器，待修。其他器材等。

2.仪表

仪器视修理实际情况确定。

3工具

常用电工工具、钳工工具，钳台、锉刀等。

三、实训步骤

1.交流接触器的检修

视损坏的情况进行修理或更换部分，如电磁线圈损坏，则可将线圈拆下后按单相变压器绕组重绕的方法进行重绕。修理完好后进行通电试验，交流接触器应动作良好。

2.热继电器的检修

视损坏的情况进行修理或更换部件，将修理好后的热继电器进行动作电流的调试。

3.空气式时间继电器的检修

视损坏的情况进行修理，如电磁线圈损坏，则应重绕线圈，修好后进行通电延时测试。

4.低压熔断器、组合开关或低压断路器的检修

在低压熔断器、组合开关或低压断路器中任选1～2件电器进行修理。

5.注意事项

（1）认真、仔细、确定故障部位后再对症下药进行修理。

（2）注意操作方法及步骤，避免扩大故障。

四、成绩评定

成绩评定见表6-9。

表6-9　评分表

项目内容	配分	评分标准	扣分	得分
交流接触器检修	30分	视实际修理情况评分		
热继电器检修	20分	视实际修理情况评分		
时间继电器检修	20分	视实际修理情况评分		
其他电器检修	20分	视实际修理情况评分		
安全、文明生产	10分			
工时：4h				
合计				

项目七　直流电动机基本控制线路安装调试

【知识目标】

　　1.掌握他励直流电动机启动、反转和调速控制线路工作原理。

　　2.掌握并励直流电动机启动控制线路工作原理。

　　3.掌握并励直流电动机正反转控制线路工作原理。

【技能目标】

　　1.掌握他励直流电动机启动、反转和调速控制线路安装调试。

　　2.掌握直流电动机启动控制线路安装调试。

　　3.掌握并励直流电动机正反转控制线路安装调试。

任务1　他励直流电动机基本控制线路安装调试

【任务描述】

　　此任务主要是他励直流电动机基本控制线路的安装调试。学生根据电路原理图安装其控制线路，按照电气元件的安装布置要点，做好电气元件的布置方案，合理布置和安装电气元件，做到安装的器件整齐、布线美观、好看，安装检测完成后通电试车。通过此任务的学习学生应能正确理解直流电动机启动、调速、制动控制电路的工作原理，能根据控制要求正确设计直流电动机的启动控制电路图，掌握电气元件的安装布置要点，合理布置和安装电气元件。

【任务分析】

　　与交流电动机相比，由于直流电动机具有过载能力强、启动转矩大、制动转矩大、调速范围广、调速精度高、损耗小、能够实现无级平滑调速以及适宜频繁快速启动等一系列优点，对于需要能够在大范围内实现无级调速或需要大启动转矩的生产机械，常用直流电动机来拖动。学生在对直流电动机控制线路安装调试过程中要注意，他励电动机的转速与主磁通成反比，因此实训时，需要特别注意磁场绕组必须可靠地并接在电源两端，所串的磁场调节电阻阻值应最小（为零）。电机进行调速时，动作应尽量快，不要较长时间地使启动变阻器串在电枢回路中，以减小发热损耗，并保证设备安全。在进行改变主磁通调速时，要缓慢增加磁场绕组回路中所串的电阻值，以免使磁通减小太多，造成电动机转速过高而损坏，注意人身及设备的安全。

【相关知识】

一、直流电机工作原理

1.直流发电机工作原理

如图7-1所示，N、S为定子上固定不动的两个主磁极，主磁极可以采用永久磁铁，也可以采用电磁铁，在电磁铁的励磁线圈上通以方向不变的直流电流，便形成一定极性的磁极。电刷接到负载上。电枢在原动机的拖动下以恒定的转速逆时针方向旋转，则线圈边ab和cd切割磁感线产生的感应电动势e便会在线圈与负载所构成的闭合电路中产生电流。电流的方向与电动势的方向相同。在图7-1（a）所示位置时，在电机内部，电流沿着d→c→b→a的方向流动，在电机外部，电流沿着电刷A→负载→B的方向流动。

当电枢绕组转到图7-1（b）所示位置时，ab边转到了S极下，cd边转到了N极下，这时，线圈中感应电动势的方向发生了变化，使得电机内部电流的方向变成了沿a→b→c→d方向流动。由于换向器的作用，电机外部的电流方向并未改变，仍然是沿着电刷A→负载→B的方向流动。

由此可得出直流发电机的工作原理：直流发电机在原电动机的带动下，则转子导体绕轴转动，将切割磁感线而产生感应电动势，借助电刷和换向器的作用向外电路提供直流电能，从而使机械能转换为直流电能。

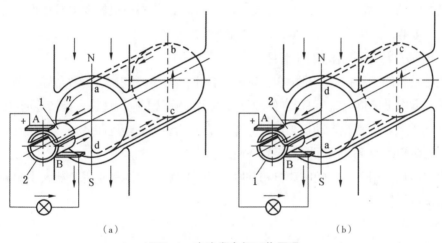

（a）　　　　　　　　　　　　　　　（b）

图7-1　直流发电机工作原理

2.直流电动机的工作原理

如图7-2所示，图中N和S是一对固定不动的磁极，用以产生所需要的磁场。直流电动机与发电机不同的是电刷A、B外接一直流电源。绕组的转轴与机械负载相连。这时便有电流从电源的正极流出，经电刷A→换向片→a→b→c→d→换向片→电刷B，回到电源的负极。根据电磁力定律，电枢电流与磁场相互作用产生电磁力F，其方向可用左手定则来判断。在此瞬间，ab位于N极下，受力方向从右向左，cd位于S极下，受力方向从左向右，这一对电磁力所形成的电磁转矩使电机逆时

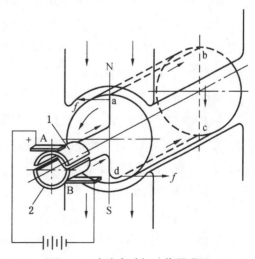

图7-2　直流电动机工作原理图

针方向旋转。

当电枢转到90°时，电刷不与换向片接触，但与换向片间的绝缘片相接触。此时线圈中没有电流流过，但由于机械惯性的作用，电枢仍能转过一个角度，电刷A、B又分别与换向片2、1接触。线圈中又有电流流过，此时，导体ab、cd中电流改变为d→c→b→a的方向流动。利用左手定则判断在此瞬间，ab位于S极下，受力方向从左向右，cd位于N极下，受力方向从右向左，这一对电磁力所形成的电磁转矩使电机始终逆时针方向旋转。故电动机连续运转。由此可得出直流电动机的工作原理：直流电动机在外加直流电压的作用下，在可绕轴转动的导体中形成电流，载流导体在磁场中将受到电磁力的作用而旋转，借助于电刷与换向器的作用，使电动机能连续运转，从而将直流电能转换为机械能。

由以上分析可知，直流电机具有可逆性，即一台直流电机既可作发电动运行，也可做电动机运行。当输入机械转矩将机械能转换成电能时，电机做发电机；当输入直流电流产生电磁转矩，将电能转换成机械能时，电机做电动机运行。例如电力机车在牵引工况时，牵引电机做电动机运行，产生牵引力。在制动工况时，牵引电机做发电机运行，将机车的动能转换成电能，产生动力对机车进行电气制动。

二、他励直流电动机的工作特性

直流电动机的工作特性，是指在一定的条件下，转速n和电磁转矩T与输出功率P_2而变化的关系。但由于电枢电流I_a可以方便地直接测出，所以工作特性往往指转速n和电磁转矩T与I_a之间的关系。当直流电动机工作时，输出的是电动机的转速和转矩，因此电动机的转速随着电磁转矩的变化关系是很重要的特性，称为机械特性。

在恒定电压作用下，他励电动机和并励电动机的励磁电流都不受负载大小的影响，故它们的运行特性相同。

1.转速特性

转速特性是指$U=U_N$，$I_f=I_{fN}$（额定励磁电流）时，$n=f(I_a)$的关系曲线，如图7-5所示。当I_a增加时，转速n要下降，但因R_a较小，转速n下降的不多，故转速特性是一条略向下倾斜的直线。此种特性为硬特性。

2.转矩特性

转矩特性是指$U=U_N$，$I_f=I_{fN}$时，电磁转矩$T=f(I_a)$的关系曲线，如图7-3所示。由式$T=C_T\Phi I_a$可知，由于磁通Φ基本不变，因此是一条经过原点上升的曲线。

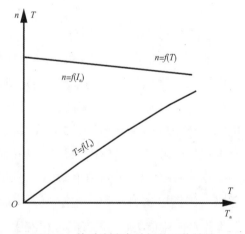

图7-3　他励直流电动机的工作特性

3.机械特性

机械特性是指$U=U_N$，$I_f=I_{fN}$以及电机电枢回路电阻为常数时，电动机的电磁转矩T与转速n之间的关系，根据上式画出的机械特性是一条略向下倾斜的直线，如图7-3所示。

三、负载的机械特性

电动机负载（生产机械）的转速与负载转矩之间的关系 $n=f(T_L)$ 称为负载的机械特性，简称负载特性。生产机械的负载特性主要有以下3种类型。

1.恒转矩负载特性

具有这种特性的负载，负载转矩是个定值，与转速无关。属于这一特性的负载又分为以下两种：

（1）反抗性恒转矩负载。这种负载的负载转矩是由摩擦作用产生的，其绝对值不变，而作用方向总是与旋转方向相反，是阻碍运动的制动转矩。属于这一负载的生产机械有起重机的行走机构和机床的平移机构等。

（2）位能性恒转矩负载。这种负载的负载转矩由重力作用产生，负载转矩的大小和方向都保持不变，与转速无关。属于这一类负载的生产机械有起重机的提升机构和矿井卷扬机等。

2.恒功率负载特性

具有这种特性的负载，负载转矩的大小与转速的大小成反比，两者的乘积不变，即 $T_L n=$ 常数，机械功率基本恒定，而 T_L 的方向始终与 n 的方向相反。属于这一类负载的生产机械有各种机床的主要传动机构。

3.通风机负载特性

具有这种特性的负载，负载转矩的大小与转速的平方成正比，即 $T_L \propto n^2$，负载转矩的方向始终与转速的方向相反。属于这一类负载的生产机械有通风机、水泵、油泵等流体机械，这类机械一般情况下，只能单方向旋转。

以上介绍的是3种典型的负载特性。有些生产机械的负载特性可能是这几种的综合。

四、直流电动机的启动

将电动机以某种方式接入电网，从静止状态加速到工作转速的过程叫启动。如果把电动机直接接在额定电压的电源上启动，称为全压启动（直接启动），刚启动时，由于 $n=0$，$E_a=0$，则启动初瞬的电枢电流称为启动电流，即

$$I_{st} = \frac{U-E_a}{R_a} = \frac{U}{R_a}$$

由于电枢回路电阻 R_a 很小，所以直接启动时电枢电流冲击电流很大，可达额定电流的10～20倍。这么大的启动电流将使换向恶化，出现强烈火花甚至环火，并使电枢绕组产生很大的电磁力而损坏绕组；过大的启动电流又引起供电电网的电压波动，影响接于同一电网上的其他电气设备的正常工作；如果启动时 $\Phi=\Phi_N$，则此时的电磁转矩（称为启动转矩）$T=C_T\Phi I_a$，也达到额定转矩的10～20倍，过大的转矩冲击也使拖动系统的传动机构被损坏。因此，除小容量电机之外，直流电动机是不允许直接启动的。

为此，在启动时必须限制启动电流在允许的范围内，一般要求启动初瞬电枢电流不超过 I_N 的1.5～2.0倍。所采取的措施有两种：一是降压启动；二是电枢回路串电阻启动。

1.降压启动

此种方法需要有一个可改变电压保证直流电源专供电枢电路之用。例如利用直流发电机，晶闸管可控制整流电源或直流斩波电源等。启动时，把加于电枢两端的电源电压降低，以减少启动电流的方法。为了获得足够的启动转矩T_{st}，一般将启动电流限制在（2～2.5）I_N以内。使电机顺利启动。随着转速的升高，反电动势$E_a=C_e\Phi n$增大，电枢电流$I_a=\frac{U-E_a}{R_a}$开始下降，这时可以逐渐升高端电压U直至$U=U_N$，则启动完毕。这种启动方法的优点是启动平稳，启动过程中能量损耗小，易于实现自动化。缺点是初期投资大。

2.电枢回路串电阻启动

额定功率较小的电动机可采用在电枢电路内串联启动变阻器的方法启动。启动前先把启动变阻器调到最大值，加上励磁电压U_f，保持励磁电流为额定值不变。再接通电枢电源，电动机开始启动。随着转速的升高。逐渐减小启动变阻器的电阻，直到全部切除。额定功率较大的电动机一般采用分级启动的方法以保证启动过程中既有比较大的启动转矩，又使启动电流不会超过允许值。

电枢回路串电阻启动的特点是电阻分段不宜太多，启动电流和转矩的变化范围较大，故启动不够平滑，而且可变电阻消耗大量的电能，不够经济。对于小功率直流电动机一般用串电阻启动，容量稍大但不需经常启动的电动机也可采用串电阻启动，而需要经常启动的电动机，如起重、运输机械上的电动机则宜用降低电源电压的办法启动。

五、他励直流电动机的调速

为了使生产机械以最合理的速度进行工作，提高生产率和保证产品具有较高的质量，大量的生产机械（如各种机床、轧钢机、造纸机、纺织机械等）要求在不同的情况下以不同的速度工作，这就需要采用一定的方法人为地改变生产机械的工作速度，以满足生产工艺的需要，这种方法通常称为调速。由直流电动机的速度公式$n=\frac{U-I_aR_a}{C_e\Phi}$可知，即改变$R_a$、$\Phi$、$U_a$中的任何一个都可以使转速发生变化，所以他励电动机的调速有3种方法。

1.改变电枢回路电阻调速

电枢回路串电阻调速，从电路结构上看，该电路与电枢电路串电阻启动的电路相同，但需注意的是，启动变阻器是供短时使用的，而调整变阻器是供长期使用的。因此对一台给定的直流电动机来说，不能简单地将它的启动变阻器作为调速变阻器使用。

改变调速变阻器的电阻值，即可改变电枢电路的总电阻，从而可以改变电动机的转速。电枢回路串联电阻调速优点是设备简单、操作方便，缺点是：

（1）由于电阻只能分段调节，调速是有级的，调速的平滑性很差。

（2）低速时特性曲线斜率大，所以转速的相对稳定性差。

（3）轻载时调速范围小。

（4）初级投资过大，维修不容易，能量损耗也大。

所以这种调速方法近年来在较大容量的电动机上很少使用，只是在调速平滑性要求不高，低速工作时间不长，电动机容量不大，采用其他调速方法又不值得的地方采用这种调速方法。

2.改变电源电压调速

由直流他励电动机的机械特性方程式可以看出，升高电源电压U可以提高电动机的转速，降低电源电压U便可以减少电动机的转速，由于电动机正常工作时已是工作在额定状态下，所以改变电源电压通常都是向下调，即降低加在电枢电压时，它的速度是从额定转速向下调速的。

不过公用电源电压通常总是固定不变的，为了能改变电压来调速，必须使用独立可调的直流电源，目前用得最多的可调直流电源是晶闸管整流装置，如图7-4所示。图中，调节触发器的控制电压，以改变触发器所发出的触发脉冲的相位，即改变了整流器的整流电压，从而改变了电动机的电枢电压，进而达到调速的目的。

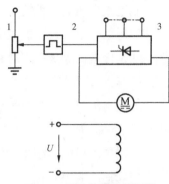

图7-4　晶闸管整流装置供电的直流调速系统

优点：

（1）电源电压能够平滑调节，可实现无级调速。

（2）调速前后的机械特性的斜率不变，硬度较高，负载变化时稳定性好。

（3）无论轻载还是负载，调速范围相同。

（4）电能损耗较小。

缺点：需要一套电压可连续调节的直流电源，因而使用设备需有直流电动机，调速复杂，初期投资也相对大些。但由于这种调速方法的调速平滑，特性硬度大，调速范围宽等特点，就使这种调速方法具备良好的应用基础，在冶金、机床、矿井提升以及造纸机等方面得到了广泛应用。

这种调速方法还有一个特点，就是可以靠调节电枢两端电压来启动电动机而不用另外加启动设备，当开始启动时，如给电动机的电压应以不产生超过电动机最大允许电流为限，待电动机转动以后，随着转速升高，其反电动势也升高，再让电压也随之升高，这样如果能够控制得好，可以保持启动过程电枢电流为最大允许值，并几乎不变和变化极小，从而获得相应的启动过程。

3.改变励磁电流调速

改变励磁电流的大小便可改变磁通的大小，从而达到调速的目的。改变励磁电路的电阻或者改变励磁绕组的电压都可以使励磁电流改变。前一方法可在励磁电路内串联一个调速变阻器，当变阻器电阻增加时，励磁电流减小，磁通也随之减少；后一方法需要专用的可调压的直流电源，减小励磁电压，则励磁电流随之减小。由于磁场越弱，转速越高，因此电机运行时励磁回路不能开路。此种方法的优点：由于在电流较小的励磁回路中进行调节，因而控制方便，能量损耗小，设备简单，调速平滑性好，因此经济性是比较好的。缺点：机械特性的斜率大，特性变软。转速的升高受到电动机换向能力和机械强度的限制，升速范围不能很大。

为了扩大调速范围，通常把降压和弱磁两种调速方法结合起来，在额定转速以上，采用弱磁调速，在额定转速以下采用降压调速。两种方法配合使用，可使调速范围达20：1。调速范围广，而且损耗小，运行大，初期投资多，故这种系统主要用于调速要求高的大型设备，如矿井提升机、挖掘机、轧钢机和大型机床等。

六、他励直流电动机的制动

制动是电机的一种特殊运行方式，实现制动有两种方法，机械制动和电气制动。机械制动就是给一个人为的机械阻力。例如，自行车下坡时使用手动抱闸。特点结构简单。电气制动是使电机本身在制动时使电机产生与其旋转方向相反的电磁转矩，用来促使电机减速、停车、或限制电机的速度。特点是操作控制方便，制动转矩大。

他励直流电动机的电气制动方法有能耗制动、反接制动、回馈制动3种。

1.能耗制动

他励电动机能耗制动的特点是：将电枢与电源断开，串联一个制动电阻R，使电机处于发电状态，将系统的动能转换成电能消耗在电枢回路的电阻上。能耗制动又分两种情况，分别用于不同场合。

（1）能耗制动过程——迅速停机。能耗制动的接线图如图7-5所示，需要制动时，将S投向制动电阻R上即可。其机械特性为一过原点的直线如图7-6所示。

如果反抗性负载，闸刀合向制动方向，电动机的运行点由A点变到B点，产生制动转矩使拖动系统很快停车，T和n变化在机械特性的第二象限BO段，这一段称之为能耗制动过程。

（2）能耗制动运行—下放重物。如是位能性负载，转速由B点变到O点后，负载转矩$T_L \neq 0$，将拖动电动机反向转动，最后稳定在特性曲线的C点运行，这时n反向，制动转矩限制了转速的进一步增加，电动机稳定下放重物，此种运行状态称为能耗制动运行。

电动机电枢回路串的电阻值不同，机械特性的斜率不同，运行点B、C不同，选择不同的阻值，可以得到不同的初始制动转矩。

能耗制动中，系统中的动能全部转换为电能消耗在电枢回路的电阻上。

能耗制动操作简单，但随着转速下降，电动势减小，制动电流和制动转矩也随着减小，制动效果变差，若为了尽快停转，可在转速下降到一定程度时，切除一部分制动电阻，增大制动转矩。

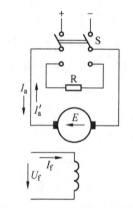

图7-5　能耗制动接线原理图

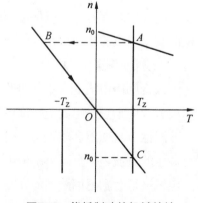

图7-6　能耗制动的机械特性

2.反接制动

他励电动机反接制动的特点是：使用U_a与E的作用方向变为一致，共同产生电枢电流I_a，于是由动能转换而来的电功率EI_a和由电源输入的电功率U_aI_a一起消耗在电枢电路中。具体实现的方法有两种，即电压反接制动和倒接反接制动。

（1）电压反接制动。电压反接制动接线图如图7-7所示，闸刀S合在上方为正向电动运行，合在下方，电枢回路串入为电压反接制动。反接后Φ不变，U反向，I_a反向，所以T反向。在机械特性上，反接瞬间，运行点变到B，转矩为负，产生制动转矩，转速逐渐降低为零，运行点变到C点，此时应立即拉开闸刀，否则电动机有可能反向转动。整个过程如图7-8所示。

（2）倒接反接制动。接线仍为电动机正向运行，负载为位能性负载。电动机正向运行时，电枢回路串入电阻，运行点由A点变到B点，然后随着转速的下降，经过C点转速为零，由于负载的作用，电动机将反向转动，最后在电动机的机械特性和负载的机械特性交于第四象限的D点稳定运行，如图7-9所示。反接制动转矩大，制动作用较强，制动转矩大是由于电枢电流大，制动过程中会使电机发热，故不适合频繁制动的场合。倒接反接制动只适用于位能性恒转矩负载。

3.回馈制动（再生制动）

他励电动机回馈制动的特点是：使电动机的转速大于旋转磁场的转速，因而$E_a>U$，电机处于发电状态，将系统的动能转换成电能回馈给电网。如果直流电源采用电力电子设备，则需要有逆变装置才能将电能回馈给电网，回馈制动也分以下两种，即正向回馈制动和反向回馈制动。

（1）正向回馈制动。电动机在正向运行时，由于负载或电枢电压降低等原因，使得转速高于n_0'时，电动机$E_a>U$，这时电动机向电网回馈能量，运行在第二象限机械特性$B\sim C$，见图7-10所示，因为转向为正，所以称为正向回馈。

（2）反向回馈制动。反向回馈是在带动位能性负载的情况下发生的，电动机按反转接线，如图7-11所示，电动机在正向运行的状态，闸刀合向反接制动方向，运行点到B

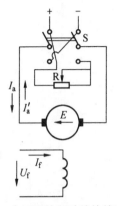

图7-7　电压反接制动的接线原理图

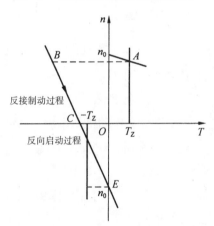

图7-8　电压反接制动的机械特性

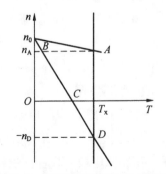

图7-9　倒拉反接制动的机械特性

点,电动机经过反接制动过程,转速为零,运行点到C点,再反向启动,当转速为负,最后在位能负载的带动下,直到$|n| > |n'_0|$,稳定在E点运行,整个变化过程如图7-11所示,在E点,由于$|n| > |n'_0|$,所以$E_a > U$,负载具有的动能转化为电能回馈电网,同时由于转向为负,所以称为反向回馈。

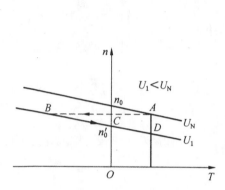

图7-10 正向回馈制动的机械特性

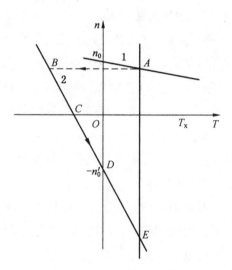

图7-11 反向回馈制动的机械特性

【任务实施】

一、任务名称

他励直流电动机基本控制线路安装调试。

二、器材、仪表、工具

1.器材

他励(并励)直流电动机1台、可变电阻器(0～3000Ω)1个、闸刀开关1个。

2.仪表

转速表(0～2000r/min)1块、直流电压表(0～250V)2块、可变变阻器(0～100Ω)1个、直流电流表(5A、200mA)2块、万用表等。

3.工具

常用电工工具。

三、实训步骤

1.他励电动机串电阻启动

(1)按图7-12所示接好线后检查接线是否正确,电表的极性、量程选择是否对,励磁回路接线是否牢靠。然后将电枢绕组回路串入的启动电阻R_1调到阻值最大位置,磁场调节电阻R_f调到最小位置,做好启动准备。

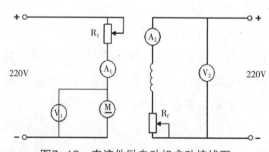

图7-12 直流他励电动机启动接线图

（2）打开组件励磁电源开关，观察电机励磁电流值，再打开220V直流稳压电源，即对电动机加电枢电压，调节电枢电源调压旋钮，使电动机端电压加到220V，使电机启动，电压表和电流表均应有读数。

（3）然后，逐渐减小启动电阻R_1，当电阻全部切除时，电动机正常运转。

（4）从电动机轴伸出端观察电动机旋转方向，同时测量电动机转速及电源电压将结果记录于表7-1。

（5）停机时，断开220V直流稳压电源开关，为下次启动做好准备。

表7-1 他励直流电动机的启动

电动机旋转方向	电动机转速	电源电压

2.他励直流电动机调速

（1）改变电枢回路电阻调速。启动他励电动机，将电枢回路所串的电阻调至零，调节磁场电阻器R_f，使电动机转速$n=n_N$。逐步增加电枢回路R_1的数值，即R_1从零调至最大，使转速n下降，每次测量转速n、电枢电压U_a和电枢电流I_a的数值5～7组，记录于表7-2中。

表7-2 改变电枢回路电阻调速测量数据

U_a（V）							
I_a（A）							
n（r/min）							

（2）改变主磁通的调速。直流电机启动后，将电阻R_1和电阻R_f调至零，并保持电动机转速$n=n_N$。缓慢增加励磁回路电阻R_f，观察并测量电动机的转速，此时电动机转速应逐步升高直至大到$n=1.2\ n_N$时为止，每次测取电动机的n、I_f和I_a，的数值5～7组，记录于表7-3中。

表7-3 改变主磁通调速测量数据

n（r/min）							
I_f（A）							
I_a（A）							

3.他励直流电动机反转

（1）切断电源，在励磁绕组接法不变的情况下，将电枢绕组两端反接，然后重新启动电动机，从轴伸端观察电动机的旋转方向，记录于表7-4中。

（2）切断电源，在电枢绕组接法不变的情况下，将励磁绕组两端反接，然后重新启动电动机，从轴伸出端观察电动机的旋转方向，记录于表7-4中。

（3）切断电源，将电枢绕组和励磁绕组同时反接，然后重新启动电动机，从轴伸出端观察电动机的旋转方向，记录于表7-4中。

表7-4 他励电动机反转

项目	接法	转向（顺时针或逆时针）
1	电枢绕组反接	
2	励磁绕组反接	
3	电枢绕组、励磁绕组同时反接	

4.注意事项

（1）他励电动机的转速与主磁通成反比，因此实训时，需要特别注意磁场绕组必须可靠地并接在电源两端，所串的磁场调节电阻阻值应最小（为零）。

（2）电机进行调速时。动作应尽量快，不要较长时间地使启动变阻器串在电枢回路中，以减小发热损耗，并保证设备安全。

（3）在进行改变主磁通调速时，要缓慢增加磁场绕组回路中所串的电阻值，以免使磁通减小太多，造成电动机转速过高而损坏。

（4）注意人身及设备的安全。

5.分析与思考

（1）根据实验所得的数据，画出他励电动机转速特性曲线$n=f(U)$和$n=f(I_f)$。

（2）通过他励电动机的反转实验可得出什么结论？

四、成绩评定

成绩评定见表7-5。

表7-5 评分表

项目内容	配分	评分标准	扣分	得分
他励电动机串电阻启动	30分	启动变阻器接线错误每次扣10分		
		启动过程操作不合要求扣5～8分		
		数据记录不全或不正确扣5～12分		
他励电动机调速	40分	改变电枢回路电阻调速时接线不对或操作不合要求扣7～15分		
		改变主磁通调速时接线不对或操作不合要求扣7～15分		
		数据记录不全或不正确扣5～10分		
他励电动机反转	20分	反转项目不正确扣5～10分		
安全、文明生产	10分			
工时：2h				
合计				

任务2 直流电动机启动控制线路安装调试

【任务描述】

此任务主要是直流电动机启动控制线路安装调试。学生根据电路原理图安装其控制线路，根据电气元件的安装布置要点，做好电气元件的布置方案，合理布置和安装电气元件，做到安装的器件整齐、布线美观、好看，安装检测完成后通电试车。通过此任务的学习学生能正确理解直流电动机启动控制线路的工作原理，能根据控制要求正确完成直流电动机的启动控制线路安装调试，掌握电气元件的安装布置要点，合理布置和安装电气元件。

【任务分析】

本任务中，要理解直流电动机启动控制线路的工作原理，理解并励直流电动机电枢回路串联电阻二级启动控制方法，熟练运用继电器实现对直流电动机进行启动控制，掌握直流电动机启动控制线路工作原理。通过训练掌握直流电动机启动控制线路安装调试。电路安装完成后要仔细检查电路，注意在通电试车及通电观察故障现象时，必须有教师在场的情况下进行。

【相关知识】

一般来说，直流电动机是不允许直接启动的。因为在接通电源的瞬间，直流电动机的转速和反电动势均为零，而电枢绕组电阻又很小，因此启动电流很大，可达额定电流的10～20倍。这样大的启动电流，会产生严重的换向火花，从而烧毁电刷和换向器，而且电枢绕组的绝缘性也将受到损害。此外，强大的电枢电流将产生很大的电磁冲击力矩，使传动机构如齿轮等受到损坏，使转子遭到机械损伤。大的启动电流会引起电网电压的大幅度下降，引起电网波动，从而影响电网中其他用电设备的正常工作，影响供电的稳定性。因此，一般除了电站、配电站和容量在0.5kW以下的小容量电动机才能采用直接启动外，其他直流电动机都必须限制启动电流。为了获得足够的启动转矩，同时又要将启动电流限制在一定范围内，常用的有降低电枢电压和电枢回路串电阻两种方法。

电枢电路中串电阻不需要可调直流电源，启动设备简单，价格便宜，被更多地采用。启动电阻将直流电动机的启动电流限制在额定电流的1.5～2.0倍范围内。启动后，随着电动机转速的不断升高，反电动势也逐渐增大，电枢电流将逐渐减小，直到电动机的转速达到额定转速，电枢电流也达到额定值。为保证在启动过程中有足够的启动转矩和最终达到额定转速，启动电阻应分成若干段逐段切除，最终全部切除。

一、并励直流电动机启动控制线路

并励直流电动机的启动控制线路如图7-13所示。此线路图为并励直流电动机电枢回路串联电阻二级启动电路原理图。励磁绕组直接并联在电源上，电枢绕组串联二级电阻后与电源连接。接触器KM_1控制电枢电源，KM_2、KM_3分别短接启动电阻R_1、R_2。电阻被短接的时间由时间继电器KT_1、KT_2控制。KT_1、KT_2为断电延时型时间继电器。按下启动按钮SB_1，电动机串联二极电阻限流启动，经过两次延时，电阻R_1、R_2分别从电枢回路中切除，电动机进行运行状态。

合上电源开关QS，电动机的并励绕组得电产生磁场。时间继电器KT_1、KT_2的线圈得电，它们各自延时闭合的常闭触头KT_1、KT_2瞬时打开，使接触器KM_2、KM_3不可能得电，从而保证了直流电动机在启动时，启动电阻R_1、R_2全部串入电枢回路中，为启动过程切除电阻做好准备。

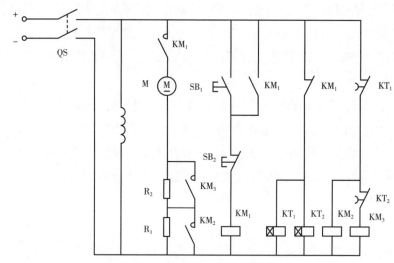

图7-13　并励电动机启动控制线路

按下启动按钮SB$_1$，接触器KM$_1$获电动作。KM$_1$主触头闭合，电动机接入电源，在串入全部启动电阻下开始启动；KM$_1$常开辅助触头闭合自保；同时由于接触器KM$_1$的常闭辅助触头断开，时间继电器KT$_1$、KT$_2$失电，经预定的延时后，KT$_1$的延时闭合的常闭触头恢复闭合，加速接触器KM$_2$得电，KM$_2$主触头闭合，从而切除了第一段启动电阻R$_1$，电动机加速运行。再经过整定的时间间隔后，时间继电器KT$_2$的延时闭合的常闭触头恢复闭合，加速接触器KM$_3$得电，KM$_3$主触头闭合，进而切除了第二段启动电阻R$_2$，电动机继续加速直至进入额定转速运行，启动过程结束，进入正常运行。

值得注意的是，并励直流电动机在启动时，励磁绕组两端电压必须保证为额定电压。否则，启动电流仍然很大，启动转矩也可能很小，甚至不能启动。另外，该线路中的时间继电器KT$_1$、KT$_2$须按延时时间大小事先制定，才能实现时逐级切除。

二、串励直流电动机的启动控制线路

串励直流电动机的启动控制线路如图7-14所示。合上电源开关QS，时间继电器KT$_1$获电，延时闭合的常闭触头KT$_1$瞬时断开，使加速接触器KM$_2$、KM$_3$不可能得电，保证了启动电阻R$_1$、R$_2$全部接入，为启动做好了准备。

按下启动按钮SB$_1$，接触器KM$_1$获电动作：常开辅助触头闭合，实现自保；主触头闭合，电动机串入全部电阻启动运转；常闭辅助触头断开，时间继电器KT$_1$失电。同时，时间继电器KT$_2$得电，延时闭合的常闭触头KT$_2$瞬时打开，防止接触器KM$_3$得电。经预定的延时后，KT$_1$的延时闭合的常闭触头恢复闭合，加速接触器KM$_2$得电动作，主触头闭合，切除第一段启动电阻R$_1$，电动机转速上升。同时，时间继电器KT$_2$被短接而断电释放，其延时闭合的常闭触头经过延时之后恢复闭合，使接触器KM$_3$获电动作，切除第二段启动电阻R$_2$。电动机继续加速直至进入额定转速运行，启动过程结束。

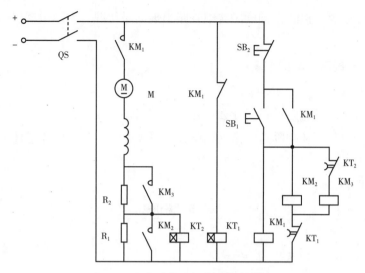

图7-14 串励电动机启动控制线路

【任务实施】

一、任务名称

直流电动机启动控制线路安装调试。

二、器材、仪表、工具

直流电源、直流电动机、万用表、兆欧表、转速表、电磁系钳形电流表、常用电工工具等。

三、实训步骤

1.并励直流电动机启动控制线路安装调试

（1）按照图7-13所示电路要求配齐电器元件，并检查元件质量。

（2）对照图7-13所示电路进行线路编号，画出接线图，在控制板上合理布置安装各电气元件。

（3）在控制板上按照图7-13合理布线，并调节时间继电器的动作时间，时间继电器KT$_2$的控制时间要大于KT$_1$的时间。

（4）电路安装完成后要仔细检查电路，检查无误后将电动机连接到接线端子上。励磁绕组的接线要牢靠，以防止因励磁绕组开路出现弱磁状况，引起电动机转速过高而产生"飞车"事故。

（5）检查无误后通电试车。

2.串励直流电动机启动控制线路安装调试

（1）按照图7-14所示电路要求配齐电器元件，并检查元件质量。

（2）对照图7-14所示电路进行线路编号，画出接线图，在控制板上合理布置安装各电气元件。

（3）在控制板上按照图7-14合理布线，并调节时间继电器的动作时间。

（4）电路安装完成后要仔细检查电路，检查无误后将电动机连接到接线端子上。励磁绕组的接线要牢靠，以防止因励磁绕组开路出现弱磁状况，引起电动机转速过高而产生"飞车"事故。

（5）检查无误后通电试车。

（6）知识巩固。

①一般情况下，直流电动机为什么不允许直接启动？

②串励直流电动机和并励直流电动机电枢回路串电阻启动需要注意几个问题？

四、成绩评定

成绩评定见表7-6。

表7-6　评分表

项目内容	配分	评分标准	扣分	得分
安装元件	20分	不按位置图安装，扣10分		
		元件安装不牢固，扣2分/只		
		安装元件漏装螺钉，扣1分/只		
		安装元件不整齐、不匀称、不合理，扣3分/只		
		损坏元件，扣15分/只		
布线	25分	不按电气图接线，扣25分		
		布线不符合要求：主电路，扣4分/根；控制电路，扣2分/根		
		接点松动、露铜过长、压绝缘，扣1分/处		
		损伤导线绝缘或线芯，扣4分/根		
		漏接接地线，扣10分/根		
通电检验	35分	热继电器未整定或整定错误，扣5分		
		熔体规格配错：主、控电路，各扣5分		
		第一次试车不成功，扣20分		
		第二次试车不成功，扣30分		
		第三次试车不成功，扣35分		
		违反安全、文明操作的，扣5～35分		
增补电路	20分	错误，扣20分		
		不合理，扣10分		
开始时间：		结束时间：		
合计				

任务3　直流电动机正反向控制线路安装调试

【任务描述】

此任务主要是直流电动机正反向控制线路安装调试。根据电气元件的安装布置要点，做好电气元件的布置方案，合理布置和安装电气元件做到安装的器件整齐、布线美观、好看，安装检测完成后通电试车。通过此任务的学习学生应掌握直流电动机的正反向控制线路的工作原理，能根据控制电气原理图正确安装直流电动机按钮互锁正反转控制线路并进行调试。

【任务分析】

在生产实际中，常常要求电动机既能正转又能反转。本任务中要理解串并励直流电动机正反转电路的工作原理，熟练运用按钮和继电器对直流电动机实现正反转控制，通过此任务掌握直流电动机正反转控制线路工作原理，掌握直流电动机的正反转控制线路安装调试。注意如在通电试车及通电观察故障现象时，必须有教师在场的情况下进行。

【相关知识】

在实际生产中，经常要求电动机既能正转，又能反转。直流电动机的转向决定于电枢绕组中的电流方向和主磁场磁通方向，改变直流电动机的转向有两种方法：一是电枢反接法，即保持励磁磁场方向不变而改变电枢电流方向；二是励磁绕组反接法，即保持电枢电流方向不变而改变励磁绕组电流的方向。

一、串励直流电动机正反向控制线路

串励直流电动机的正反向控制宜采用励磁绕组反接法，因为串励电动机的电枢两端电压很高，而励磁绕组两端的电压很低，反接较容易。串励直流电动机的正反向控制线路如图7-15所示。

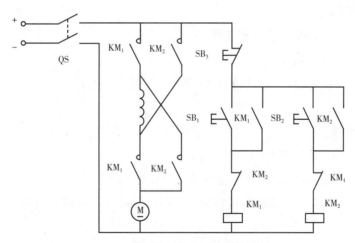

图7-15 串励电动机正反向控制线路

合上电源开关QS，按下正向启动按钮SB_1，接触器KM_1获电动作，KM_1常开辅助触头闭合自保；KM_1主触头闭合，电动机电枢绕组接通电源，正向启动运转。若要使电动机反转，则先按下停止按钮SB_3，使接触器KM_1失电释放，电动机失电而停转。然后再按下反向启动按钮SB_2，使接触器KM_2获电动作，KM_2常开辅助触头闭合自保。KM_2主触头闭合，使励磁绕组反接，从而实现了电动机的反转。串励电动机正反向控制线路中接触器KM_1、KM_2的常闭辅助触头互相串联在对方线圈回路中，起电气互锁作用。

二、并励直流电动机正反向控制线路

并励直流电动机的正反向控制线路如图7-16所示。合上电源开关QS后，按下正向启动按钮SB_1，接触器KM_1获电动作。KM_1常开辅助触头闭合自保；KM_1主触头闭合，电枢绕组接通电源，电动机正向启动运转。若要使电动机反转，则先按下停止按钮SB_3，使接触器KM_1失电释放，电动机失电而停转。然后再按下反向启动按钮SB_2，使接触器KM_2获电动作。KM_2常开辅助触头闭合自保；KM_2主触头闭合，电枢电流改变了方向，从而实现了电动机的反转。该线路中，接触器KM_1、KM_2的常闭辅助触头也起电气互锁作用。

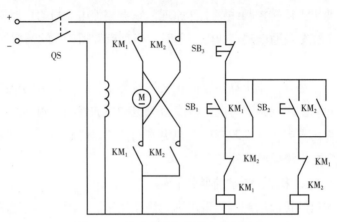

图7-16　并励电动机正反向控制线路

【任务实施】

一、任务名称

直流电动机正反转控制线路安装调试。

二、器材、仪表、工具

直流电源、直流电动机、万用表、兆欧表、转速表、电磁系钳形电流表、常用电工工具等。

三、实训步骤

1.串励电动机正反向控制线路安装调试

（1）按照图7-15的要求配齐电器元件，并检查元件质量。

（2）对图7-15所示电路进行线路编号，画出接线图，然后在控制板上合理布置安装各电器元件。

（3）在控制板上按照图7-15合理布线，完成后仔细检查电路，检查无误后将电动机连接到接线端子。

（4）检查无误后通电试车。

2.并励电动机正反向控制线路安装调试

（1）按照图7-16的要求配齐电器元件，并检查元件质量。

（2）对图7-16所示电路进行线路编号，画出接线图，然后在控制板上合理布置安装各电器元件。

（3）在控制板上按照图7-16合理布线，完成后仔细检查电路，检查无误后将电动机连接到接线端子。

（4）检查无误后通电试车。

四、成绩评定

成绩评定见表7-7。

表7-7 直流电动机正反转控制线路安装调试评分表

项目内容	配分	评分标准	扣分	得分
安装元件	20分	不按位置图安装，扣10分		
		元件安装不牢固，扣2分/只		
		安装元件漏装螺钉，扣1分/只		
		安装元件不整齐、不匀称、不合理，扣3分/只		
		损坏元件，扣15分/只		
布线	25分	不按电气图接线，扣25分		
		布线不符合要求：主电路，扣4分/根，控制电路，扣2分/根		
		接点松动、露铜过长、压绝缘，扣1分/处		
		损伤导线绝缘或线芯，扣4分/根		
		漏接接地线，扣10分/根		
通电检验	35分	热继电器未整定或整定错误，扣5分		
		熔体规格配错：主、控电路，各扣5分		
		第一次试车不成功，扣20分		
		第二次试车不成功，扣30分		
		第三次试车不成功，扣35分		
		违反安全、文明操作的，扣5～35分		
增补电路	20分	错误，扣20分		
		不合理，扣10分		
开始时间：	结束时间：			
合计				

任务4 直流电动机制动控制线路安装调试

【任务描述】

此任务主要是直流电动机制动控制线路安装调试。学生应根据电气元件的安装布置要点，做好电气元件的布置方案，合理布置和安装电气元件；做到安装的器件整齐、布线美观、好看，安装检测完成后通电试车。通过此任务的学习，学生应理解直流电动机能耗控制方法和原理，能根据控制要求完成直流电动机采取时间继电器进行能耗控制线路安装调试。通电试车，必须有指导教师在现场监护，同时要做到安全文明生产。

【任务分析】

直流电动机制动与三相异步电动机制动相似，其制动方法也有机械制动和电气制动。由于电力制动具有制动力矩大、操作方便、无噪声等优点，所以对于要求频繁制动的则采用能耗制动控制。能耗制动特点是维持直流电动机的励磁电源不变，切断正在运转的直流电动机电枢的电源，再接入一个外加制动电阻，组成回路，将惯性运转的机械动能变为消耗在电枢和制动电阻上，迫使电动机迅速停转。此任务正确识读直流电动机能耗制动的工作原理，会按照工艺要求正确安装和调试直流电动机能耗制动控制电路。注意如在通电试车及通电观察故障现象时，必须有教师在场的情况下进行。

【相关知识】

直流电动机的制动方法有机械制动和电气制动两大类。机械制动常见的方法是电磁抱闸制动；电气制动常用的有能耗制动、反接制动和发电反馈制动。

一、能耗制动控制线路

能耗制动可分为他励能耗制动和自励能耗制动两种。他励能耗制动是只断开电枢电源，励磁绕组仍接在电源上；自励能耗制动是在断开电枢电源的同时，也断开励磁绕组的电源，并把电枢、励磁绕组和外加制动电阻三者构成一个闭合回路，将机械动能变为热能消耗在电枢和制动电阻上。

1.并励直流电动机能耗制动

并励直流电动机能耗制动控制线路如图7-17所示。

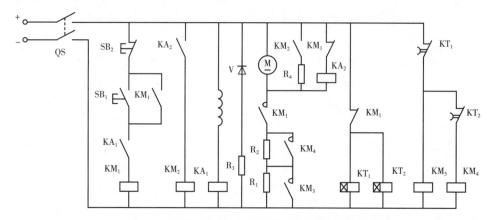

图7-17　并励直流电动机能耗制动控制线路原理图

合上电源开关QS，按下启动按钮SB$_1$，电动机接通电源做二级启动运行。其启动原理为电枢回路串电阻R$_1$、R$_2$二级启动，同前述启动线路。

能耗制动时，按下停止按钮SB$_2$，接触器KM$_1$断电释放，使电动机电枢回路断电。由于电动机仍作惯性运转，切割励磁磁通产生感应电动势，使中间继电器KA$_2$获电动作，从而使接触器KM$_2$获电动作，制动电阻R$_4$被接入电枢回路组成闭合回路。这时，电枢中的感应电流的方向与原来的方向相反，则电枢产生的电磁转矩方向与电动机转速方向相反，从而实现能耗制动。当能耗制动接近结束时，由于电动机的转速很慢，电枢绕组产生的感应电动势很小，不足以使中间继电器KA_2继续吸合。由于KA_2的释放使接触器KM_2也因此断电释放，断开制动回路，制动完毕。

2.串励直流电动机自励能耗制动

串励直流电动机自励能耗制动控制线路如图7-18所示。合上电源开关QS，按下启动按钮SB_1，接触器KM_1获电动作，电动机接通电源启动运行。

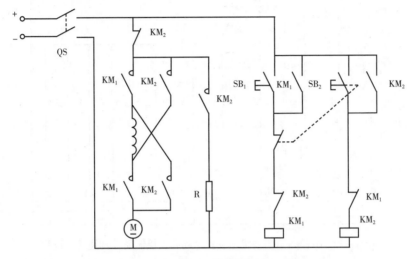

图7-18　串励直流电动机自励能耗制动控制线路

当按下停止按钮SB_2时，接触器KM_1断电释放，然后接触器KM_2获电动作，切断电动机的电源。这时，电枢绕组反接后的励磁绕组和制动电阻R构成闭合回路。由于电动机的惯性运转，变为发电制动状态，从而实现能耗制动。

自励能耗制动设备简单，高速时制动效果好，低速制动较慢，适用于要求准确停车的场合。串励电动机他励能耗制动需要另外设备给励磁绕组单独供电，增加了设备，励磁电路消耗的功率较大，经济性较差。这里不再赘述。

二、反接制动控制线路

反接制动对于并励直流电动机来说，通常是将正在运行的电动机电枢绕组反接。但是要注意两点：一点是电枢绕组反接时，一定要与电枢串联附加电阻，防止因电枢电流过大而对电动机不利；另一点是，当转速接近零时，应准确可靠地使电枢迅速脱离电源，以防止电动机反转。直流电动机的反接制动原理同反转基本相同，所不同的是，反接制动过程至转速为零时结束。

1.并励直流电动机反接制动

并励直流电动机的反接制动线路如图7-19所示（图中R_3为反接制动电阻，R_4为励磁绕组的放电电阻）。

启动过程：合上电源开关QS，励磁绕组获电开始励磁。同时，时间继电器KT_1、KT_2获电动作，它们的常闭辅助触头瞬时断开，接触器KM_6、KM_7不能得电，处于分断状态，为启动过程中电阻的逐级切除做准备。按下正向启动按钮SB_1，接触器KM_1获电动作，

KM$_1$主触头闭合，电动机串入启动电阻R$_1$、R$_2$进行二级启动；同时KM$_1$常闭辅助触头断开，时间继电器KT$_1$、KT$_2$失电，经预定的延时后，其瞬时断开的常闭辅助触头依次逐级闭合，使接触器KM$_6$、KM$_7$逐级获电动作，先后切除启动电阻R$_1$和R$_2$，使直流电动机进入正常运行。

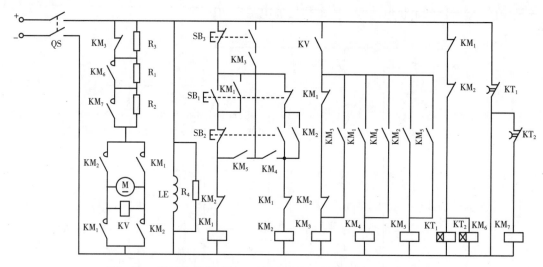

图7-19　并励直流电动机正反转启动和反接制动控制线路原理图

反接制动准备过程：电动机刚启动时，电枢反电势为零，电压继电器KV不动作；当随着电动机的转速升高而建立反电势后，电压继电器KV获电动作，使接触器KM$_4$获电动作，其常开辅助触头闭合，为电动机的反接制动做好了准备。

反接制动过程：按下停止按钮SB$_3$，接触器KM$_1$断电释放，接触器KM$_2$、KM$_3$因此获动作，使电动机电枢电流反向，从而实现了反接制动而迅速停车。在制动刚开始时，由于电动机的转速很高，电枢中的反电势仍很大，所以，电压继电器KV不会断电释放，保证接触器KM$_3$、KM$_4$不失电，以实现反接制动。但当转速降低接近于零时，电压继电器KV断电释放，使接触器KM$_3$、KM$_4$和KM$_2$断电释放，为下次启动做好准备。

反向启动和反向的反接制动与正转类似。

2.串励直流电动机的反接制动

串励电动机的反接制动状态的获得在位能负载时，可用转速反向的方法，也可用电枢直接反接的方法。

转速反接制动法就是强迫电动机的转速反向，使电动机的转速n的方向与电磁转矩T的方向相反；电枢直接反接制动进行制动，就是将电枢绕组反接，并串入较大的电阻来实现反接制动。其控制线路和原理在此不再赘述。

【任务实施】

一、任务名称

直流电动机能耗制动控制线路安装调试。

二、设备、仪表、工具

直流电源、直流电动机、万用表、兆欧表、转速表、电磁系钳形电流表、常用电工工具等。

三、实训步骤

1.并励直流电动机能耗制动控制线路安装调试

（1）按照图7-17所示电路的要求配齐电器元件，并检查元件质量。

（2）对图7-17所示电路进行线路编号，画出接线图，然后在控制板上合理布置安装各电器元件。

（3）在控制板上按照图7-17所示电路合理布线，完成后仔细检查电路，检查无误后将电动机连接到接线端子。

（4）检查无误后通电试车。

2.并励直流电动机反接制动控制线路安装调试

（1）按照图7-19所示电路的要求配齐电器元件，并检查元件质量。

（2）对图7-19所示电路进行线路编号，画出接线图，然后在控制板上合理布置安装各电器元件。

（3）在控制板上按照图7-19所示电路合理布线，完成后仔细检查电路，检查无误后将电动机连接到接线端子。

（4）检查无误后通电试车。

四、成绩评定

成绩评定见表7-8。

表7-8 评分表

项目内容	配分	评分标准	扣分	得分
安装元件	20分	不按位置图安装，扣10分		
		元件安装不牢固，扣2分/只		
		安装元件漏装螺钉，扣1分/只		
		安装元件不整齐、不匀称、不合理，扣3分/只		
		损坏元件，扣15分/只		
布线	25分	不按电气图接线，扣25分		
		布线不符合要求：主电路，扣4分/根，控制电路，扣2分/根		
		接点松动、露铜过长、压绝缘，扣1分/处		
		损伤导线绝缘或线芯，扣4分/根		
		漏接接地线，扣10分/根		

项目内容	配分	评分标准	扣分	得分
通电检验	35 分	热继电器未整定或整定错误，扣 5 分		
		熔体规格配错：主、控电路，各扣 5 分		
		第一次试车不成功，扣 20 分		
		第二次试车不成功，扣 30 分		
		第三次试车不成功，扣 35 分		
		违反安全、文明操作的，扣 5 ~ 35 分		
增补电路	20 分	错误，扣 20 分		
		不合理，扣 10 分		
开始时间：		结束时间：		
合计				

项目八　三相异步电动机控制线路安装调试

【知识目标】

1.掌握三相异步电动机单向旋转控制线路工作原理。

2.理解三相异步电动机降压启动控制线路工作原理。

3.理解三相异步电动机反接制动控制电路工作原理。

4.理解三相异步电动机能耗制动控制电路工作原理。

5.理解多速异步电动机结构和调速原理。

6.熟悉双速异步电动机调速电路检修方法。

7.理解和掌握绕线转子异步控制原理。

【技能目标】

1.掌握相异步电动机单向点动控制安装、调试、故障检测技能。

2.掌握相异步电动机降压启动控制线路安装、调试、故障检测技能。

3.掌握三相异步电动机反接制动线路安装调试方法。

4.掌握三相异步电动机能耗制动控制线路安装调试方法。

5.掌握双速异步电动机调速线路装调试方法。

6.熟悉双速异步电动机调速线路检修技能。

7.掌握安装和调试三相绕线异步电动机控制线路。

任务1　三相异步电动机单向旋转控制线路安装调试

【任务描述】

此任务主要是三相异步电动机单向旋转控制线路安装调试。学生能根据电气元件的安装布置要点，做好电气元件的布置方案，合理布置和安装电气元件，做到安装的器件整齐、布线美观、好看，安装检测完成后通电试车。通过此任务的学习使学生掌握三相异步电动机单向旋转控制线路的相关知识，掌握自锁的概念和热继电器的原理与应用，能根据控制要求设计电路原理图、电器元件布置图和电气接线图，掌握电气元件的布置和布线方法，能根据要求完成接触器自锁正转控制线路的安装接线并进行通电调试。

【任务分析】

三相异步电动机单向旋转控制线路是交流接触器控制系统中最简单的控制方式。本任务要求学生能正确理解三相异步电动机接触器自锁正转控制电路的工作原理，能正确识读接触器自锁正转控制电路的原理图，会按照工艺要求正确安装三相异步电动机接触器自锁正转控制电路，能根据故障现象，检修三相异步电动机接触器自锁正转控制电路。注意如在通电试车及通电观察故障现象时，必须有教师在场的情况下进行。

【相关知识】

一、概述

在工农业生产中，几乎所有的生产机械都用电动机来拖动，这种拖动方式称为电力拖动。电力拖动有很多优点，它能实现生产过程的自动控制和远距离控制，可以减轻繁重的体力劳动，由于采取了从集中传动到单独传动、多电机传动等方式的过渡，使生产机械的传动机构大为简化，减少了传动损耗。

对电动机控制最广泛、最基本、为数最多的方式是继电器接触器的控制方式。这种控制方式由多种有触点的低压电器根据不同的控制要求以及生产机械对电气控制电路的要求连接而成，能实现对电力拖动系统的启动、反向、制动、调速等运行过程的控制，也能对电力拖动系统进行有效的电气保护，满足生产工艺的要求与实现过程自动化。

二、电气原理图的有关知识

在机械设备的控制中，一般均由电动机来拖动。不同的设备其控制要求是不同的，但无论是简单的还是复杂的，其控制线路都是由一些基本的控制环节组成。掌握这些电气控制线路的基本环节是学习电气控制的基础。

电气控制线路的表示方法有：电气原理图、电气设备安装图和电气设备接线图。为了设计、研究分析、安装维修时阅读方便，在绘制控制线路图时，必须采用国家规定的电气图形符号和文字符号。

1.电气控制图中的图形符号和文字符号

电气控制图中，电器元件的图形符号和文字符号必须有统一的标准。近年来，各部门相应引进了许多国外设备，为了适应新的发展需要，便于掌握引进技术，便于国际交流，国家技术监督局颁布了一系列的标准和通则。

2.电气原理图

电气原理图表示电气控制线路的工作原理以及各电器元件的作用和相互关系。在电气原理图中为了便于阅读与分析线路，采用电器元件的形式绘制而成。它包括所有电器元件的导电部件和接线端点，但并不按照电器元件的实际布置绘制，也不反映电器元件的实物大小。绘制电器原理图，一般应遵循下面规则。

（1）电气控制线路分为主电路和控制电路。主电路用粗线画出，控制电路用细线画出。一般主电路画在左侧，控制电路画在右侧。

（2）电气控制线路中，同一电器的各种导电部件（如线圈和触点）常常不画在一起，但要用同一文字表示。

（3）电气控制线路中的全部触点都按"常态"绘出。"常态"是指接触器、继电器等线圈未通电时触点状态；按钮、行程开关没有受到外力时触点状态；多位置主令电器的手柄置于"零位"时的触点状态。

（4）各个电气元件的连接导线要编号，编号用国家标准的标号表示。

3.电气设备安装图

电气设备安装图表示各种电器元件在机械设备和电气控制柜中的实际安装位置。各电器元件的部件安装位置由机械设备的结构和工作要求决定，如电动机要和被拖动的机械部件放在一起，行程开关应放在要取得信号的地方，一般的电器元件应放在控制柜中。

三、三相异步电动机单向旋转控制线路安装调试

1.点动控制

点动控制电路如图8-1所示，它是用按钮、接触器来控制电动机运转的最简单的控制线路。所谓点动控制，是指按下按钮，电动机就得电运行；松开按钮，电动机就失电停转。这种控制方法常用于电动葫芦的起重电动机控制和车床的快速移动电动机控制。

由图8-1看出，点动控制线路是由三相刀开关QS、熔断器FU、启动按钮SB、接触器KM、电动机M组成。其中三相刀开关QS是电源开关，熔断器FU做短路保护用，按钮SB控制接触器KM的线圈得电、失电，接触器KM的主触点控制电动机M启动与停止。线路的工作原理如下：

启动：按下按钮SB→接触器KM得电→主触点KM闭合→电动机M启动运转。

停止：松开按钮SB→接触器KM失电→主触点KM断开→电动机M停止运转。

2.连续控制

如果要使上述点动控制线路中的电动机连续运行，启动按钮SB必须始终用手按住，这显然是很不方便的。为了实现电动机连续运行，可采用如图8-2所示线路。

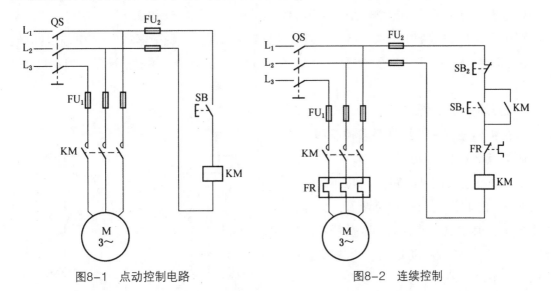

图8-1　点动控制电路　　　　　　　图8-2　连续控制

合上电源开关QS，可实现以下控制：

启动：按下启动按钮SB$_1$→KM因线圈得电吸合→KM主触点闭合→同时KM动合辅助触点闭合（进行自锁）→电动机M运转，松开SB$_1$，接触器KM线圈因能通过SB$_1$并联的自锁触点（已处于闭合状态）而继续通电，电动机M保持运转。

停止：按下停止按钮SB$_2$→KM因线圈断电而释放→KM主触点断开→同时KM动合辅

助触点断开→电动机M停转。

当启动按钮松开后，控制电路仍然能保持接通线路，称为具有自锁的控制线路，启动按钮SB₁并联的KM动合辅助触点称为自锁触点。在图8-2控制线路中有以下几项保护功能：

（1）欠压保护。电动机运行时，当电源电压下降，电动机的电流就会上升，电压下降越严重，电流上升的就越高，这样就会烧坏电动机。在具有自锁控制线路中，当电动机运转时，若电源电压降低（一般在工作电压的85%以下）时，接触器的磁通则变得很弱，电磁铁吸力不足，衔铁在反力弹簧的作用下释放，自锁触点断开，失去自锁，同时主触点也断开，电动机停转，得到了保护。

（2）失压保护。电动机运行时，遇到电源临时停电，在恢复供电时，如果未加防范措施而让电动机自行启动，很容易造成设备和人身事故。采用了自锁控制线路后，由于自锁触点和主触点在停电时已一起断开，这样控制电路和主电路都不会自行接通。在恢复供电时，如果没有按下启动按钮SB₂，电动机就不会自行启动。这种在突然停电时，能自动切断电动机电源的保护称为失压（或零压）保护。

（3）短路保护。FU₁对主电路进行短路保护，FU₂对控制电路进行短路保护。当电路发生短路时，熔断器断开，从而保护线路。

（4）过载保护。电动机在运行中，如发生过载、断相或频繁启动都可能使电动机的电流超过额定值，但这时的电流又不足以使熔断器熔断。如果长期这样运行，将会引起电动机过热，绝缘损坏，造成电动机的使用寿命缩短，严重会烧坏电动机。在图8-2的控制线路中，安装了热继电器FR，当电动机长期过载运行时，热继电器动作，串联在控制电路中的动断触点断开，切断控制线路，接触器KM的线圈断电，主触点断开，电动机M便停转。

3.点动、连续控制

在实际工作中，经常要求控制线路既能点动控制又能连续控制。图8-3为点动和连续控制线路，当按下复合按钮SB₃时，其动断触点断开，防止自锁；其动合触点闭合，KM线圈得电，电动机M启动运转。当松开SB₃，其动合触点先复位（断开），动断触点后复位（闭合），这样确保KM线圈失电，电动机M停转，因此，SB₃为点动控制按钮。当按下SB₁时，为连续运行，其原理与图8-2相同。点动控制和连续控制的区别是控

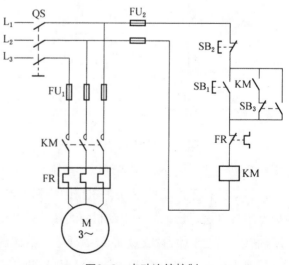

图8-3　点动连续控制

制线路能否自锁。

4.多地控制

有些机械设备，特别是大型机械设备，为了操作方便，经常需要在两个地点进行同样操作。图8-4为两地控制线路，其中SB₁和SB₃是安装在甲地的停止按钮和启动按钮；SB₂和SB₄是安装在乙地的停止按钮和启动按钮。线路的特点：两地的启动按钮SB₃和SB₄要并联在一起；停止按钮SB₁和SB₂要串联在一起。这样可以在甲乙两地分别起停同一台电动机，方便操作。对三地或多地控制，只要把各地的启动按钮并联在一起，停止按钮串联在一起，就可实现。

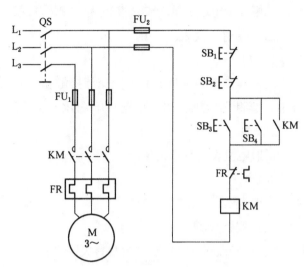

图8-4　两地运行电气控制电路

显而易见，多地控制的原则是：动合触点要并联，动断触点要串联。

5.顺序控制

在机械设备中，为了保证操作正确，安全可靠，有时需要按一定的顺序对多台电动机进行启动和停止操作。例如，铣床上要求主轴电动机转动后，进给电动机才能启动，像这种要求一台后另一台才能启动的控制方式，称为电动机的顺序控制。

图8-5所示为两台电动机M₁和M₂的顺序控制电路。控制线路的特点是：M₁启动后M₂才能启动，M₁和M₂同时停止。在控制线路中，将接触器KM₁的动合触点串入接触

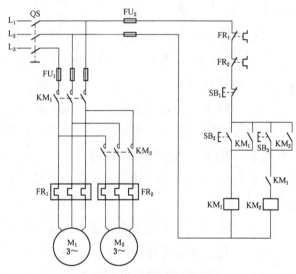

图8-5　顺序控制电路

器KM₂的线圈电路中，这就保证了只有KM₁线圈接通，M₁启动后，M₂才能启动。当按下SB₂，接触器KM₁线圈得电，M₁启动，同时串联在KM₂线圈电路中KM₁动合触点闭合，KM₂线圈电路才有可能接通。这时再按下SB₃，KM₂得电，M₂才启动。当M₁和M₂在运行时，按下停止按钮SB₁，电动机M₁和电动机M₂同时断电停转。

【任务实施】

一、任务名称

三相异步电动机单向旋转控制线路安装调试。

二、器材、仪表、工具

1.器材

三相异步电动机112M-4 、交流接触器CJ10-20、热继电器JR16-20/3D、控制按钮LA10、熔断器RC1A-30、胶壳刀开关HK-15/3等。

2.仪表

钳形电流表、万用表等。

3.工具

常用电工工具。

三、实训步骤

（1）仔细阅读电气原理图及有关资料。

（2）按照材料清单备齐材料并使用万用表、兆欧表检测各元器件质量。

（3）在控制板上安装所有电气元件。

（4）按电气接线图进行布线、连接。

（5）检查控制板布线的正确性、合理性及接头的牢固性；并正确调整热继电器的整定电流。

（6）进行控制板外部接线。如电动机、电源引入线、接地线等。

（7）经指导老师检查后，方能通电检验、调试电路功能。

四、注意事项

（1）电动机与按钮的金属外壳必须可靠接地。

（2）按钮内接线时，用力不可过猛，以防螺钉打滑。

（3）热继电器的热元件应串接在主电路中，其常闭触点应串接在控制电路中。

（4）热继电器的整定电流应按电动机的额定电流自行调整。绝对不允许弯折双金属版。

（5）接线时，必须先接负载端，后接电源端，先接接地线，后接三相电源相线。

五、常见故障分析与检修

（1）由指导教师在主电路和控制电路中，各设置一个电气故障。

（2）学生通电发现故障，并做好故障记录。

（3）根据故障现象，分析故障可能存在的电路区域。

（4）采用正确的方法排除故障，并再次通电检验电路功能。

六、成绩评定

成绩评定见表8-1。

表8-1 评分表

项目内容	配分	评分标准	扣分	得分
安装元件	20分	不按位置图安装，扣10分		
		元件安装不牢固，扣2分/只		
		安装元件漏装螺钉，扣1分/只		
		安装元件不整齐、不匀称、不合理，扣3分/只		
		损坏元件，扣15分/只		
布线	25分	不按电气图接线，扣25分		
		布线不符合要求：主电路，扣4分/根，控制电路，扣2分/根		
		接点松动、露铜过长、压绝缘，扣1分/处		
		损伤导线绝缘或线芯，扣4分/根		
		漏接接地线，扣10分/根		
通电检验	35分	热继电器未整定或整定错误，扣5分		
		熔体规格配错：主、控电路，各扣5分		
		第一次试车不成功，扣20分		
		第二次试车不成功，扣30分		
		第三次试车不成功，扣35分		
		违反安全、文明操作的，扣5~35分		
增补电路	20分	错误，扣20分		
		不合理，扣10分		
开始时间：		结束时间：		
合计				

任务2 三相异步电动机正反转控制线路安装调试

【任务描述】

此任务主要是三相异步电动机正反转控制线路安装调试。此任务要求学生完成三相异步电动机正反转控制线路的安装，实现正反转控制功能。能根据电气元件的安装布置要点，做好电气元件的布置方案，合理布置和安装电气元件，做到安装的器件整齐、布线美观、好看，安装检测完成后通电试车。通过此任务的学习使学生熟悉复合按钮、接触器的动断触头、动合触头的功能、基本结构、动作原理，熟记它们的图形符号和文字符号，学会正确识别、使用复合按钮及接触器的动断触头、动合触头，掌握联锁的概念，能熟练运用接触器、按钮的触头，实现电气联锁功能，熟悉电动机控制线路的一般安装步骤，能根据控制要求设计电路原理图，掌握电动机正反转控制电路常见故障识别及排除方法。

【任务分析】

三相异步电动机正反转控制线路安装调试是交流接触器控制系统中最常见的控制方式。学生接到本任务后，应根据任务要求，学会正确识别、选用、安装、使用按钮、接触器，熟悉它们的功能、基本结构、工作原理及型号意义，熟记它们的图形符号和文字符号。学习绘制、识读电气控制线路的电路图、连接图和布置图。熟悉电动机控制线路的一般安装步骤，学会安装正反转控制线路，能根据故障现象，对常见故障进行检修。注意如在通电试车及通电观察故障现象时，必须有教师在场的情况下进行。

【相关知识】

一、接触器联锁正反转控制线路

我们知道，改变输入电动机的三相电源相序，就可改变电动机的旋转方向，所以正反转控制的实质是分别控制两个方向的单向运转电路。简单的控制线路是应用倒顺开关直接使电动机作正反转，但这适用于电动机容量小，正反转不频繁的场合，常用的是接触器控制制的正反转控制线路。

图8-6（a）所示为主电路，通过接触器$KM_1$3对主触点把三相电源和电动机的定子绕组按相序L_1、L_2、L_3连接，而KM_2的3对主触点把三相电源和电动机的定子绕组按反相序L_3、L_2、L_1连接，使电动机可以实现正反两个方向上的运行。

图8-6（b）所示为无接触器互锁控制电路，按下正转启动按钮SB_2，接触器KM_1线圈通电且自锁，主触点闭合使电动机正转，按下停止按钮SB_1，接触器KM_1线圈断电，主触点断开，电动机断电停转。再按下反转启动按钮SB_3，接触器KM_2线圈通电且自锁，主触点闭合使电动机反转。但在图8-6（b）中，若按下启动按钮SB_2再按下反转启动按钮SB_3，或者同时按下SB_2和SB_3，接触器KM_1和KM_2线圈都能通电，则造成相间短路事故。

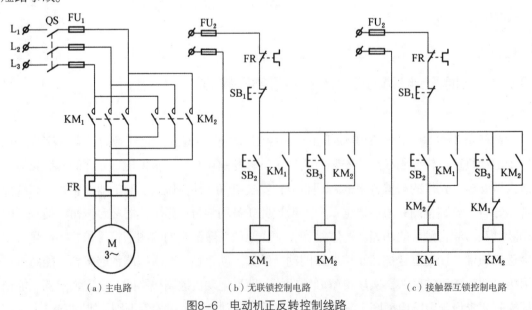

（a）主电路　　　　　　　（b）无联锁控制电路　　　　　（c）接触器互锁控制电路

图8-6　电动机正反转控制线路

由于该电路工作时可靠性很差，一旦出现误操作或电动机换向时，不经停车按钮SB₁而直接进行换向操作就会发生相间短路，因此该电路不能应用于实际控制。

要避免出现两相电源短路，必须使KM₁和KM₂两个接触器在任何时候只能接通一个，因此在接通其中一个之后就要设法保证另一个不能接通。如图8-6（c）所示为有接触器互锁控制电路，工作时，按下正转启动按钮SB₂，接触器KM₁线圈通电，电动机正转，此时串接在KM₂线圈支路中的KM₁动断触点断开，切断了反转接触器KM₂线圈的通路，此时按下反转启动按钮SB₃将无效。除非按下停止按钮SB₁，接触器KM₁线圈断电，KM₁动断触点复位闭合，再按下反转启动按钮SB₃实现电动机的反转，同时，串联在KM1线圈支路中的KM₂动断触点断开，封锁了接触器KM₁使它无法通电。

这样的控制线路可以保证接触器KM₁、KM₂不会同时通电，这种作用称为互锁，这两个接触器的常闭触点称为互锁触点，这种通过接触器常闭触点实现互锁的控制方式称为接触器互锁，又称为电气互锁。

接触器联锁正反转控制线路动作原理如下：合上电源开关QS，可实现以下控制。

（1）正转控制：按下启动按钮SB₂，KM₁线圈得电而吸合，KM₁主触点闭合→电动机M正转，同时KM₁动合触点闭合→实现自锁，KM₁动断触点断开→实现互锁（KM₂不能得电）。

（2）反转控制：先停转、后反转，按下SB₁→KM₁线圈失电而释放，KM₁主触点断开→电动机M停转，KM₁动合触点断开，KM₁动断触点闭合→为反转做准备。再按下SB₃→KM₂因线圈得电而吸合，KM₂主触点闭合→电动机M反转，KM₂动合触点闭合→实现自锁，KM₂动断触点断开→实现互锁（KM₁不能得电）。

接触器联锁的优点是安全可靠。如果发生一个接触器主触点烧焊的故障，因它的联锁触点不能恢复闭合，另一个接触器不可能得电而动作，从而避免了电源短路的事故。它的缺点是：要改变电动机的转向，必须先按停止按钮，再按反转启动按钮，这样虽然对饱和电动机有利，但操作不够方便。

二、双重联锁正反转控制线路

如果增设按钮联锁，就可克服上述操作不便的缺点。图8-7为双重联锁正反转控制线路，它改用复合按钮，将正转启动按钮SB₂的动断触点串接在反转控制线路中，同样将反转启动按钮SB₃的动断触点串接在正转控制线路中，这样便可以保证正反转两条控制电路不会同时被接通。

如图8-7所示，按下SB₂时，其动断触点先行分断，断开反转控制电路，使接触器KM₂失电释放，电动机停转，紧跟着其动合触点闭合，接通正转控制电路，使接触器KM₁得电动作，电动机正转。同样按下SB₃时，先断开正转控制电路，使电动机停转，紧跟着接通反转控制电路，使电动机反转。这样，要改变电动机的转向，只要按一下相应的按钮即可。这种线路兼有接触器联锁和按钮联锁的优点，操作方便，安全可靠，且反转迅速，因此应用甚广。

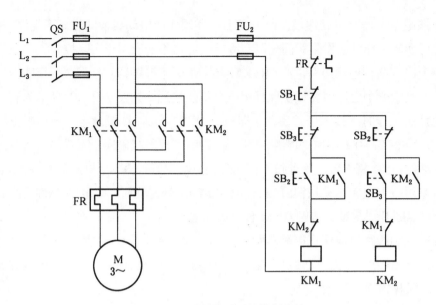

图8-7 双重互锁正反转控制线路

三、自动往返控制线路

在生产过程中常需要控制机械设备运动部件的行程，并使其在一定范围内自动往返循环。

例如龙门刨床、导轨磨床的工作台和动力滑台等，实现这种控制主要依靠行程开关。由行程开关控制的工作台自动往返控制线路如图8-8所示。从图上方工作台自动往返示意图可知，在机床床身上装有4个行程开关：SQ_1和SQ_2行程开关被用来实现工作台的自动往返，SQ_3和SQ_4行程开关被用来作两端的极限位置保护。在工作台上装有挡铁，挡铁1只能和SQ_1、SQ_3碰撞，挡铁2只能和SQ_2、SQ_4碰撞。挡铁碰上行程开关后，工作台能停止并换向，这样就使工作台作往复运动。往返行程开关可通过移动挡铁在工作台上的位置来调节，挡铁间的距离增大，行程就长，反之行程就短。

图8-8自动往返控制线路和图8-7双重联锁控制线路相似。行程开关SQ_1和SQ_2的作用相当于图8-7的正转和反转的复合按钮，这里的按钮SB_2和SB_3作正向或反向启动用。SQ_3和SQ_4的作用是：当换向用的行程开关SQ_1和SQ_2失灵，工作台越过限定位置时，挡铁就碰撞SQ_3或SQ_4，SQ_3或SQ_4的动断触点切断控制线路，迫使电动机停转，防止工作台因超出极限位置而发生事故。

自动往返控制电路的工作原理：合上电源开关，按下SB_2，KM_1线圈得电自锁，电动机M正转，工作台右移，动合触头自锁，动断触头互锁KM_2。挡铁碰到SQ_2时，先KM_1动断触点断开，KM_1断电，电动机停转，工作台停止运动。KM_2动合触点闭合，KM_2得电自锁，M反转，工作台左移，KM_2动断触点对KM_1互锁，挡铁碰到SQ_1，先动断触点断开，KM_2断电，电动机停止。后动合触点闭合，KM_1得电自锁，M正转，工作台右移，KM_1动断触点对KM_2互锁。

重复上述过程，工作台在一定范围内往返移动。

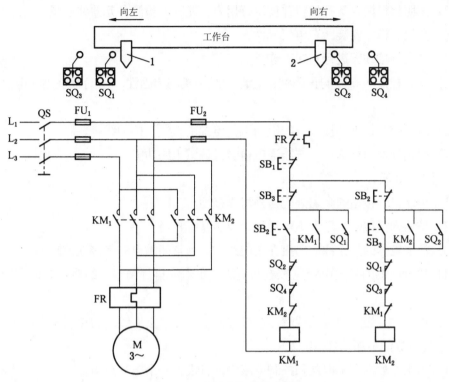

图8-8　自动往返控制电路

由上述控制情况可以看出，工作台每经过一个自动往复循环，电动机要进行两次反转制动过程，将出现较大的电流和机械冲击。因此，这种线路只适用于电动机容量较小，循环周期较长，电动机转轴具有足够刚性的拖动系统中。另外，在选择接触器容量时应比一般情况下选择的容量大一些。

【任务实施】

一、任务名称

三相异步电动机正反转控制线路安装调试。

二、器材、仪表、工具

器材、仪表、工具明细见表8-2。

表8-2　器材、仪表、工具明细表

序号	电器名称及型号	数量	序号	电器名称及型号	数量
1	三相异步电动机 112M-4	1台	5	熔断器 RC1A-30	5个
2	交流接触器 CJ10-20	2只	6	胶壳刀开关 HK-15/3	1只
3	热继电器 JR16-20/3D	1只	7	钳形电流表	1只
4	控制按钮 LA10	2只	8	电工工具	1套

三、实训步骤

（1）仔细阅读电气原理图及有关资料。

（2）按照材料清单备齐材料并使用万用表、兆欧表检测各元器件质量。

（3）在控制板上安装所有电气元件。

（4）按电气接线图进行布线、连接。

（5）检查控制板布线的正确性、合理性及接头的牢固性，正确调整热继电器的整定电流。

（6）进行控制板外部接线，如电动机、电源引入线、接地线等。

（7）经指导老师检查后，方能通电检验、调试电路功能。

四、注意事项

（1）电动机与按钮的金属外壳必须可靠接地。

（2）按钮内接线时，用力不可过猛，以防螺钉打滑。

（3）热继电器的热元件应串接在主电路中，其常闭触点应串接在控制电路中。

（4）热继电器的整定电流应按电动机的额定电流自行调整。绝对不允许弯折双金属片。

（5）接线时，必须先接负载端，后接电源端；先接接地线，后接三相电源相线。

五、常见故障分析与检修

（1）由指导教师在主电路和控制电路中，各设置一个电气故障。

（2）学生通电发现故障，并做好故障记录。

（3）根据故障现象，分析故障可能存在的电路区域。

（4）采用正确的方法排除故障，并再次通电检验电路功能。

六、成绩评定

成绩评定见表8-3。

表8-3 评分表

项目内容	配分	评分标准	扣分	得分
安装元件	20分	不按位置图安装，扣10分		
		元件安装不牢固，扣2分/只		
		安装元件漏装螺钉，扣1分/只		
		安装元件不整齐、不匀称、不合理，扣3分/只		
		损坏元件，扣15分/只		
布线	25分	不按电气图接线，扣25分		
		布线不符合要求，主电路，扣4分/根；控制电路，扣2分/根		
		接点松动、露铜过长、压绝缘，扣1分/处		
		损伤导线绝缘或线芯，扣4分/根		
		漏接接地线，扣10分/根		

续表

项目内容	配分	评分标准	扣分	得分
通电检验	35分	热继电器未整定或整定错误，扣5分		
		熔体规格配错，主、控电路，各扣5分		
		第一次试车不成功，扣20分		
		第二次试车不成功，扣30分		
		第三次试车不成功，扣35分		
		违反安全、文明操作的，扣5～35分		
增补电路	20分	错误，扣20分		
		不合理，扣10分		
开始时间：		结束时间：		
合计				

任务3 三相异步电动机降压启动控制线路安装调试

【任务描述】

此任务主要是三相异步电动机降压启动控制线路安装调试。要求学生完成三相异步电动机降压启动控制线路的安装并进行调试。学生能根据电气元件的安装布置要点，做好电气元件的布置方案，合理布置和安装电气元件做到安装的器件整齐、布线美观、好看，安装检测完成后通电试车。通过此任务的学习，学生应熟悉三相异步电动机各种降压启动控制电路的工作原理，掌握三相异步电动机降压启动常见故障识别及排除方法。

【任务分析】

在电源变压器容量不够大，而电动机功率较大的情况下，全压启动将导致电源变压器输出电压下降，不仅减小电动机本身的启动转矩，而且会影响同一供电线路中其他电气设备正常工作，因此，较大容量的时，需要采用降压启动。此任务要求学生熟悉电动机控制线路的一般安装步骤，学会安装各种降压控制线路，能根据故障现象，对常见故障进行检修。注意：在通电试车及通电观察故障现象时，必须有教师在场。

【相关知识】

三相异步电动机的控制线路都是采用直接加上额定电压使电动机启动，这种方法称为直接启动。通常三相异步电动机降压启动方法有Y-△降压启动、串电阻降压启动、自耦变压器降压启动等。

一、Y-△降压启动

额定运行为三角形接法的电动机，为减小启动电流，启动时将定子绕组做星形连接，待转速升高到接近额定转速时，改为三角形连接，直到稳定运行。

1.手动控制Y-△降压启动

手动控制Y-△降压启动具有结构简单，操作方便，价格低等优点，当电动机容量较小时，应优先考虑应用。

2.自动控制Y-△降压启动

图8-9为时间继电器自动切换的Y-△降压启动线路，它由3个接触器、1个热继电器、1个通电延时型时间继电器和2个按钮组成。其工作原理：合上电源开关QS，按下SB_2，KM线圈得电并自锁，同时KM_1线圈和时间继电器KT线圈得电，电动机M在星形接法下启动，当时间继电器KT延时时间到，其动断触点断开，KM_1线圈断电，延时动合触点闭合，使KM_2得电并自锁，电动机M按三角形接法运行。

与其他降压启动相比，Y-△降压启动投资少、线路简单，但启动转矩小。这种启动方法只能适用于空载或轻载状态下的启动，同时这种降压启动方法，只能用于正常运转时定子绕组为三角形接法的异步电动机的启动。

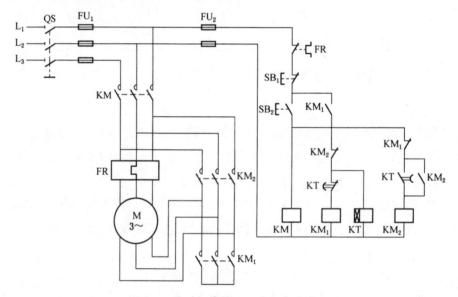

图8-9　自动切换的Y-△降压启动线路

二、定子绕组串电阻降压启动

时在定子绕组中串入电阻，来减小电动机的启动电流，当启动结束后，将串入的启动电阻切除。这种启动控制电器简单、操作方便，但由于启动时串入了电阻，要消耗一定的电能，不经济。

1.手动切除电阻控制电路

图8-10所示为笼型电动机定子串电阻降压启动控制电路，可采用手动切除电阻的方法启动电动机。其工作过程简单分析如下：合上电源开关QS，按下启动按钮SB_1，线圈KM_1得电且自锁，主触头接通主电路，电动机串电阻降压启动，当转速接近额定转速时，松开按钮SB_1，按下按钮SB_2，线圈KM_2得电自锁，主触头接通主电路，短接电阻，电动机全压运行。

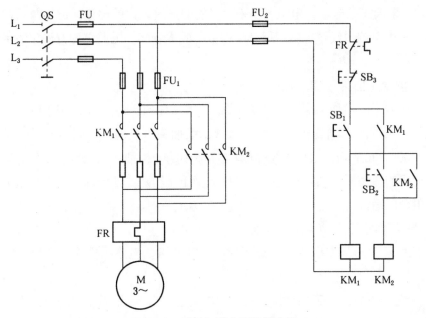

图8-10 手动切除电阻控制电路

2.自动切除电阻控制电路

图8-11是时间继电器自锁控制电路，其工作原理：合上电源开关QS，按下SB₂，KM₁线圈得电并自锁，KM₁主触点闭合，电动机串入电阻R启动，同时时间继电器线圈KT得电并开始计时。当时间继电器KT延时时间到，其动合触点闭合，接触器KM₂线圈得电并自锁，其主触点将串联电阻R短接（切除），电动机全压运行。时间继电器的延时时间应由电动机的启动时间确定。

串电阻启动时，启动转矩下降的幅度很大，启动电阻一般采用功率大的铸铁电阻，例

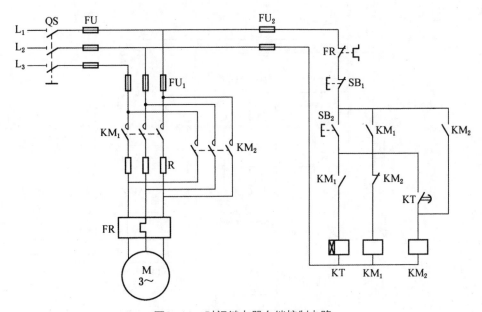

图8-11 时间继电器自锁控制电路

如ZX1、ZX2系列铸铁电阻。电阻的功率大，能够通过较大的电流，但能量损耗大。为了节省能量可采用电抗器代替电阻，但其价格贵，成本较高。因此这种方法仅适用空载或轻载启动。

三、自耦变压器降压启动控制线路

自耦变压器降压启动是利用自耦变压器来降低加在电动机定子绕组上的电压，达到限制启动电流的目的。自耦变压器一般由2组或3组抽头可以得到不同的输出电压（一般为电源电压的80%和65%），启动时使自耦变压器中的一组抽头（65%）接在电动机的回路中，当电动机的转速接近额定转速时，将自耦变压器切除，使电动机定子绕组上加额定电压，电动机全压运行。

1.自耦变压器降压启动手动控制电路

图8-12所示为自耦变压器手动降压启动控制电路。电路的操作过程和工作原理简单分析如下：

合上电源开关QS，按下启动按钮SB₂，交流接触器KM₃线圈回路通电，主触头闭合，自耦变压器接成星形。KM₁线圈通电其主触头闭合，由自耦变压器的65%抽头端将电源接入电动机，电动机在低电压下启动。KM₁常开辅助触点闭合接通中间继电器KA的线圈回路，KA通电并自锁，KA的常开触点闭合为KM₂线圈回路通电做准备。当电动机转速接近额定转速时，松开按钮SB₂，按下按钮SB₃，KM₁、KM₃线圈断电将自耦变压器切除，KM₂线圈得电并自锁，将电源直接接入电动机，电动机在全压下运行。电动机运行中的过载保护由热继电器FR完成。

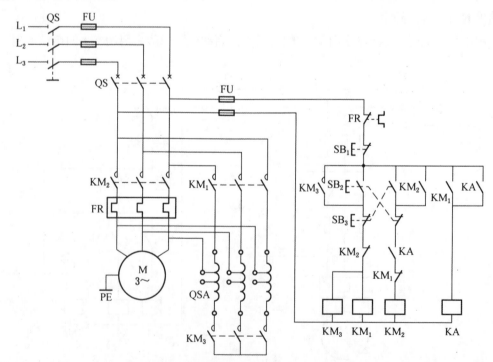

图8-12 自耦变压器降压启动手动控制电路

2.自耦变压器降压启动自动切换控制电路

自动切换靠时间继电器完成，用时间继电器切换能可靠地完成由启动到运行的转换过程，不会造成启动时间的长短不一的情况，也不会因启动时间长造成烧毁自耦变压器事故。图8-13为自耦变压器降压启动控制线路，电路的操作过程和工作原理简单分析如下：

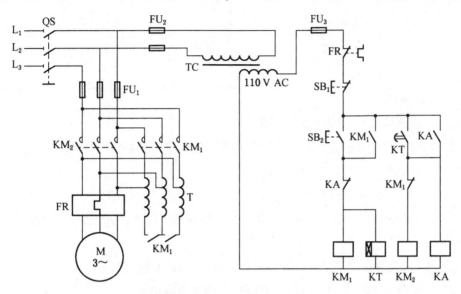

图8-13　自耦变压器降压启动

合上空气开关QS接通三相电源，按下启动按钮SB$_2$交流接触器KM$_1$线圈通电吸合并自锁，其主触头闭合，将自耦变压器线圈接成星形，KM$_1$的主触头闭合自耦变压器的低压抽头（65%）将三相电压的65%接入电动机。KM$_1$辅助触点闭合，使时间继电器KT线圈通电，并按已整定好的时间开始计时，当时间到达后，KT的延时常开触点闭合，使中间继电器KA线圈通电吸合自锁。由于KA线圈通电，其动断触点断开，使KM$_1$线圈断电，KM$_1$主触头断开，使自耦变压器线圈封星端打开，切断自耦变压器电源。KA的动合触点闭合，通过KM$_1$已经复位的动断触点，使KM$_2$线圈得电，KM$_2$主触头接通电动机在全压下运行。KM$_1$的动合触点断开也使时间继电器KT线圈断电，其延时闭合触点释放，也保证了在任务完成后，使时间继电器KT可处于断电状态。欲停车时，可按SB$_1$，则控制回路全部断电，电动机切除电源而停转。电动机的过载保护由热继电器FR完成。

采用自耦变压器启动，启动电流和启动转矩由变压器的变比决定。只要能选择适当的变比，就能获得较好的启动性能。因此，自耦变压器降压启动方法适用于较大容量的场合。它的缺点是自耦变压器价格较贵，而且不允许频繁启动。

【任务实施】

一、任务名称

三相异步电动机星形-三角形降压启动控制线路安装调试。

二、器材、仪表、工具

器材、仪表、工具见表8-4。

表8-4　器材、仪表、工具明细表

序号	电器名称及型号	数量	序号	电器名称及型号	数量
1	三相异步电动机 112M-4	1 台	6	熔断器 RC1A-30	5 个
2	交流接触器 CJ10-20	3 只	7	胶壳刀开关 HK-15/3	1 只
3	热继电器 JR16-20/3D	1 只	8	钳形电流表	1 只
4	时间继电器 JS7 或 JS20	1 只	9	电工工具	1 套
5	控制按钮 LA10	3 只			

三、实训步骤

（1）仔细阅读电气原理图及有关资料。

（2）按照材料清单备齐材料并使用万用表、兆欧表检测各元器件质量。

（3）在控制板上安装所有电气元件。

（4）按电气接线图进行布线、连接。

（5）检查控制板布线的正确性、合理性及接头的牢固性；并正确调整热继电器的整定电流。

（6）进行控制板外部接线，如电动机、电源引入线、接地线等。

（7）经指导老师检查后，方能通电检验、调试电路功能。

四、注意事项

（1）电动机与按钮的金属外壳必须可靠接地。

（2）按钮内接线时，用力不可过猛，以防螺钉打滑。

（3）热继电器的热元件应串接在主电路中，其常闭触点应串接在控制电路中。

（4）热继电器的整定电流应按电动机的额定电流自行调整。绝对不允许弯折双金属版。

（5）接线时，必须先接负载端，后接电源端，先接接地线，后接三相电源相线。

五、常见故障分析与检修

（1）由指导教师在主电路和控制电路中，各设置一个电气故障。

（2）学生通电发现故障，并做好故障记录。

（3）根据故障现象，分析故障可能存在的电路区域。

（4）采用正确的方法排除故障，并再次通电检验电路功能。

六、成绩评定

成绩评定见表8-5。

表8-5　评分表

项目内容	配分	评分标准	扣分	得分
安装元件	20 分	不按位置图安装，扣 10 分		
		元件安装不牢固，扣 2 分 / 只		

续表

项目内容	配分	评分标准	扣分	得分
安装元件	20分	安装元件漏装螺钉，扣1分/只		
		安装元件不整齐、不匀称、不合理，扣3分/只		
		损坏元件，扣15分/只		
布线	25分	不按电气图接线，扣25分		
		布线不符合要求：主电路，扣4分/根；控制电路，扣2分/根		
		接点松动、露铜过长、压绝缘，扣1分/处		
		损伤导线绝缘或线芯，扣4分/根		
		漏接接地线，扣10分/根		
通电检验	35分	热继电器未整定或整定错误，扣5分		
		熔体规格配错：主、控电路，各扣5分		
		第一次试车不成功，扣20分		
		第二次试车不成功，扣30分		
		第三次试车不成功，扣35分		
		违反安全、文明操作的，扣5～35分		
增补电路	20分	错误，扣20分		
		不合理，扣10分		
开始时间：		结束时间：		
合计				

任务4　三相异步电动机制动控制线路安装调试

【任务描述】

此任务主要是三相异步电动机制动控制线路安装调试。要求学生完成三相异步电动机制动控制电路的安装并进行调试。学生能根据电气元件的安装布置要点，做好电气元件的布置方案，合理布置和安装电气元件，做到安装的器件整齐、布线美观、好看，安装检测完成后通电试车。通过此任务的学习使学生熟悉三相异步电动机各种制动控制电路的工作原理，掌握三相异步电动机制动控制电路常见故障识别及排除方法。

【任务分析】

反接制动优点是设备简单，调速方便，制动迅速，价格低。缺点是制动冲击大，制动能量损耗大，不宜频繁制动，且制动准备度不高，故适用于制动要求迅速，系统惯性较大、制动不频繁的场合。而对于要求频繁制动的则采用能耗制动控制。此任务要求学生能正确识读反接制动控制线路的原理图，学生熟悉电动机控制线路的一般安装步骤，学会安装各种制动控制线路，能根据故障现象，对常见故障进行检修。注意如在通电试车及通电观察故障现象时，必须有教师在场的情况下进行。

【相关知识】

一、电磁抱闸制动控制线路

电磁抱闸制动控制线路如图8-14所示，它的工作过程简述如下：

接通电源开关QS后，按启动按钮SB₂，接触器KM线圈获电工作并自锁。电磁抱闸YA线圈获电，吸引衔铁（动铁芯），使动、静铁芯吸合，动铁芯克服弹簧拉力，迫使制动杠杆向上移动，从而使制动器的闸瓦与闸轮分开，取消对电动机的制动，与此同时，电动机获电启动至正常运转。当需要停车时，按停止按钮

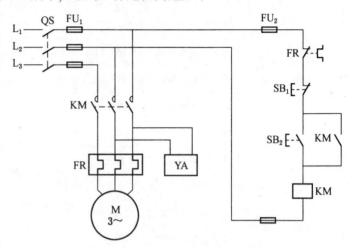

图8-14 电磁抱闸制动控制线路

SB₁，接触器KM线圈断电释放，电动机的电源被切断的同时，电磁抱闸的线圈也失电，衔铁被释放，在弹簧拉力的作用下，使闸瓦紧紧抱住闸轮，电动机被制动，迅速停止转动。

电磁抱闸制动，在起重机械上被广泛应用。当重物吊到一定高度，如果线路突然发生故障或停电时，电动机断电，电磁抱闸线圈也断电，闸瓦立即抱住闸轮使电动机迅速制动停转，从而防止了重物突然落下而发生事故。

二、三相异步电动机电源反接制动

1.单向电源反接控制电路

反接制动是利用改变电动机电源的相序，使定子绕组产生相反方向的旋转磁场，因而产生制动转矩的一种制动方法。单向反接制动的控制线路如图8-15所示，电动机正常运转时，KM_1 通电吸合，KV的一对常开触点闭合，为反接制动做准备。

启动时，闭合电源开关QS，按启动按钮SB₂，接触器 KM_1 获电闭合并自锁，电动机M启动运转。当电动机转速升高到一定值时（100r/min），速度继电器KV的常开触头闭合，为反接制动做好准备。

停止时，按停止按钮SB₁（一定要按到底），按钮SB₁常闭触头断开，接触器 KM_1 失电释放，而按钮SB₁的常开触头闭合，使接触器 KM_2 获电吸合并自锁，KM_2 主触头闭合，串入电阻R进行反接制动，电动机产生一个反向电磁转矩，即制动转矩，迫使电动机转速迅速下降；当电动机转速降至100r/min以下时，速度继电器KV常开触头断开，接触器 KM_2 线圈断电释放，电动机断电，防止反向启动。

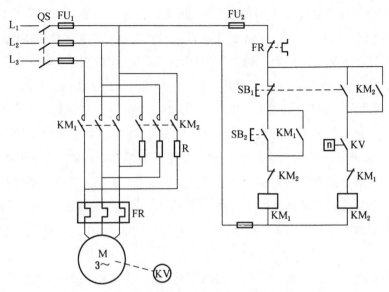

图8-15　单向电源反接制动控制电路

　　由于反接制动时，转子与定子旋转磁场的相对速度接近2倍的同步转速，故反接制动时，转子的感应电流很大，定子绕组的电流也随之增大，相当于全压直接启动时电流的两倍。为此，一般在4.5kW以上的电动机采用反接制动时，应在主电路中串接一定的电阻器，以限制反接制动电流，这个电阻称为反接制动电阻，用R表示，反接制动电阻器，有三相对称和两相不对称两种连接方法。

　　2.可逆运行的电源反接制动

　　在图8-15电路中，将停止按钮改成了手动开关如图8-16所示，就构成了可逆运行的电源反接制动，其工作过程如下：

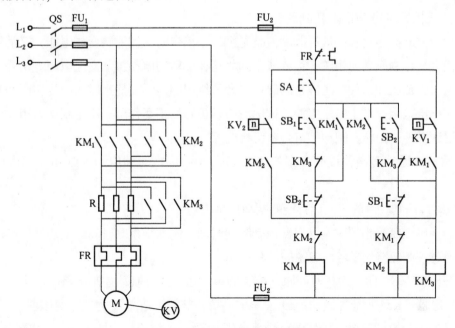

图8-16　可逆运行反接制动控制电路

（1）正向启动控制过程。将手动开关SA扳向运行位置（闭合），按下正向启动按钮SB$_1$，接触器KM$_1$线圈通电自锁，KM$_1$的主触头闭合，电动机在定子绕组串电阻R情况下降压启动。当转速上升到一定值时，速度继电器KV$_1$动作，动合触点KV$_1$闭合，KM$_3$线圈通电动作，KM$_3$的动合主触点闭合，切除电阻R，电动机在全压下正转运行。

（2）正转向反转切换控制过程。按下反向启动按钮SB$_2$，接触器KM$_1$线圈断电，KM$_1$的动合触点复位断开，使接触器KM$_3$线圈断电，其动断触点复位闭合，使接触器KM$_2$线圈通电自锁，接通电动机反向电源，电动机在定子绕组串电阻R情况下反接制动，当转速下降到一定值时，速度继电器KV$_1$复位，动合触点KV$_1$断开，当转速到零时，电动机进入反向降压启动阶段。当转速反向上升到一定值时，速度继电器KV$_2$动作，动合触点KV$_2$闭合，KM$_3$线圈通电动作，KM$_3$的动合主触点闭合，切除电阻R，电动机在全压下反转运行。

（3）停车控制过程（假定此时电动机正转）。将手动开关SA扳向停止位置（断开），KM$_1$、KM$_3$线圈相继断电，触点复位，电动机正向电源被切断，由于电动机转速还较高，速度继电器KV$_1$的动合触点KV$_1$仍闭合，KM$_1$、KM$_2$断电后，动断触点的闭合复位使反转接触器KM$_2$线圈通电，接通电动机反向电源，电动机在定子绕组串电阻R情况下进行反接制动，电动机转速迅速下降，当转速下降到小于100r/min时，KV$_1$的动合触点断开复位，KM$_1$线圈断电，KM$_2$线圈也断电，反接制动结束。

本电路在实际使用中，应注意以下两点：一是本电路仅适用于小容量或轻载电动机直接正反转切换；二是本电路可应用于带反接制动的自动往复控制电路中。

反接制动，设备简单，制动迅速，准确性差，制动冲击力强，适用于制动要求迅速，系统惯性大，制动不频繁的场合。

三、三相异步电动机能耗制动

三相鼠笼式异电动机的能耗制动，就是把转子储存的机械能转变成电能，又消耗在转子上，使之转化为制动力矩的一种方法。即将正在运转的电动机从交流电源上切除，向定子绕组通入直流电流，便产生静止的磁场，转子绕组因惯性在静止磁场中旋转，切割磁力线，感应出电动势，产生转子电流，该电流与静止磁场相互作用，产生制动力矩，使电动机转子迅速减速、停转。制动结束必须切断电源。

能耗制动通常有两种控制方案如图8-17所示，即按时间原则控制和按速度原则控制。

1.按时间原则控制的单向运行能耗制动控制电路

时间原则控制是指用时间继电器控制制动时间，制动结束时时间继电器发出制动结束信号，通过控制电路切断直流电源的控制方法。

如图8-17（b）所示为按时间原则控制的单向运行能耗制动控制电路。图中KM$_1$为单向运行接触器，KM$_2$为能耗制动接触器，VC为桥式整流电路，TC为整流变压器。

电路的工作原理简单分析如下：合上电源开关QS，按下启动按钮SB$_2$，线圈KM$_1$得电并自锁，主触头接通主电路，电动机正常运行。停车时需要按下停车按钮SB₁，KM₁线圈断电，KM₂、KT线圈通电并自锁，电动机脱离三相交流电源，同时接通直流电源，能耗制动开始，时间继电器KT延时结束动作，电动机脱离直流电源，能耗制动结束。

在控制电路中，时间继电器的动合触点与KM₂动合触点串联后构成自锁是为了防止因时间继电器故障不能动作而造成无法切除直流电源的事故。

2.按速度原则控制的单向运行能耗制动控制电路

采用时间原则控制较适合负载比较恒定的场合。若负载变化较大时，由于制动时间的长短与电动机负载大小有关，就需要经常调整时间继电器的整定时间，比较麻烦。此时采用速度原则控制就比较方便。

速度原则控制是指用速度继电器来控制制动过程，由速度继电器发出制动结束信号，通过控制电路切断直流电源的控制方法。

如图8-17（c）所示为速度原则控制的单向运行能耗制动控制电路。图中KM₁为单向运行接触器，KM₂为能耗制动接触器，VC为桥式整流电路，T为整流变压器。电路的工作原理简单分析如下：

合上电源开关QS，按下启动按钮SB₂，线圈KM₁得电并自锁，主触头接通主电路，电动机正常运行。同时速度继电器常开触点闭合为停车做准备，停车时需要按下停车按钮SB₁，KM₁线圈断电，KM₂线圈通电，电动机脱离三相交流电源，同时接通直流电源，能耗制动开始，速度下降到整定值时，其常开触点断开，电动机脱离直流电源，能耗制动结束。

这种制动所消耗的能量较小，制动准确率较高，制动转矩平滑，但制动力较弱，需直流电源，设备投入费用高。能耗制动适用于要求制动平稳、停位准确的场所，如铣床、龙

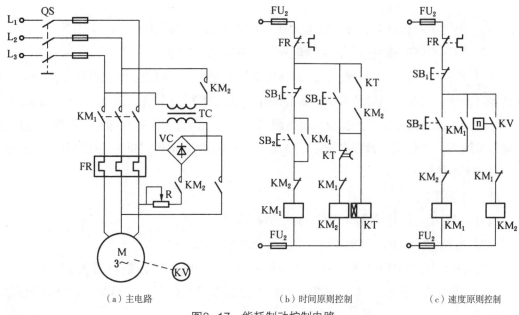

（a）主电路　　　　　　（b）时间原则控制　　　　　　（c）速度原则控制

图8-17　能耗制动控制电路

门刨床及组合机床的主轴定位等。

有关电动机的制动，有多种控制线路。读者在今后的实际工作中，应根据工作现场的实际情况以及经济条件等因素，灵活地选用这些制动控制线路。

【任务实施】

一、任务名称

三相异步电动机可逆运行的电源反接制动。

二、器材、仪表、工具

器材、仪表、工具见表8-6。

表8-6　器材、仪表、工具明细表

序号	电器名称及型号	数量	序号	电器名称及型号	数量
1	三相异步电动机 112M-4	1台	6	熔断器 RC1A-30	5个
2	交流接触器 CJ10-20	3只	7	胶壳刀开关 HK-15/3	1只
3	热继电器 JR16-20/3D	1只	8	钳形电流表	1只
4	速度继电器	2只	9	电工工具	1套
5	控制按钮 LA10	3只			

三、实训步骤

（1）仔细阅读电气原理图及有关资料。

（2）按照材料清单备齐材料并使用万用表、兆欧表检测各元器件质量。

（3）在控制板上安装所有电气元件。

（4）按电气接线图进行布线、连接。

（5）检查控制板布线的正确性、合理性及接头的牢固性；并正确调整热继电器的整定电流。

（6）进行控制板外部接线，如电动机、电源引入线、接地线等。

（7）经指导老师检查后，方能通电检验、调试电路功能。

（8）检测与调试。手持测速仪，对准电动机输出轴，测量电动机输出转速，按SB_1使制动电路工作，当电动机转速降压100r/min时观察速度继电器的动合触点，看是否分断。若不分断，将螺钉向外拧，使反力弹簧力量减小；若分断过早，则将螺钉向内拧，使反力弹簧力量增大。如此反复调整多次，使电动机转速在100r/min左右时，速度继电器的触点分断并符合电路要求。

四、注意事项

（1）电动机与按钮的金属外壳必须可靠接地。

（2）按钮内接线时，用力不可过猛，以防螺钉打滑。

（3）热继电器的热元件应串接在主电路中，其常闭触点应串接在控制电路中。

（4）热继电器的整定电流应按电动机的额定电流自行调整。绝对不允许弯折双金属版。

五、常见故障分析与检修

（1）由指导教师在主电路和控制电路中，各设置一个电气故障。

（2）学生通电发现故障，并做好故障记录。

（3）根据故障现象，分析故障可能存在的电路区域。

（4）采用正确的方法排除故障，并再次通电检验电路功能。

六、成绩评定

成绩评定见表8-7。

表8-7 评分表

项目内容	配分	评分标准	扣分	得分
安装元件	20分	不按位置图安装，扣10分		
		元件安装不牢固，扣2分／只		
		安装元件漏装螺钉，扣1分／只		
		安装元件不整齐、不匀称、不合理，扣3分／只		
		损坏元件，扣15分／只		
布线	25分	不按电气图接线，扣25分		
		布线不符合要求：主电路，扣4分／根；控制电路，扣2分／根		
		接点松动、露铜过长、压绝缘，扣1分／处		
		损伤导线绝缘或线芯，扣4分／根		
		漏接接地线，扣10分／根		
通电检验	35分	热继电器未整定或整定错误，扣5分		
		熔体规格配错：主、控电路，各扣5分		
		第一次试车不成功，扣20分		
		第二次试车不成功，扣30分		
		第三次试车不成功，扣35分		
		违反安全、文明操作的，扣5～35分		
增补电路	20分	错误，扣20分		
		不合理，扣10分		
开始时间：		结束时间：		
合计				

任务5 三相异步电动机双速控制线路安装调试

【任务描述】

此任务主要是三相异步电动机双速控制线路安装调试。要求学生完成三相异步电动机双速控制电路的安装并进行调试。学生能根据电气元件的安装布置要点，做好电气元件的布置方案，合理布置和安装电气元件，做到安装的器件整齐、布线美观、好看，安装检测完成后通电试车。通过此任务熟悉三相异步电动机各种双速控制电路的工作原理，掌握三相异步电动机双速控制电路常见故障识别及排除方法。

【任务分析】

在实际的机械加工生产中，许多生产机械为了适应各种工作加工工艺的要求，需要电动机有较大的调速范围，因此常采用双速电动机。此任务要求学生能正确识读双速电动机控制线路的原理图，熟悉双速电动机控制线路的一般安装步骤，学会安装各种双速电动机控制线路，能根据故障现象，对常见故障进行检修。注意如在通电试车及通电观察故障现象时，必须有教师在场的情况下进行。

【相关知识】

有些生产设备要求调速范围宽，速度挡数多，若仅采用机械调速，则必将使变速箱的体积增大，结构变得复杂。此时，若在机械调速的基础上配以双速电动机或多速电动机，则在机械变速装置不变的前提下使调速范围和速度挡数成倍地增加。双速电动机通过改变电动机绕组的连接方式获得不同的极对数，使电动机同步转速发生变化，从而达到电动机调速的目的。双速电动机的控制电路有多种，下面介绍常用的三角形-双星形控制电路。

一、三角形-双星形手动控制电路

图8-18（a）为双速异步电动机定子绕组的△接法，三相绕组的接线端子U_1、V_1、W_1与电源线连接，U_2、V_2、$W_2$3个接线端悬空；三相定子绕组接成YY形，接线端子U_1、V_1、W_1连接在一起，U_2、V_2、$W_2$3个接线端与电源线连接。

图8-19为三相双速异步电动机手动控制电路。图中KM_1为△接低速运转继电器，KM_2、KM_3为YY接高速运转继电器，SB_1为△接低速启动运行

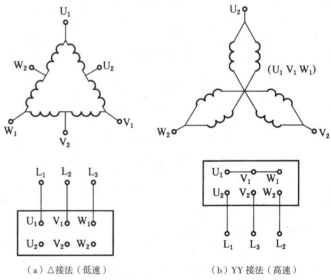

（a）△接法（低速）　　　（b）YY接法（高速）

图8-18　三相双速异步电动机定子绕组接线图

按钮，SB_2为YY接高速启动运行按钮。电路的工作过程如下：

1.低速启动运行

先合上电源开关QS，按下启动按钮SB_1，接触器KM_1得电且自锁，并通过按钮SB_1和接触器KM_1的常闭触点对接触器KM_2、KM_3联锁，电动机定子绕组做△连接，电动机低速

启动运行。如果再按下按钮SB₂，则电动机由低速转为高速运转。

2.高速启动运转

先合上电源开关QS，按下启动按钮SB₂，接触器KM₂、KM₃得电且自锁，并通过按钮SB₂和接触器KM₂、KM₃的常闭触点对接触器KM₁联锁，电动机定子绕组作YY接，电动机高速启动运转。按下SB₁，电动机变为低速运转。

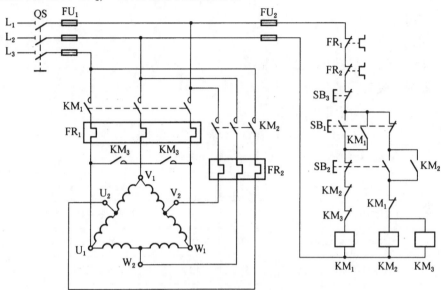

图8-19 双速电动机手动控制线路

二、三角形-双星形自动控制电路

在有些场合为了减小电动机高速启动时的能耗，启动时先以△接低速启动运行，然后自动地转为YY接电动机做高速运转，这一过程可以用时间继电器来控制，电路如图8-20所示。KT为断电延时时间继电器，KA为中间继电器。电路的工作过程如下：

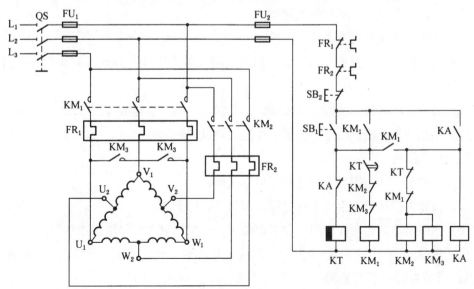

图8-20 双速电动机自动控制线路

先合上电源开关QS，按下启动按钮SB$_1$，时间继电器KT、接触器KM$_1$、中间继电器KA先后得电且自锁，将电动机定子绕组接成△形，电动机以低速启动运转，并通过时间继电器KT和接触器KM$_1$的常闭触点对接触器KM$_2$、KM$_3$进行联锁。同时，KA的得电使KT失电，经过一段时间的延时，时间继电器KT延时断开触点断开，接触器KM$_1$失电，使接触器KM$_2$、KM$_3$得电，电动机的定子绕组自动地转为YY接，电动机做高速运转。

【任务实施】

一、任务名称

三相异步电动机双速控制电路安装调试。

二、器材、仪表、工具

器材、仪表、工具明细见表8-8。

表8-8 器材、仪表、工具明细表

序号	电器名称及型号	数量	序号	电器名称及型号	数量
1	三相异步电动机 112M-4	1台	7	熔断器 RC1A-30	5个
2	交流接触器 CJ10-20	3只	8	胶壳刀开关 HK-15/3	1只
3	热继电器 JR16-20/3D	1只	9	钳形电流表	1只
4	时间继电器 JS7-2A	2只	10	电工工具	1套
5	中间继电器	1只	11	BV 导线	
6	控制按钮 LA10	3只			

三、实训步骤

（1）仔细阅读电气原理图及有关资料。

（2）按照材料清单备齐材料并使用万用表、兆欧表检测各元器件质量。

（3）在控制板上安装所有电气元件。

（4）按电气接线图进行布线、连接。

（5）检查控制板布线的正确性、合理性及接头的牢固性；并正确调整热继电器的整定电流。

（6）进行控制板外部接线，如电动机、电源引入线、接地线等。

（7）经指导老师检查后，方能通电检验、调试电路功能。

四、注意事项

（1）电动机与按钮的金属外壳必须可靠接地。

（2）按钮内接线时，用力不可过猛，以防螺钉打滑。

（3）热继电器的热元件应串接在主电路中，其常闭触点应串接在控制电路中。

（4）热继电器的整定电流应按电动机的额定电流自行调整。绝对不允许弯折双金属版。

五、常见故障分析与检修

（1）由指导教师在主电路和控制电路中，各设置一个电气故障。

（2）学生通电发现故障，并做好故障记录。

（3）根据故障现象，分析故障可能存在的电路区域。

（4）采用正确的方法排除故障，并再次通电检验电路功能。

六、成绩评定

成绩评定见表8-9。

表8-9 评分表

项目内容	配分	评分标准	扣分	得分
安装元件	20分	不按位置图安装，扣10分		
		元件安装不牢固，扣2分/只		
		安装元件漏装螺钉，扣1分/只		
		安装元件不整齐、不匀称、不合理，扣3分/只		
		损坏元件，扣15分/只		
布线	25分	不按电气图接线，扣25分		
		布线不符合要求：主电路，扣4分/根；控制电路，扣2分/根		
		接点松动、露铜过长、压绝缘，扣1分/处		
		损伤导线绝缘或线芯，扣4分/根		
		漏接接地线，扣10分/根		
通电检验	35分	热继电器未整定或整定错误，扣5分		
		熔体规格配错：主、控电路，各扣5分		
		第一次试车不成功，扣20分		
		第二次试车不成功，扣30分		
		第三次试车不成功，扣35分		
		违反安全、文明操作的，扣5～35分		
增补电路	20分	错误，扣20分		
		不合理，扣10分		
开始时间：		结束时间：		
合计				

任务6 绕线转子异步控制线路安装调试

【任务描述】

此任务主要是绕线转子异步控制线路安装调试。学生根据电路原理图安装其控制线路，做好电气元件的布置方案，做到安装的器件整齐、布线美观、好看。安装检测完成后通电试车。通过此任务学生能正确理解转子绕组串接电阻启动控制线路、转子绕组串接频敏变阻器启动控制电路启动的工作原理，会按照工艺要求正确安装三相绕线转子异步电动机回路串电阻启动控制电路。掌握电气元件的安装布置要点，合理布置和安装电气元件，能根据故障现象，检修三相绕线转子异步电动机转子回路串电阻、串频敏电阻器启动控制电路。

【任务分析】

在实际和生产中，如20/5t桥式起重机的主、副钩电动机需要大转矩启动。在这种场合一般采用三相绕线转子异步电动机。三相绕线转子异步电动机的优点是，可以通过滑环在转子绕组中串接电阻来改善电动机的机械特性，从而达到减小启动电流，增大启动转矩以及平滑调速的目的。绕线转子异步电动机常用的控制线路有转子绕组串接电阻启动控制线路、转子回路串频敏电阻器启动控制线路。本次任务完成绕线转子异步电动机控制线路的安装调试。注意如在通电试车及通电观察故障现象时，必须有教师在场的情况下进行。

【相关知识】

绕线式异步电动机的特点是：它的转子上绕有绕组，并且通过转子上的集电环（俗称滑环）在转子绕组中串接附加的电抗。当转子回路中的电抗改变时，电动机的力矩特性将改变，适当地调节转子回路中的电阻，可以得到理想的启动状态。用绕线式异步电动机可以得到很大的启动转矩，同时启动时的电流也减少很多。所以在对启动转矩、调速特性要求较高的机械中（如卷扬机、桥式启动机等），常常使用绕线式异步电动机。绕线式异步电动机的缺点是：电动机比较复杂、造价也高、耐用性能较差、效率也稍低。绕线式异步电动机的启动方法有转子绕组串接电阻、转子绕组串接频敏变阻器、用凸轮控制器等多种。

一、转子绕组串接电阻启动控制线路

转子绕组串接电阻控制绕线式异步电动机的线路又分为：用按钮开关、用时间继电器、用电流继电器3种不同的控制线路。

1.按钮操作启动控制线路

按钮操作启动控制线路如图8-21所示。在主电路中，用主接触器KM控制电动机M定子绕组的电源，转子电路所串对称电阻呈星形接法，分3段，由加速接触器KM_1、KM_2、KM_3实现短接，触头是Y形接法。

启动：合上QS，按下SB_1，绕线转子串联全部电阻启动；按下SB_2，KM_1线圈得电，KM_1触头闭合，绕线转子串联R_2，R_3启动；按下SB_3，KM_2线圈得电，KM_2触头闭合，绕线转子串联R_3启动；按下SB_4，KM_3线圈得电，KM_3触头闭合，绕线转子切除，全部电阻运行；松开SB_4，电动机继续全压运行。

停止：按下SB_5，KM、KM_1、KM_2、KM_3线圈失电，各主触头分断，自锁触头分断，解除自锁，电动机失电，停止转动。

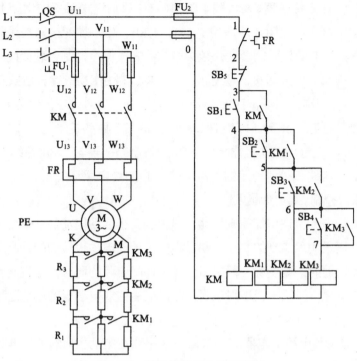

图8-21 按钮操作启动控制线路

2.按时间原则控制启动电路

按时间原则启动的控制线路，一般是用时间继电器控制短接转子电阻的接触器来实现，原理如图8-22所示。

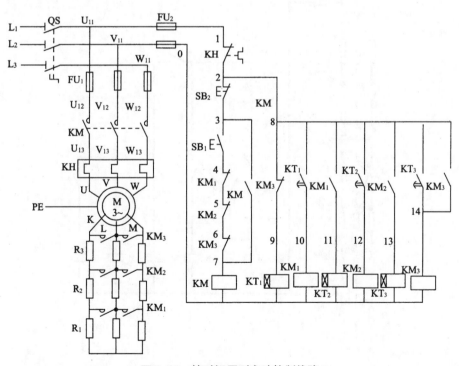

图8-22 按时间原则启动控制线路

控制电路中，在主接触器KM线圈电路中串有3只加速接触器的常闭触头，以保证电动机转子中必须串接全部电阻才能启动，KM_1、KM_2、KM_3加速接触器线圈由相应的时间继电器KT_1、KT_2、KT_3的延时闭合常开触头控制，完成程序控制和联锁控制，即不会出现越级短接电阻的现象，保证短接次序是R_3、R_2、R_1，及由KM的常开触头自保，并以其常闭触头切断KT_1线圈电路，从而依次使KM_1、KT_1、KM_2、KT_3失电，使电动机运转时仅KM和KM_3两个接触器通电。由于KM_3的自保是受KM的常开触头控制的，故按下停止按钮SB_2后，可使KM和KM_3失电，电动机停转。与其他控制线路一样，采用热继电器FR做过载保护，FU_1、FU_2做主电路和控制电路的短路保护，用QS作电源开关。

3.按电流原则控制启动控制电路

绕线转子异步电动机按电流原则启动，是根据转子启动电流的逐渐变化，利用电流继电器控制电阻的逐段切除实现的。在启动过程中，随着电动机转速的升高，转子电流从大到小，在小到预定值时，则切除一段电阻，而在切除电阻的同时，电流又重新增大，利用启动电流周期性变化，一段一段地将电阻切除，最后完成电动机的启动过程，原理如图8-23所示。

在主电路中有3个电流继电器KI_1、KI_2、KI_3串联在电动机M的转子电路中监测转子电流，这3个电流继电器的特性是动作电流一样大，但释放电流不同，KI_1的释放电流最大，KI_2次之，KI_3的释放电流最小。合上电源开关QS，按下启动按钮SB_1，使主接触器KM_1得

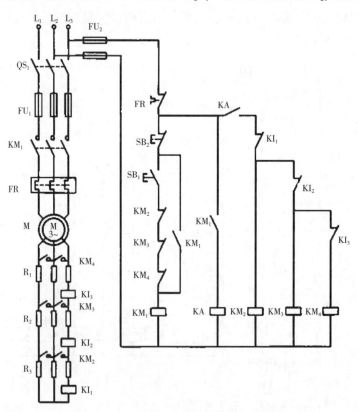

图8-23　按电流原则控制启动控制电路

电，电动机启动，由于启动电流很大，使3个电流继电器同时动作吸合，它们的常闭触头都打开，使加速接触器KM$_2$、KM$_3$、KM$_4$不能得电，将全部电阻接在转子电路中。随着电动机转速的升高，转子启动电流减小，减小到KI$_1$的释放电流，使之先动作，它的常闭触头闭合，使接触器KM$_2$得电，切除了第一段启动电阻。在第一段电阻R$_3$被切除后，转子电流重新增大，随着电动机转速的继续升高，转子电流又会减小，当减小到KI$_2$继电器的释放值时，通过KI$_2$的常闭触头恢复闭合而使接触器KM$_3$得电，切除了电阻R$_2$，依次类推，一步步地将启动电阻全部切除，电动机进入正常运行状态。

值得指出的是，控制电路中中间继电器KA的作用是保证启动电阻在初始时全部串入转子电路，因为启动电流由零跃入最大值需要一定的时间，如发生电流继电器KI$_1$～KI$_3$都来不及动作。将会出现不串或少串电阻启动的现象，KA的常开触头与在各电流继电器常闭触头串接后组成加速接触器KM$_2$、KM$_3$、KM$_4$供电回路，保证了各级电阻的短接一定要待KA动作后才能进行。在主接触器KM1线圈电路中串有3个短接电阻（加速接触器）接触器KM$_2$、KM$_3$、KM$_4$常闭触头的目的是防止当它们出现触头熔焊故障时，发生不串或少串电阻启动的现象。

不论是按时间原则还是按电流原则来控制的启动线路都是利用在转子电路中串联启动电阻来达到减小启动电流、提高转子电路的功率因数和增加启动转矩的目的。为了得到良好的启动性能，外加电阻的阻值必须在一定的范围内。为了减少启动时转矩的波动，启动电阻的级数愈多，每级阻值就愈小，启动就愈平滑。但这会带来配用电器增多，控制线路复杂，设备投资大，维修不便的缺点。

二、转子绕组串接频敏变阻器启动控制电路

采用频敏变阻器既可获得平滑的启动性能，控制电路又简单，维修方便。频敏变阻器实际上是一个铁损很大的三相电抗器，其阻抗值随着流过绕组的电流频率的变化而变化。刚启动时，转子电流频率最高，频敏变阻器的阻抗最大，使转子电流受到限制，随着电动机转速升高，转子电流、频率随之下降，频敏变阻器的阻抗也随之减小。所以，转子回路串频敏变阻器启动时，随着电动机转速的升高，频敏变阻器阻抗自动逐渐减小，实现了平滑的无级启动，原理图如图8-24。

该线路可以实现自动和手动控制。自动控制时，将转换开关SA扳向"自动"，这时，按下启动按钮SB$_2$，接触器KM$_1$线圈通电，其常开主触点和自锁触点闭合，时间继电器KT线圈通电，电动机转子回路串入频敏变阻器启动。经过一段延时后，时间继电器延时闭合的常开触点闭合，中间继电器KA线圈通电并自锁，其常开触点闭合，使接触器KM$_2$线圈通电，其常开触点闭合，使频敏变阻器短接；同时，KM$_2$常闭触点断开，使时间继电器KT断电释放，电动机通过仍然闭合的KM$_1$、KM$_2$主触点进入正常稳定运行。

启动过程中，为了避免启动时间过长，致使热继电器过热而产生误动作，主电路中用中间继电器KA的常闭触点将热继电器FR发热元件短接。启动结束后，中间继电器KA常闭触点断开，热元件接入电路。电流互感器TA的作用是将主电路中的大电流转换成小电

流，串入热继电器进行过载保护。

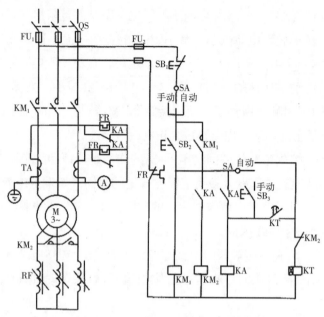

图8-24　串接频敏变阻器启动控制电路

手动控制时，将转换开关SA扳向"手动"，这时，时间继电器KT不起作用。当转子串频敏变阻器启动完毕后，按下按钮SB₃，中间继电器KA及接触器KM₂动作，将频敏变阻器短接，电动机进入正常运行。

【任务实施】

一、任务名称

按电流原则、时间原则控制启动控制线路安装调试。

二、器材、仪表、工具

器材、仪表、工具明细见表8-10。

表8-10　器材、仪表、工具明细表

序号	电器名称及型号	数量	序号	电器名称及型号	数量
1	三相异步电动机 112M-4	1台	6	胶壳刀开关 HK-15/3	1只
2	交流接触器 CJ10-20	4只	7	钳形电流表	1只
3	热继电器 JR16-20/3D	1只	8	电工工具	1套
4	控制按钮 LA10	2只	9	时间继电器	3只
5	熔断器 RC1A-30	5只	10	电流继电器	3只

三、实施步骤

（1）仔细阅读电气原理图及有关资料。

（2）按照材料清单备齐材料并使用万用表、兆欧表检测各元器件质量。

（3）在控制板上安装所有电气元件。

（4）按电气接线图进行布线、连接。

（5）检查控制板布线的正确性、合理性及接头的牢固性，并正确调整热继电器的整定电流。

（6）进行控制板外部接线。如电动机、电源引入线、接地线等。

（7）经指导老师检查后，方能通电检验、调试电路功能。

四、注意事项

（1）电动机与按钮的金属外壳必须可靠接地。

（2）按钮内接线时，用力不可过猛，以防螺钉打滑。

（3）热继电器的热元件应串接在主电路中，其常闭触点应串接在控制电路中。

（4）热继电器的整定电流应按电动机的额定电流自行调整。绝对不允许弯折双金属版。

五、常见故障分析与检修

（1）由指导教师在主电路和控制电路中，各设置一个电气故障。

（2）学生通电发现故障，并做好故障记录。

（3）根据故障现象，分析故障可能存在的电路区域。

（4）采用正确的方法排除故障，并再次通电检验电路功能。

六、成绩评定

成绩评定见表8-11。

表8-11　评分表

项目内容	配分	评分标准	扣分	得分
安装元件	20分	不按位置图安装，扣10分		
		元件安装不牢固，扣2分/只		
		安装元件漏装螺钉，扣1分/只		
		安装元件不整齐、不匀称、不合理，扣3分/只		
		损坏元件，扣15分/只		
布线	25分	不按电气图接线，扣25分		
		布线不符合要求：主电路，扣4分/根，控制电路，扣2分/根		
		接点松动、露铜过长、压绝缘，扣1分/处		
		损伤导线绝缘或线芯，扣4分/根		
		漏接接地线，扣10分/根		
通电检验	35分	热继电器未整定或整定错误，扣5分		
		熔体规格配错：主、控电路，各扣5分		
		第一次试车不成功，扣20分		

项目内容	配分	评分标准	扣分	得分
通电检验	35 分	第二次试车不成功，扣 30 分		
		第三次试车不成功，扣 35 分		
		违反安全、文明操作的，扣 5 ~ 35 分		
增补电路	20 分	错误，扣 20 分		
		不合理，扣 10 分		
开始时间：		结束时间：		
合计				

任务7　绕线转子异步电动机制动控制线路安装调试

【任务描述】

此任务主要是绕线转子异步电动机制动控制线路安装调试。学生根据电路原理图安装其控制线路，做好电气元件的布置方案，做到安装的器件整齐、布线美观、好看。通过此任务学生能正确理解绕线转子异步电动机反接制动、能耗制动控制线路的工作原理，会按照工艺要求正确安装绕线转子异步电动机制动控制线路，掌握电气元件的安装布置要点，合理布置和安装电气元件，能根据故障现象，检修绕线转子异步电动机制动控制线路，安装检测完成后通电试车。

【任务分析】

反接制动优点是设备简单，调速方便，制动迅速，价格低。缺点是制动冲击大，制动能量损耗大，不宜频繁制动，且制动准备度不高，故适用于制动要求迅速，系统惯性较大、制动不频繁的场合。而对于要求频繁制动的则采用能耗制动控制。此任务要求学生能正确识读反接制动及能耗控制线路的原理图，学生熟悉电动机控制线路的一般安装步骤，学会安装各种制动控制线路，能根据故障现象，对常见故障进行检修。注意如在通电试车及通电观察故障现象时，必须有教师在场的情况下进行。

【相关知识】

绕线转子异步电动机的制动主要有反接制动和能耗制动。

一、反接制动

为了使绕线转子异步电动机反接制动电流限制在允许的范围之内，在转子中除了串入启动-调速电阻外，还要串入一段反接制动电阻。当电动机从静止开始启动时，反接电阻短接，以获得需要的启动转矩。在某些场合中，为了使电动机获得所谓"预备级"状态，将电动机带反接电阻启动，会使启动转矩减小。当电动机在运转中反转或用反接制动来停车时，反接电阻必须串入转子电路。反接电阻的切除可按电势原则或时间原则来控制。

按电势原则控制的反接制动线路如图8-25所示。电动机转子绕组中接有一级反接电阻和二级启动电阻，启动按时间原则控制，反接制动由反接继电器KA_2按电势原则控制。电动机的停车用电磁抱闸进行机械制动（电磁抱闸在图8-25中未画出），反接制动用来缩短电动机正、反转向的转换时间。线路用主令控制器SA操作，能够适应频繁操作的场所。线路中反接制动控制环节由KA_2、KM_3、时间继电器KT_4、KT_3等构成。KM_3用来短接反接电阻，KA_2用来控制KM_3的吸合或释放，KT_4与KT_3用来保证KA_2能有效地控制KM_3。电路工作过程如下：

正转：SA手柄在零位时，$KT_1 \sim KT_4$吸合，KA_1也吸合。SA手柄在右1位时，KM_1吸合，电动机在全部电阻下启动（预备级）。KM_1吸合后，KT_4失电。SA手柄在右2位时，如果KT_4失电后经过了它的延时时间，它的延时闭合常闭触头闭合，KM_3吸合短接反接电阻，电动机加速。SA手柄在右3位时，对于电动机自动短接启动电阻的过程与上类似。

反转：把SA的手柄从右3位直接转到左3位，经过换相继电器KT_5延时作用，KM_1释放，KM_2吸合，这时电动机转子中电势很大，反接继电器KA_2开始吸合，它的常闭触头断开，KM_3、KM_4、KM_5释放，电动机转子中串入全部电阻，使反接电源得到限制。KT_5的作用是在KM_1和KM_2换接时，延长KM_1与KM_2间的转换时间，防止由于KM_1（或KM_2）触头电弧来不及熄灭而产生短路事故。随着转子的转速下降，转子中电势也随之减小，当$V_1 \sim V_4$整流输出的电压小于KA_2的吸合电压时，KA_2释放，KM_3得电短接反接电阻，其后按时间原则依次接通KM_4、KM_5，短接全部启动电阻，进入反向全速运行。

为了防止SA手柄操作过快，KA_2可能来不及吸合（因为转子电势上升到能使KA_2吸合需要时间），使KM_3先于KA_2吸合而过早地短接反接电阻，电动机就要受到反接电流的冲击。为了避免发生这种现象，在电路中增加了时间继电器KT_3（或KT_4），这样在SA手柄

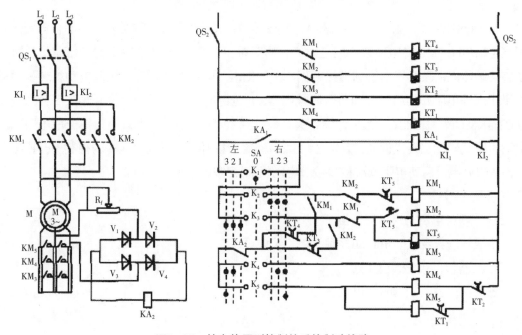

图8-25　按电势原则控制的反接制动线路

操作经过零位之前，KT_3是吸合的，它的触头是断开的，SA的手柄过零后，KT_3失电，但它的触头延时动作，所以即使KA_2不吸合，KM_3也不能吸合。只要KT_3的延时时间大于KA_2的动作时间，就能保证KA_2比KM_3先吸合。同样地，SA的手柄在由左3位直接转到右3位，KT_4起同样的作用。

二、能耗制动

绕线转子异步电动机能耗制动的方法与笼型异步电动机相同，但它可以通过改变转子外接电阻的大小来改变制动特性。合理选择启动电阻的大小，可以使电动机在制动一开始就得到最大制动转矩，这样可以大大减少制动时间。能耗制动原理如图8-26所示，电路工作过程分析如下：

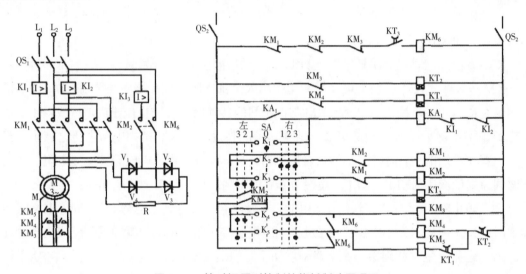

图8-26　按时间原则控制的能耗制动原理图

合上QS_1和QS_2，置主令控制器SA手柄于零位，KA_1吸合后，其常开触头闭合自锁，时间继电器KT_1、KT_2得电，它们的延时闭合常闭触头打开。当SA手柄由0位推到右1位时，正转接触器KM_1吸合，由于加速接触器KM_3、KM_4、KM_5不会吸合，因此电动机转子中接入了全部外电阻开始启动，同时时间继电器KT_3也得电，其延时动合常开触头闭合为制动接触器KM6吸合做准备；当SA手柄由右1位推到2位时，KM_3得电，短接第一段电阻R_3，电动机得到一次加速，同时KT_2失电；SA手柄置于右3位时在KT_2、KT_1的控制下，KM_4、KM_5依次得电，启动电阻依次被短接，电动机加速到稳定值。

【任务实施】

一、任务名称

绕线转子异步电动机制动控制线路安装调试。

二、器材、仪表、工具

器材、仪表、工具明细见表8-12。

表8-12　器材、仪表、工具明细表

序号	电器名称及型号	数量	序号	电器名称及型号	数量
1	三相异步电动机 112M-4	1 台	7	钳形电流表	1 只
2	交流接触器 CJ10-20	6 只	8	电工工具	1 套
3	热继电器 JR16-20/3D	1 只	9	时间继电器	5 只
4	控制按钮 SA10	2 只	10	电流继电器	3 只
5	熔断器 RC1A-30	5 个	11	中间继电器	2 只
6	胶壳刀开关 HK-15/3	1 只	12	整流二极管	4 只

三、实训步骤

（1）仔细阅读电气原理及有关资料。

（2）按照材料清单备齐材料并使用万用表、兆欧表检测各元器件质量。

（3）在控制板上安装所有电气元件。

（4）按电气接线图进行布线、连接。

（5）检查控制板布线的正确性、合理性及接头的牢固性；并正确调整热继电器的整定电流。

（6）进行控制板外部接线。如电动机、电源引入线、接地线等。

（7）经指导老师检查后，方能通电检验、调试电路功能。

四、注意事项

（1）电动机与按钮的金属外壳必须可靠接地。

（2）按钮内接线时，用力不可过猛，以防螺钉打滑。

（3）热继电器的热元件应串接在主电路中，其常闭触点应串接在控制电路中。

（4）热继电器的整定电流应按电动机的额定电流自行调整。绝对不允许弯折双金属版。

五、常见故障分析与检修

（1）由指导教师在主电路和控制电路中，各设置一个电气故障。

（2）学生通电发现故障，并做好故障记录。

（3）根据故障现象，分析故障可能存在的电路区域。

（4）采用正确的方法排除故障，并再次通电检验电路功能。

六、成绩评定

成绩评定见表8-13。

表8-13　评分表

项目内容	配分	评分标准	扣分	得分
安装元件	20分	不按位置图安装，扣10分		
		元件安装不牢固，扣2分/只		
		安装元件漏装螺钉，扣1分/只		
		安装元件不整齐、不匀称、不合理，扣3分/只		
		损坏元件，扣15分/只		
布线	25分	不按电气图接线，扣25分		
		布线不符合要求：主电路，扣4分/根；控制电路，扣2分/根		
		接点松动、露铜过长、压绝缘，扣1分/处		
		损伤导线绝缘或线芯，扣4分/根		
		漏接接地线，扣10分/根		
通电检验	35分	热继电器未整定或整定错误，扣5分		
		熔体规格配错：主、控电路，各扣5分		
		第一次试车不成功，扣20分		
		第二次试车不成功，扣30分		
		第三次试车不成功，扣35分		
		违反安全、文明操作的，扣5~35分		
增补电路	20分	错误，扣20分		
		不合理，扣10分		
开始时间：		结束时间：		
合计				

项目九　CA6140型普通车床电气控制线路检修

【知识目标】

　　1.掌握CA6140型车床电气控制电路读图和工作原理。

　　2.掌握CA6140型车床电气设备维修一般要求和方法。

　　3.掌握CA6140型车床电气控制线路安装调试方法。

　　4.掌握CA6140型车床电气控制线路故障分析方法和维修技术。

【技能目标】

　　1.掌握CA6140型车床电气控制线路安装调试。

　　2.掌握CA6140型车床电气控制线路故障维修技术。

任务1　CA6140型车床电气控制线路安装调试

【任务描述】

　　此任务是CA6140型车床电气控制线路安装调试。学生应能根据CA6140型车床电气原理图和实际情况设计CA6140型的电器布置图，能根据电气元件的安装布置要点，做好电气元件的布置方案，合理布置和安装电气元件，做到安装的器件整齐、布线美观、好看，安装检测完成后通电试车。此任务要求学生了解CA6140普通车床的基本组成和控制过程，了解CA6140普通车床电气控制线路的特点，提高读识分析一般控制线路的综合能力，学会分析排除CA6140普通车床控制电路的故障。

【任务分析】

　　本任务中，学生在认识电气原理图和电气接线图的基础上，分析了解电气元件在CA6140普通车床电路中的作用，同时在认识电路原理和功能的基础上，应根据任务要求，准备工具和材料，做好工作现场准备，严格遵守作业规范进行施工，安装完毕后进行排除CA6140普通车床控制电路的故障。学生操作时必须在熟悉车床的基本结构和操纵系统的前提下，才能动手进行操作训练，操作时必须有教师在场监护指导。实训结束后，自觉将所用工具、仪表、器材及设备进行保养和归位，做好实训工位和场地的卫生工作。

【相关知识】

一、概述

　　机床是制造业中的主要设备，机床的数量、质量及自动化水平直接影响到整个制造业的发展。20世纪初电动机的发明，使机床的动力得到了根本的改变。在现代制造业中，为了实现机床生产过程自动化的要求，机床电气控制不仅包括拖动机床的电动机，而且包括一套电动机的控制系统。随着生产工艺的不断发展，对机床电气控制技术提出了越来越高的要求。

在机械加工的过程中，由于工艺的要求，机床必须具有多种机械运动的配合，而这些机械运动往往通过电气系统对电动机的控制来配合实现的。可见电气控制系统在机床电路的实际应用中非常普通，由于控制对象和要求的不同使电路也差别很大，本项目以一些常用机床的电气控制电路为例进行分析，要学会读懂机床电气线路图，必须熟练掌握电气控制的基本方法、控制形式等，并充分了解各种机床机械运动的基础上，对其电气控制电路进行分析加深理解。机床的种类很多，有的机床电气线路比较简单、有的比较复杂。为了看懂线路，应按以下一些步骤。

1.首先看懂主电路

从主电路中看该机床用几台电动机来拖动，每台电动机拖动机床的哪个部件。这些电动机分别用哪些接触器或开关控制，有没有正反转或降压启动，有没有电气制动。各电动机由哪个电器进行短路保护，哪个电路进行过载保护，还有哪些保护。如果有速度继电器，则应弄清与哪个电动机有机械联系。

2.分析控制电路

控制电路一般可以分为几个单元，每个单元一般主要控制一台电动机。可将主电路中接触器的文字符号和控制电路中的相同文字符号一一对照，分清控制电路哪一部分控制哪一台电动机，如何控制。分析时应同时搞清楚它们的联锁是怎样的，机械操作手柄和行程开关之间有什么联系。各个电器线圈通电，它的触点会引起或影响哪些元件动作。

3.分析保护电路

结合设备各个系统的配合情况，找出各个环节之间的联系、工作程序和联锁关系，配合控制电路进行全面分析。

4.最后看其他辅助电路（检测、信号指示、照明电路等）

对电路分析可总结为"化整为零看局部，综合为整看全图"。

普通车床是机械加工中使用最广泛的一种机床，但自动化程度低，适于小批量生产及修配车间使用，占机床总数的25%～50%。它的加工范围较广，普通车床可用来车削工件的外圆、内圆、端面和螺纹等，并可以装上钻头或铰刀等进行钻孔和铰孔等加工。

二、CA6140型普通车床的主要结构和运动情况

1.车床的主要结构

普通车床主要由床身、主轴变速箱、进给箱、溜板箱、刀架、尾架、丝杠和光杠等部件组成，如图9-1所示。

主轴变速箱的功能是支撑主轴和传动机构使其旋转，包含主轴及其轴承、传动机构、起停及换向装置、制动装置、操纵机构及润滑装置。

进给箱的作用是变换被加工螺纹的种类和导程，以及获得所需的各种进给量。它通常由变换螺纹导程和进给量的变速机构、变换螺纹种类的移动机构、丝杠和光杠转换机构以及操纵机构等组成。

溜板箱的作用是将丝杠或光杠传来的旋转运动转变为直线运动并带动刀架进给，控制刀架运动的接通、断开和换向等。刀架则用来安装车刀并带动其做纵向、横向和斜向进给运动。

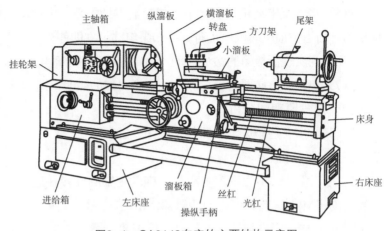

图9-1　CA6140车床的主要结构示意图

2.运行情况

车床有两个主要运动：一个是工件的旋转运动，它是主轴通过卡盘带动工件的旋转运动；另一个是溜板带动刀架的直线移动。前者称为主运动，后者称为进给运动。电动机的动力通过主轴箱传给主轴，主轴一般只要单方向的旋转运动。只有在车螺纹时才需要用反转来退刀。CA6140用操纵手柄通过摩擦离合器来改变主轴的旋转方向。主轴的变速是靠主轴变速箱的齿轮等机械有级调速来实现的，变换主轴箱外的手柄位置，可以改变主轴的转速。

进给运动是溜板箱带动刀具做纵向和横向的直线移动，也就是使切削能连续进行下去的运动。所谓纵向运动是指相对操作者的左右运动，横向运动是指相对于操作者的前后运动。中、小型普通车床的主运动和进给运动一般是采用一台异步电动机驱动的。此外，车床还有辅助运动，如溜板和刀架的快速移动、尾架的移动以及工件的夹紧与放松。

车螺纹时要求主轴的旋转速度和进给的移动距离之间保持一定的比例，所以主运动和进给运动要由同一台电动机拖动，主轴箱和溜板箱之间通过齿轮传动来连接，刀架再由溜板箱带动，沿着床身导轨做直线走刀运动。

车床的辅助运动包括刀架的快进与快退，尾架的移动与工件的夹紧与松开等，为了提高工作效率，车床刀架的快速移动由一台单独的进给电动机拖动。

三、普通车床电气控制要求

根据车床的运动情况和工艺要求，车床对电气控制提出如下要求：

（1）主拖动电动机一般选用三相鼠笼式异步电动机，并采用机械变速。

（2）为车削螺纹，主轴要求正、反转，小型车床由电动机正、反转来实现，CA6140型车床则靠摩擦离合器来实现，电动机只做单向旋转。

（3）一般中、小型车床的主轴电动机均采用直接启动。停车时为实现快速停车，一般采用机械制动或电气制动。

（4）车削加工时，需用切削液对刀具和工件进行冷却。为此，设有一台冷却泵电动机，拖动冷却泵输出冷却液。

（5）冷却泵电动机与主轴电动机有着联锁关系，即冷却泵电动机应在主轴后才可选择启动。而当主轴电动机停止时，冷却泵电动机立即停止。

（6）为实现溜板箱的快速移动，由单独的快速移动电动机拖动，且采用点动控制。

（7）电路应有必要的保护环节、安全可靠的照明电路和信号电路。

四、电气原理图分析

CA6140型普通车床电气原理图如图9-2所示。

1.主电路分析

在主电路中，M_1为主轴电动机，拖动主轴的旋转并通过传动机构实现车刀的进给。主轴电动机M_1的运转和停止由接触器KM_1的3个常开主触头的接通和断开来控制，电动机M_1只需做正转，而主轴的正反转是由摩擦离合器改变传动链来实现的。电动机M_1的容量小于10kW，所以采用直接启动。M_2为冷却泵电动机，进行车削加工时，刀具的温度高，需用冷却液来进行冷却。

为此，车床备有一台冷却泵电动机拖动冷却泵，喷出冷却液，实现刀具的冷却。冷却泵电动机M_2由接触器KM_2的主触点控制。M_3为快速移动电动机，由接触器KM_3的主触点控制。M_2、M_3的容量都小，分别加装熔断器FU_1和FU_2做短路保护。热继电器FR_1和FR_2分别作M_1和M_2的过载保护，快速移动电动机M_3是短时工作的，所以不需要过载保护。带钥匙的低压断路器QF是电源总开关，做短路保护。

2.控制电路分析

控制电路的供电电压是127V，通过控制变压器TC将380V的电压降为127V，控制变压器的一次侧由FU_3做短路保护，二次侧由FU_4、FU_5、FU_6做短路保护。

（1）电源开关的控制。电源开关是带有开关锁SA_2的低压断路器QF，当要合上电

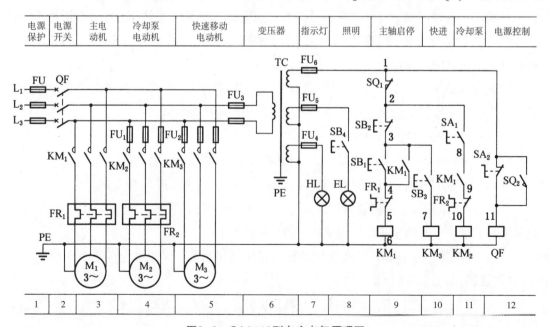

图9-2　CA6140型车床电气原理图

源开关时，首先用开关钥匙将SA_2右旋，再扳动断路器QF将其合上接通电源。若用开关钥匙将SA_2左旋，其触点SA_2（1—11）闭合，QF线圈通电，断路器QF将自动跳开。若出现误操作，又将QF合上，QF将在0.1S内再次自动跳闸。由于机床的电源采用了钥匙开关，接通电源时要先用钥匙打开开关锁，再合断路器，增加了安全性，同时在机床控制配电盘的壁龛门上装有安全行程开关SQ_2，当打开配电盘壁龛门时，行程开关的触点SQ_2（1—11）闭合，QF的线圈通电，QF自动跳闸，切除机床的电源，以确保人身安全。

（2）主轴电动机M_1的控制。SB_2是红色蘑菇形的停止按钮，SB_1是绿色的启动按钮。按一下启动按钮SB_1，KM_1线圈通电吸合并自锁，KM_1的主触点闭合，主轴电动机M_1启动运转，辅助触点自锁。按一下SB_2，接触器KM_1断电释放，其主触点和自锁触点都断开，电动机M_1断电停止运行。

（3）冷却泵电动机的控制。当主轴后，KM_1的常开触点KM_1（8—9）闭合，这时若旋转转换开关SA_1使其闭合，则KM_2线圈通电，其主触点闭合，冷却泵电动机M_2启动，提供冷却液。当主轴电动机M_1停车时，KM_1（8—9）断开，冷却泵电动机M_2随即停止。M_1和M_2之间存在联锁关系。

（4）快速移动电动机M_3的控制。快速移动电动机M_3是由接触器KM_3进行的点动控制。按下按钮SB_3，接触器KM_3线圈通电，其主触点闭合，电动机M_3启动，拖动刀架快速移动。松开SB_3，M_3停止。快速移动的方向通过装在溜板箱上的十字手柄扳到所需的方向来控制。

（5）SQ1是机床床头的挂轮架皮带罩处的安全开关。当装好皮带罩时，SQ_1（1—2）闭合，控制电路才有电，电动机M_1、M_2、M_3才能启动。当打开机床床头的皮带罩时，SQ_1（1—2）断开，使接触器KM_1、KM_2、KM_3断电释放，电动机全部停止转动，以确保人身安全。

3.照明和信号电路

照明电路用36V安全交流电压，信号回路采用6.3V的交流电压，均由控制变压器二次侧提供。FU_5是照明电路的短路保护，照明EL的一端必须保护接地。FU_4为指示灯的短路保护，合上电源开关QF，指示灯HL亮，表明控制电路有电。

4.电气保护环节

除短路和过载保护外，该电路还设有行程开关SQ_1、SQ_2组成的安全保护环节。表9-1列出了CA6140型普通车床的主要电气设备。

表9-1　CA6140型车床电器元件明细表

符号	元件名称	型号	规格	作用
M_1	主轴电动机	Y132M-4-B3	7.5kW1450r/min	工件的旋转和刀具的进给
M_2	冷却泵电动机	AOB-25	90W3000r/min	供给冷却液
M_3	快速移动电动机	AOS5634	0.25kW1360r/min	刀架的快速移动

符号	元件名称	型号	规格	作用
KM$_1$	交流接触器	CJ0-10A	127V10A	控制主轴电动机 M$_1$
KM$_2$	交流接触器	CJ0-10A	127V10A	控制冷却泵电动机 M$_2$
KM$_3$	交流接触器	CJ0-10A	127V10A	快速移动电动机 M$_3$
QF	低压断路器	DZ5-20	380V20A	电源总开关
SB$_1$	按钮	LA2 型	500V5A	主轴启动
SB$_2$	按钮	LA2 型	500V5A	主轴停止
SB$_3$	按钮	LA2 型	500V5A	快速移动电动机 M$_3$ 点动
SB$_4$	按钮	Hz2-10/3	10A，三极	车床照明灯开关
SA$_1$	转换开关	Hz2-10/3	10A，三极	控制冷却泵电动机
SA$_2$	钥匙式电源开关	LAY3-01Y/2		电源开关锁
SQ$_1$	行程开关	LX3-11K		打开皮带罩时被压下
SQ$_2$	行程开关	LX3-11K		电气箱打开时闭合
FR$_1$	热继电器	JR16-20/3D	15.4A	M$_1$ 过载保护
FR$_2$	热继电器	JR2-1	0.32A	M$_2$ 过载保护
TC	变压器	BK-200	380/127、36、6.3V	控制与照明用变压器
FU	熔断器	RL1	40A	全电路的短路保护
FU$_1$	熔断器	RL1	1A	M$_2$ 的短路保护
FU$_2$	熔断器	RL1	4A	M$_3$ 的短路保护
FU$_3$	熔断器	RL1	1A	TC 的短路保护
FU$_4$	熔断器	RL1	1A	信号回路的短路保护
FU$_5$	熔断器	RL1	2A	照明回路的短路保护
FU$_6$	熔断器	RL1	1A	控制回路的短路保护
EL	照明灯	K-1，螺口	40W36V	机床工作照明
HL	指示灯	DX1-0	白色，配 6V0.15A 灯泡	电源指示灯

【任务实施】

一、任务名称

CA6140型车床电气控制线路安装调试。

二、器材、仪表、工具

1.器材

控制板、走线槽、各种规格导线和坚固件、金属软管、扎带等。

2.仪表

万用表、兆欧表、钳形电流表。

3.工具

常用电工工具1套（测电笔、电工刀、剥线钳、尖嘴钳、偏口钳、螺钉旋具等）。

三、实训步骤

（1）按照表9-1配齐电气设备和元件，并认真检验其规格和质量。

（2）正确选配导线和接线端子板型号等。

（3）在控制板上安装电器元件，与电路图上相同并做好标记。参照原理图进行。

（4）按工艺要求正确配置导线，合理安装，线路走向正确、简洁、牢固。

（5）配电装置及整个系统的保护接地（保护接零）安装必须正确、可靠。

（6）检查各级熔断器间熔体是否符合要求，断路器、热继电器的整定值是否符合要求。

（7）对电动机外部检查（包括转子转动、轴承、风扇及风扇罩、大小端盖、接线盒完整、安全、可靠）。

（8）对电动机电气检查（包括绝缘电阻检查、定子绕组接线方式）。

（9）电动机的安装牢固可靠，机械传动装置安装配合精确牢固，无异常。

（10）电动机接线及试车（点动、启停、试验转向、并检查各电气元件运行是否正常）。

四、注意事项

（1）所有的导线不允许有接头。

（2）刀架快速进给试车时，要注意将运动部件处于行程的中间位置，以防止运动部件与车头或尾架相撞发生事故。

（3）通电操作时，必须严格遵守安全操作规程的规定，操作人在指导教师的指导下进行。

五、成绩评定

成绩评定见表9-2。

表9-2　评分表

技术要求	评分标准	配分	扣分	得分
器件选择及布置	选择错误一个器件，扣2分	5分		
	元件布置不合理扣3分			
整体工艺	走线美观性，酌情扣2~5分	25分		
	接线牢固性，每处扣1分			
	线路交叉，每个交叉点扣2分			

续表

技术要求	评分标准	配分	扣分	得分
线路质量及调试	触点使用正确性，错误每处扣 5 分	55 分		
	接线柱压线合理，错误每处扣 1 分			
	导线接头过长或过短，每处扣 2 分			
	完成的功能正确性，酌情扣 20 ~ 30 分			
	线路调试，调试不正确每次扣 10 分			
工具仪表使用	正确使用工具，错误扣 2 分	5 分		
	正确使用万用表，错误扣 3 分			
文明生产	听从监考教师指挥，酌情扣 2 ~ 3 分	10 分		
	材料节约、施工清洁，酌情扣 3 ~ 4 分			
	安全文明，酌情扣 1 ~ 2 分			
时间	每超时 5min，扣 10 分，5min 以内以 5min 计算			
合计				
备注	除定额时间外，各项目的最高扣分不应超过配分数			
开始时间：	结束时间：		实际时间： min	

任务2 CA6140型车床主电路常见电气故障分析与检修

【任务描述】

此任务是CA6140型车床主电路常见电气故障分析与检修。重点培养综合利用电路图、元件位置图、接线图等资料，根据具体故障现象分析、查找故障的能力。此任务要求学生熟悉机床电气设备检修的一般要求和方法，掌握CA6140型车床主电路常见电气故障的检修方法。

【任务分析】

机床在使用过程中不可避免地会发生各种电气故障，一旦发生故障，应采用正确的方法，查明故障原因并修复故障，以保证设备的正常使用。本任务的主要内容是学习CA6140普通车床主电路常见故障的检修方法，熟悉机床电气设备检修的一般要求和方法。在检修时结合相关知识中所讲实例，认真观摩教师的示范检修，掌握检修CA6140普通车床主电路的基本步骤和方法。实训结束后，自觉将所用工具、仪表、器材及设备进行保养和归位，做好实训工位和场地的卫生工作。

【相关知识】

一、工业机械电气设备维修的一般要求

（1）采取的维修步骤和方法必须正确，切实可行。

（2）不可损坏完好的电气元件。

（3）不可随意更换电气元件及连接导线的型号规格。

（4）不可擅自改动线路。

（5）损坏的电气装置应尽量修复使用，但不能降低其固有的性能。

（6）电气设备的各种保护性能必须满足使用要求。

（7）绝缘电阻合格，通电试车能满足电路的各种功能，控制环节的动作程序符合要求。

（8）修理后的电气装置必须满足其质量标准要求，符合电气装置的检修质量标准。

①外观整洁，无破损和炭化现象。

②所有的触头均应完整、光洁、接触良好。

③压力弹簧和反作用力弹簧应具备足够的弹力。

④操纵、复位机构都必须灵活可靠。

⑤各种衔铁运动灵活，无卡阻现象。

⑥灭弧罩完整、清洁、安装牢固。

⑦整定数值大小应符合电路使用要求。

⑧指示装置能正常发出信号。

二、工业机械电气设备维修的一般方法

电气设备的维修包括日常维护保养和故障检修两个方面。

1.电气设备的日常维护保养

电气设备在运行过程中出现的故障，有些可能是由于操作使用不当、安装不合理或维修不正确等人为因素造成的，称为人为故障。而有些故障可以是由于电气设备在运行时过载、机械振动、电弧的烧损、长期动作的自然磨损、周围环境温度和湿度的影响、金属屑和油污等有害介质的侵蚀以及电气元件的自身质量问题或使用寿命等原因而产生的，称为自然故障。显然，如果加强对电气设备的日常检查、维护和保养，及时发现一些非正常因素，并给予及时修复或更换处理，就可以将故障消灭在萌芽状态，防患于未然，使电气设备少出甚至不出故障，以保证工业机械的正常运行。

电气设备的日常维护保养包括电动机和控制设备的日常维护保养。这里只介绍控制设备的日常维护保养知识。

（1）控制设备的日常维护保养。

①电气柜（配电箱）的门、盖、锁及门框周边的耐油密封垫均应良好。门、盖应关闭严密，柜内应保持清洁，不得有水滴、油污和金属屑等进入电气柜内，以免损坏元件造成事故。

②操纵台上的所有操纵按钮、主令开关的手柄清洁完好。

③检查接触器、继电器等电器的触头系统吸合是否良好、有无噪声、卡住或迟滞现象，触头接触面有无烧蚀、毛刺或穴坑；电磁线圈是否过热；各种弹簧弹力是否适当；灭弧装置是否完好无损等。

④试验门开关能否起保护作用。

⑤检查各电器的操作机构是否灵活可靠。

⑥检查各线路接头与端子板的接头是否牢靠，各部分之间的连接导线、电缆或保护导线的软管均不得被冷却液、油污等腐蚀，管接头处不得产生脱落或散头等现象。

⑦检查电气柜及导线通道的散热情况是否良好。

⑧检查各类指示信号装置和照明装置是否完好。

⑨检查电气设备和生产机械上所有裸露导体是否保护接地。

（2）电气设备的维护保养周期。对设置在电气柜（配电箱）内的电气元件，一般不经常进行开门监护，主要是靠定期的维护保养，来实现电气设备较长时间的安全稳定运行。其维护保养周期，应根据电气设备的构造、使用情况及环境条件等来确定。一般可采用配合生产机械的一、二级保养同时进行其电气设备的维护保养工作。保养的周期及内容见表9-3。

表9-3　电气设备的维护保养周期及内容

保养级别	保养周期	机床作业时间	电气设备保养内容
一级保养	一季度左右	6～12h	1. 清扫配电箱内的积灰异物 2. 修复或更换即将损坏的电气元件 3. 整理内部接线，使之整齐美观。特别是在平时应急修理处，应尽量复原成正规状态 4. 坚固熔断器的可动部分，使之接触良好 5. 坚固接线端子和电气元件上的压线螺钉，使所有压接头牢固可靠，以减小接触电阻 6. 对电动机进行小修和中修检查 7. 通电试车，使电气元件的动作程序正确可靠
二级保养	一年左右	6～12d	1. 机床一级保养时，对机床元件所进行的各项维护保养工作 2. 检修动作频繁且电流较大的接触器、继电器触头 3. 检修有明显噪声的接触器和继电器 4. 校验热继电器，看其是否能正常工作。校验结果应符合热继电器的动作特性 5. 校验时间继电器，看其延时时间是否符合要求

2.机床电气故障检修的一般步骤和方法

尽管机床日常维护保养后，降低了电气故障的发生率，但绝不可能杜绝电气故障的发生。因此，电气故障发生后，维修电工必须能够采用正确的检修步骤和方法，找出故障点并排除故障，保障设备的正常运行。

（1）电气故障检修的一般步骤。

①检修前的故障调查。当电气设备发生故障时，切忌盲目动手检修。在检修前，应通过问、看、听、摸、闻来了解故障前后的操作情况和故障发生后出现的异常现象，根据故障现象判断出故障发生的部位，进而准确地排除故障。

所谓检修前故障调查的问、看、听、摸、闻内容如下：

问。询问操作者故障前、后电路的运行状况及故障发生后的症状，如设备是否有异常的响声、冒烟、火花等。故障发生前有无切削力过大和频繁地启动、停止、制动等情况；有无经过保养检修或改线路等。

看。观察故障发生后是否有明显的外观征兆，如各种信号，有指示装置的熔断器的情况，保护元件脱扣动作，接线脱落，触头烧蚀或熔焊，线圈过热烧毁等。

听。在线路还能运行和不扩大故障范围、不损坏设备的前提下通电试车，细听电动机、接触器和继电器等元件的声音是否正常。

摸。在刚切断电源后，尽快触摸检查电动机、变压器、电磁线圈及熔断器等，看是否有过热现象。

闻。在确保安全的前提下，闻一闻电动机、接触器和继电器等的线圈绝缘以及导线的橡胶塑料层是否有烧焦的气味。

②确定故障范围。对简单的线路，可采取每个电气元件、每根连接导线逐一检查的方法找到故障点；对复杂的线路，应根据电气设备的工作原理和故障现象，采用逻辑分析法结合外观检查法、通过试验法等确定故障可能发生的范围。

③查找故障点。选择合适的检修方法查找故障点。常用的检修方法有：直观法、电压测量法、电阻测量法、短接法、试灯法和波形测试法等。查找故障必须在确定的故障范围内，顺着检修思路逐点检查，直到找出故障点。

④排除故障。针对不同故障情况和部分，采取正确的方法修复故障。对更换的新元件要注意尽量使用相同规格、型号，并进行性能检测，确认性能完好后方可替换。在故障排除后，还要注意避免损坏周围的元件、导线等，防止故障扩大。

⑤通电试车。故障修复后，应重新通电试车，检查生产机械的各项操作是否符合技术要求。

（2）查找故障点的常用方法。检修过程中的重点是判断故障范围和确定故障点。测量法是维修电工工作中用来准确确定故障点的各种行之有效的检查方法，即通过对电路进行带电或断电时的有关参数如电压、电阻、电流等的测量，来判断电气元件的好坏、设备的绝缘情况及线路的通、断情况等。常用的测量工具和仪表有校验灯、验电笔、万用表、钳形电流表、兆欧表等。

在用测量法检查故障点时，一定要保证测量工具和仪表完好，使用方法正确，还要注意防止感应电、回路电及其他并联支路的影响，以免产生误判断。常用的检修方法有：直观法、通电试验法、电压测量法、电阻测量法、短接法、试灯法和波形测试法等，这里仅介绍短接法。

短接法是用一根绝缘良好的导线，把所怀疑的断路部位短接，如短接过程中电路被接通，就说明该处断路。这种方法是检查线路断路故障的一种简便可靠的方法。

①局部短接法。用局部短接法检查故障如图9-3所示。按下启动按钮SB_2，若KM_1不吸合，说明电路有故障。检查前，先用万用表测量1—0两点之间的电压，若电压正常，可按下SB_2不放，然后用一根绝缘

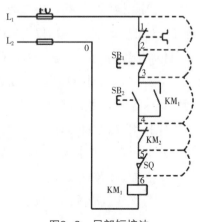

图9-3 局部短接法

良好的导线分别短接标号相邻的两点1—2、2—3、3—4、4—5、5—6（注意绝对不能短接6—0两点，否则会造成电源短路），当短接到某两点时，接触器KM$_1$动作，即说明故障点在该两点之间，见表9-4所示。

表9-4　用局部短接法查找故障点

故障现象	测试状态	短触点标号	电路状态	故障点
按下 SB$_2$，KM$_1$ 不吸合	按下 SB$_2$ 不放	1—2	KM$_1$ 吸合	FR 常闭触头接触不良或误动作
		2—3	KM$_1$ 吸合	SB$_1$ 触头接触不良
		3—4	KM$_1$ 吸合	SB$_2$ 触头接触不良
		4—5	KM$_1$ 吸合	KM$_2$ 常闭触头接触不良
		5—6	KM$_1$ 吸合	SQ 触头接触不良

②长短接法。长短接法是一次短接两个或两个以上触头来检查故障的方法，用长短接法检查故障，如图9-4所示。

在图9-4所示电路中，当FR的常闭触头和SB$_1$的常闭触头同时接触不良时，若用局部短接法短接1—2点，按下SB$_2$，KM$_1$仍不能吸合，则可能造成判断错误；而用长短接法将1—6两点短接，如果KM$_1$吸合，则说明1—6这段电路上有断路故障，然后再用局部短接法逐段找出故障点。

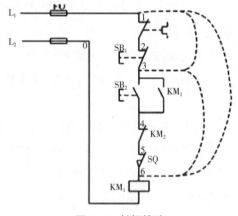

图9-4　长短接法

长短接法的另一个作用是可把故障范围缩小到一个较小的范围。例如，第一次先短接3—6两点，如果KM$_1$不吸合，再短接1—3两点，KM$_1$吸合，说明故障在1—3。可见，如果长短接法和局部短接法结合使用，很快就能找出故障点。

在实际检修中，机床电气故障是多样的，就是同一种故障现象，发生故障的部位也可能是不同的。因此，采用以上故障检修步骤和方法时，不要生搬硬套，而应根据故障性质和具体情况灵活运行，各种方法可交叉使用，力求迅速、准确地找出故障点。

（3）故障修复及注意事项。查找出电气设备的故障点后，就要着手进行修复、试运行和记录等，然后交付使用。在此过程中应注意以下几点：

①找出故障点和修复故障时，应注意不要把找出故障点作为寻找故障的终点，还必须进一步分析查明产生故障的根本原因，避免类似故障再次发生。

②在故障的修复过程中，一般情况下应尽量做到复原。

③每次修复故障后，应及时总结经验，并做好维修记录，作为档案以备日后维修时参考。

三、CA6140型车床故障检修实例

机床电气故障检修的一般方法步骤为：第一步，操作机床观察故障现象；第二步，根据控制线路原理图分析故障范围；第三步，在机床上查找故障点；第四步，修理排除故障；第五步，通电试车。

1.故障一：主轴电动机M1转速很慢并发出"嗡嗡"声，且刀架快速移动电动机M_3也不能启动，并发出"嗡嗡"声

主轴电动机M_1缺相运行故障检修方法步骤如下：

（1）观察故障现象。合上电源开关QF，按下SB_1时，KM_1吸合，主轴电动机M_1转速很慢甚至不转，并发出"嗡嗡"声。这时要立即按下急停按钮SB_2，使KM_1失电，主触头断开，切断M_1电源，防止烧毁电动机。再按下SB_3，电动机M_3也缺相运行。

（2）分析故障范围。由于M_1、M_3两台电动机都发生缺相运行，说明故障点位于电源电路中又因为接触器KM_1能动作，即变压器TC二次侧输出110V电压，所以L_1、L_2两相电源电路正常，故障点一定位于L_3相电源电路中。

（3）故障点查找与排除。采用电笔测量法查找故障点方法如下：

从L_3相电源进线端依次测量熔断器FU、断路器QF的接线端子是否有电，从而可以判断故障点。

①用电笔测量FU出线端时，电笔不亮，则是说明L_3相电源中的熔断器熔芯接触不良或熔断，旋紧或更换同规格熔断器即可。

②用电笔测量QF进线端时，电笔不亮，则是说明L_3相电源中的FU与QF之间连接导线线头松脱或断线，用旋具紧固导线或更换同规格导线即可。

③用电笔测量QF出线端时，电笔不亮，则是说明QF触头接触不良，维修QF触头或更换QF即可。

（4）通电试车。检查车床各项操作，直到符合技术要求为止。

2.故障二：主轴电动机M_1转速很慢并发出"嗡嗡"声，但是，刀架快速移动电动机M_3却能正常启动运行

（1）观察故障现象。合上电源开关QF，按下SB_1时，KM_1吸合，主轴电动机M_1转速很慢甚至不转，并发出"嗡嗡"声。这时要立即按下急停按钮SB_2，使KM_1失电，主触头断开，切断M_1电源，防止烧毁电动机。再按下SB_3，电动机M_3正常启动运行。

（2）分析故障范围。因为刀架快速移动电动机M_3能正常运行，说明故障点在M_1自身主回路中。

（3）故障点查找及排除。采用电笔测量法和电阻测量法查找故障点方法步骤如下：

①用电笔测量接触器KM_1主触头上方接线端是否有电，若电笔不亮，则说明该相QF与KM_1主触头之间连接导线松脱或断线，根据情况修复。

②若接触器KM_1主触头上方接线端都有电，则说明故障点在电笔测试点下方。这时采用电阻测量法判断故障点。

（4）通电试车。检查车床各项操作，直到符合技术要求为止。

3.故障三：主轴电动机M1不能启动

（1）观察故障现象。合上电源开关QF，按下启动按钮SB$_1$时，主轴电动机M$_1$不能启动，但接触器KM$_1$能吸合，再按下SA$_1$和启动按钮SB$_3$，发现电动机M$_2$和M$_3$都启动。

（2）分析故障范围。因为按下启动按钮SB$_1$，接触器KM$_1$能吸合，又因为电动机M$_2$和M$_3$都能启动，所以故障一般为M$_1$主电路中存在断点且至少缺少两相电源。

（3）故障点查找。采用试灯法查找故障点方法步骤如下：

①选一只额定电压为380V的小灯泡（或信号指示灯），将其一端（假设为灯的1脚）引线接在U相断路器QF的出线端上保持不变，另一端（假设为灯的2脚）引线依次接在V相KM$_1$主触头进端、出端，FR进端、出端和电动机M$_1$定子绕组接点上，根据灯是否发光可找出故障点。

②保持灯的1脚不变，2脚再依次接M$_1$的W相主电路中的各点，根据灯的发光情况可找出电动机M$_1$相的W相主电路中的故障点。

③将灯的1脚改接在V相断路器QF的出线端，2脚再依次接电动机M$_1$的U相主电路中的各点，根据灯发光情况可找出电动机M$_1$的U相主电路中的故障点。

（4）排除故障。根据故障点具体分析情况，采用恰当的方法排除故障。

（5）通电试车。检查车床各项操作，直到符合技术要求为止。

4.故障四：按下停止按钮SB$_2$，主轴电动机M$_1$不能停止

（1）故障分析。主轴电动机M$_1$不能停止的主要原因是KM$_1$主触头熔焊、活动部件被卡阻或KM$_1$铁芯端面被油粘住不能脱开；停止按钮SB$_2$被击穿短路、触头熔焊或线路中2、3两点连接导线短路。

（2）故障检修方法。断开QF，若KM$_1$释放，说明故障是停止按钮SB$_2$被击穿、触头熔焊或导线短路；或KM$_1$过一段时间释放，则故障为铁芯端面被油粘住；若KM$_1$不释放，则故障为KM$_1$主触头熔焊或活动部件被卡阻。可根据情况采取相应的措施修复。

5.故障五：冷却泵电动机M$_2$缺相运行

（1）观察故障现象。主轴电动机M$_1$启动后，合上转换开关SA$_1$，冷却否电动机M$_2$缺相运行，这时要立即断开SA$_1$，使接触器KM$_2$失电，切断冷却泵电动机M$_2$的电源，防止烧毁M$_2$，然后再按下SB$_3$，刀架快速移动电动机M$_3$能正常运行。

（2）分析故障范围。因为电动机M$_1$和M$_3$都能正常启动，所以，故障一般位于KM$_2$主触头的下方，这时可采用电阻测量法判断故障点。

①断开电源开关QF，拆下变压器TC一次侧绕组某一端头（防止通过变压器和电动机绕组构成回路，影响测量阻值），并做好绝缘处理，再将万用表的转换开关调至欧姆挡（R×100），按下接触器KM$_2$动作试验按钮，检测接触器KM$_2$主触头接触是否良好，若测得电阻值比较大或无穷大，则说明该触点接触不良，根据情况修复或更换KM$_2$主触头；若电阻值为零，则说明无故障可进入下一步检修。

②检测接触器KM_1主触头与热继电器FR_2之间连接导线的通断，根据情况修复。

③检测热继电器FR_2热元件是否断路，根据情况修复。

④检测热继电器FR_1与电动机M_1之间连接导线的通断情况，根据情况修复。

⑤检测电动机M_2定子绕组是否断线，接线端头是否松动，根据情况修复。

⑥恢复变压器TC一次侧接线。

（4）通电试车。检查车床各项操作，直到符合技术要求为止。

四、注意事项

（1）检修设备前要认真识读分析电路图、电器布置图和接线图，熟练掌握各个控制环节的作用及原理，掌握电器的实际位置和走线路径。

（2）认真观察教师的示范检修，掌握车床电气故障检修的一般方法和步骤。

（3）检修过程中要注意人身安全，所使用的工具和仪表应符合使用要求。

（4）检修时，严禁扩大故障范围或产生新的故障点。

（5）停电要验电，带电检修时，必须有指导教师在现场监护，以确保操作安全，同时要做好检修记录。

（6）在故障修复过程中，应根据具体故障情况采用合适的方法修复故障点。例如，对于接线端松动现象，可用旋具加以坚固；对于导线断线情况，应更换同规格导线；对于触头接触不良的故障，根据具体情况可采取清洗灰尘油污、轻轻打磨毛刺或氧化层、调整触头压力弹簧以及更换触头等方法加以修复。

【任务实施】

一、任务名称

CA6140型车床主电路常见故障分析及检修。

二、设备、仪表、工具

1.设备

CA6140型车床。

2.仪表

万用表、钳形电流表、兆欧表等。

3.工具

常用电工工具1套（测电笔、电工刀、剥线钳、尖嘴钳、偏口钳、螺钉旋具扳手等），验电器，校验灯等

三、实训步骤

1.观摩检修

结合【相关知识】中所讲实例，认真观摩教师的示范检修，掌握检修CA6140型车床电气线路的基本步骤和方法。

2.检修训练

断开电源，在CA6140型车床电气线路的主电路中设置电气故障点1～3处，按照正确

的检修方法进行检修练习，并做好维修记录。

3.故障设置时的注意事项

（1）人为设置的故障必须是模拟车床在使用过程中出现的自然故障。

（2）不能通过更改线路或更换电器元件来设置故障。

（3）设置故障不能损坏电器元件，不能破坏线路美观，不能设置易造成人身或设备事故的故障点。

（4）设置的故障必须先易后难，先设置单个故障，然后过渡到2个或2个以上故障；当设置1个以上故障点时，故障现象尽可以不要相互掩盖。

4.实训注意事项

（1）检修设备前要认真识读、分析电路图，熟练掌握各个控制环节的作用及原理，并认真观摩教师的示范检修。

（2）检修过程中要注意人身安全，所使用的工具和仪表应符合使用要求。

（3）检修时，严禁扩大故障范围或产生新的故障点；不得采用更换元件、改变线路的方法修复故障点。

（4）停电要验电，带电检修时，必须有指导教师在现场监护，以确保操作安全，同时要做好检修记录。

四、成绩评定

成绩评定见表9-5。

表9-5 评分表

项目内容	评分标准	配分	扣分	得分
故障分析	检修思路不正确扣5～10分	30分		
	标错故障电路范围扣15分			
排除故障	停电不验电扣5分	60分		
	工具及仪表使用不当扣5分			
	不能查出故障扣30分			
	查出故障点但不能排除扣25分			
	产生新的故障或扩大故障范围不能排除，每个扣30分，已经排除，每个扣15分			
	损坏电气元件，每只扣10～60分			
安全文明生产	违反安全文明生产规程，扣1～10分	10分		
定额时间1h	不允许超时检查，若在修复故障过程中才允许超时，但能每超5min扣5分			
备注	除定额时间外，各项内容的最高扣分不得超过配分数			
开始时间：		结束时间：		
合计				

任务3　CA6140型车床控制电路常见电气故障分析与检修

【任务描述】

此任务是CA6140型车床控制电路常见电气故障分析与检修。重点培养综合利用电路图、元件位置图、接线图等资料，根据具体故障现象分析、查找故障的能力。此任务要求学生熟悉机床电气设备检修的一般要求和方法，掌握CA6140型车床控制电路常见电气故障的检修方法。

【任务分析】

机床在使用过程中不可避免地会发生各种电气故障，一旦发生故障，应采用正确的方法，查明故障原因并修复故障，以保证设备的正常使用。本任务的主要内容是学习CA6140普通车床控制电路常见故障的检修方法，熟悉机床电气设备检修的一般要求和方法。在检修时结合相关知识中所讲实例，认真观摩教师的示范检修，掌握检修CA6140普通车床控制电路的基本步骤和方法。实训结束后，自觉将所用工具、仪表、器材及设备进行保养和归位，做好实训工位和场地的卫生工作。

【相关知识】

一、CA6140型车床控制电路

CA6140型车床控制电路如图9-5所示。

1.主轴电动机M_1的控制

SB_2是红色蘑菇形的停止按钮，SB_1是绿色的启动按钮。按一下启动按钮SB_1，KM_1线圈通电吸合并自锁，KM_1的主触点闭合，主轴电动机M_1启动运转，辅助触点自锁。按一下SB_2，接触器KM_1断电释放，其主触点和自锁触点都断开，电动机M_1断电停止运行。

2.冷却泵电动机的控制

当主轴后，KM_1的常开触点KM_1（8—9）闭合，这时若旋转转换开关SA_1使其闭合，则KM_2线圈通电，其主触点闭合，冷却泵电动机M_2启动，提供冷却液。当主轴电动机M_1停车时，KM_1（8—9）断

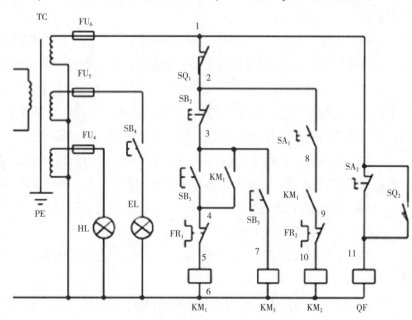

图9-5　CA6140型车床控制电路

开，冷却泵电动机M_2随即停止。M_1和M_2之间存在联锁关系。

3.快速移动电动机M_3的控制

快速移动电动机M_3是由接触器KM_3进行的点动控制。按下按钮SB_3，接触器KM_3线圈通电，其主触点闭合，电动机M_3启动，拖动刀架快速移动。松开SB_3，M_3停止。快速移动的方向通过装在溜板箱上的十字手柄扳到所需要的方向来控制。

二、CA6140型车床电气控制电路常见故障分析与检修举例

1.主轴电动机M1能启动但不能连续运行

（1）故障现象。按下启动按钮SB_2，主轴电动机M_1运转，松开SB_2后，主轴电动机M_1随即停转。

（2）故障分析。分析线路工作原理可知，造成这种故障的主要原因是接触器KM_1的自锁触头接触不良或导线松脱，使电路不能自锁。

（3）故障检修。主轴电动机M_1不能连续运行检修方法步骤如下：

方法一　电笔测试法

①合上电源开关QF，在启动控制SB_1处于断开状态时，用电笔测试接触器KM_1自锁触头的3号接点，若电笔不亮，则紧固3号接点导线的接线端，然后重新测试，若电笔仍不亮，则为按钮SB_1与KM_1自锁触头之间的3号连接导线断线，更换同规格导线即可。

②用电笔测试接触器KM_1自锁触头的4号接点，若电笔不亮，则紧固4号接点导线的接线端，然后重新测试，若电笔仍不亮，则为按钮SB_1与KM_1自锁触头之间的4号连接导线断线，更换同规格导线即可。

③用电笔测试接触器KM_1自锁触头的3号、4号接点时，电笔都能正常发光，则说明故障为KM1自锁触头接触不良，维修或更换KM_1自锁触头即可。

方法二　电阻测量法

①断开电源开关QF，打开电气控制箱壁龛和按钮盒，检查并紧固按钮和接触器上的3号、4号导线的接线端。如果紧固后仍不能连续运转，则进行下一步检修。

②断开电源开关QF，拆下接触器KM_1自锁触点上的3号线或4号线，人为按下接触器KM_1动作试验按钮，然后用万用表电阻挡检测接触器自锁触点接触是否良好。如果测得电阻值较大甚至无穷大，则说明自锁触头接触不良，修复或更换触头。

③如果接触器自锁触头接触良好，则说明是从按钮到接触器之间的自锁线3号线或接触器自身的4号线断线，并用万用表电阻挡检测判断，然后换上同规格的导线即可。

（4）通电试车。通电检查车床各项操作，应符合各项技术要求。

2.按下SB1接触器KM1不吸合

（1）观察故障现象。合上电源QF，按下SB_1接触器KM_1不吸合，但按下SB_3时，KM_3能吸合。

（2）分析故障范围。根据CA6140型车床控制线路原理图可知，1、2和3号线为KM_1和KM_3的公共路径，因此没有故障；故障应存在于SB_2、KM_1线圈以及它们的连接导

线上。

（3）故障点检修。用电压测量法判断故障点的方法见表9-6。

表9-6　用电压测量法判断电路故障点

故障现象	测量线路及状态	2—3	3—4	5—6	故障点	修复方法
AK UQF EUKQ AIK	1 SQ₁ 2 SB₂ 3 KM₁ SB₁ 4 FR₁ 5 6 KM₁ 按下 SB1 不放	127V	0	0	SB₂ 接触不良或线头脱落	修复或更换 SB₂ 或将脱落线头接好
		0	127V	0	SB₁ 接触不良或线头脱落	修复或更换 SB₁ 或将脱落线头接好
		0	0	127V	KM₁ 线圈开路或接线脱落	更换线圈或将脱落线头接好

（4）通电试车。通电检查车床各项操作，应符合各项技术要求。

3.冷却泵电动机M₂不能启动运转

（1）观察故障现象。合上电源开关QF，按下SB₁，主轴电动机M₁启动运转后，再按下SA₁，接触器KM₂不吸合，冷却泵电动机M2不启动。

（2）判断故障范围。

（3）查找故障点。采用电压测量法：

①断开电源开关QF，拆下KM₂线圈6号线端头，并做好绝缘处理。

②合上电源开关QF，按下主轴按钮SB₁，主轴后，再合上冷却泵控制开关SA₁，然后用电笔依次测量下列各点：a.用电笔测量SA₁的2号接点，测量电压值为127V正常。b.用电笔测量SA₁的8号接点，测量电压值为127V正常。c.用电笔测量KM₁的8号接点，测量电压值为127V正常。d.用电笔测量KM₁的9号接点，测量电压值为127V正常。e.用电笔测量FR₂的9号接点，测量电压值为127V正常。f.用电笔测量FR₂的10号接点，测量电压值为127V正常。g.用电笔测量KM₂线圈的10号接点，测量电压值为127V正常。h.用电笔测量KM₂线圈的6号接点，测量电压值为127V正常。i.用电笔测量KM₃线圈的6号接点，测量电压值为0V为正常，说明故障为KM₂和KM₃线圈之间连接导线6号线断线或线头松动。

（4）故障排除。断开电源开关QF，根据故障点的具体情况采用合适的方法进行修复。

（5）通电试车。通电检查车床各项操作，应符合各项技术要求。

4.刀架不能实现快速移动

（1）观察故障现象。合上电源开关QF，按下启动按钮SB₃，接触器KM₃不吸合，刀架快速移动电动机M₃不能点动，再按下SB₁和SA₁，主轴电动机M₁和冷却泵电动机M₂都能正常运行。

（2）判断故障范围。

（3）查找故障点。采用电压测量法查找故障点：

①将万用表的选择开关拨至交流电压250V挡。

②将黑表棒接至选择的参考点TC（1号线）上。

③合上电源开关QF，按下启动按钮SB₃不放，然后用红表笔依次测量下列各点：a.用电笔测量3号接点，测量电压值为127V正常。b.用电笔测量7号接点，测量电压值为127V正常。c.用电笔测量6号接点，测量电压值为0V不正常。故障点在此处，说明6号连接导线断线或松脱。

（4）故障排除。断开电源开关QF，根据故障点的具体情况采用合适的方法进行修复。

（5）通电试车。通电检查车床各项操作，应符合各项技术要求。

【任务实施】

一、任务名称

CA6140型车床控制电路常见故障分析及检修。

二、设备、仪表、工具

1.设备

CA6140型车床。

2.仪表

万用表、钳形电流表、兆欧表等。

3.工具

常用电工工具1套（测电笔、电工刀、剥线钳、尖嘴钳、偏口钳、螺钉旋具扳手等）、验电器、校验灯等。

三、实训步骤

1.观摩检修

结合【相关知识】中所讲实例，认真观摩教师的示范检修，掌握检修CA6140型车床电气线路的基本步骤和方法。

2.检修训练

断开电源，在CA6140型车床电气线路的控制电路中设置电气故障点3～5处，按照正确的检修方法进行检修练习，并做好维修记录。

3.故障设置时的注意事项

（1）人为设置的故障必须是模拟车床在使用过程中出现的自然故障。

（2）不能通过更改线路或更换电器元件来设置故障。

（3）设置故障不能损坏电器元件，不能破坏线路美观，不能设置易造成人身或设备事故的故障点。

（4）设置的故障必须先易后难，先设置单个故障，然后过渡到2个或2个以上故障；当设置1个以上故障点时，故障现象尽可以不要相互掩盖。

4.实训注意事项

（1）检修设备前要认真识读、分析电路图，熟练掌握各个控制环节的作用及原理，并认真观摩教师的示范检修。

（2）检修过程中要注意人身安全，所使用的工具和仪表应符合使用要求。

（3）检修时，严禁扩大故障范围或产生新的故障点；不得采用更换元件、改变线路的方法修复故障点。

（4）停电要验电，带电检修时，必须有指导教师在现场监护，以确保操作安全，同时要做好检修记录。

四、成绩评定

成绩评定见表9-7。

表9-7　评分表

项目内容	评分标准	配分	扣分	得分
故障分析	检修思路不正确扣 5 ~ 10 分；标错故障电路范围扣 15 分	30 分		
排除故障	停电不验电扣 5 分	60 分		
	工具及仪表使用不当扣 5 分			
	不能查出故障扣 30 分			
	查出故障点但不能排除扣 25 分			
	产生新的故障或扩大故障范围不能排除，每个扣 30 分，已经排除，每个扣 15 分			
	损坏电气元件，每只扣 10 ~ 60 分			
安全文明生产	违反安全文明生产规程，扣 1 ~ 10 分	10 分		
定额时间 1h	不允许超时检查，若在修复故障过程中才允许超时，但能每超 5min 扣 5 分			
备注	除定额时间外，各项内容的最高扣分不得超过配分数			
开始时间：	结束时间：			
合计				

项目十　Z3040型摇臂钻床电气控制线路检修

【知识目标】

1.掌握Z3040型摇臂钻床电气控制电路读图和工作原理。

2.掌握Z3040型摇臂钻床电气设备维修一般要求和方法。

【技能目标】

1.掌握Z3040型摇臂钻床电气控制线路安装调试方法。

2.掌握Z3040型摇臂钻床电气控制线路故障分析方法和维修技术。

任务1　Z3040型摇臂钻床电气控制线路安装调试

【任务描述】

此任务是Z3040型摇臂钻床电气控制线路安装调试。学生能根据Z3040型摇臂钻床电气原理图和实际情况设计Z3040型摇臂钻床的电器布置图，能根据电气元件的安装布置要点，做好电气元件的布置方案，合理布置和安装电气元件，做到安装的器件整齐、布线美观、好看，安装检测完成后通电试车。此任务要求学生了解Z3040型摇臂钻床的基本组成和控制过程，了解Z3040型摇臂钻床电气控制线路的特点，提高读识分析一般控制线路的综合能力，学会分析排除Z3040型摇臂钻床控制电路的故障。

【任务分析】

本任务中，学生在认识Z3040型摇臂钻床电气原理图和电气接线图的基础上，分析了解电气元件在Z3040型摇臂钻床电路中的作用，同时在认识电路原理和功能的基础上，应根据任务要求，准备工具和材料，做好工作现场准备，严格遵守作业规范进行施工，安装完毕后进行排除Z3040型摇臂钻床控制电路的故障。学生操作时必须在熟悉Z3040型摇臂钻床的基本结构和操纵系统的前提下，才能动手进行操作训练，操作时必须有教师在场监护指导。实训结束后，自觉将所用工具、仪表、器材及设备进行保养和归位，做好实训工位和场地的卫生工作。

【相关知识】

摇臂钻床，也可以称为横臂钻。摇臂钻床广泛应用于单件和中小批件生产中，加工体积和重量较大的工件的孔。摇臂钻床加工范围广，可用来钻削大型工件的各种螺钉孔、螺纹底孔和油孔等。摇臂钻床的主要变形有滑座式和万向式两种。滑座式摇臂钻床是将基型摇臂钻床的底座改成滑座而成，滑座可沿床身导轨移动，以扩大加工范围，适用于锅炉、桥梁、机车车辆和造船，机械加工等行业。万向摇臂钻床的摇臂除可做垂直和回转运动外，并可做水平移动，主轴箱可在摇臂上做倾斜调整，以适应工件各部位的加工。此外，还有车式、壁式和数字控制摇臂钻床等。

一、摇臂钻床的结构

摇臂钻床的外形结构如图10-1所示，摇臂钻床主要由底座、内立柱、外立柱、摇臂、主轴箱及工作台等部分组成。内立柱固定在底座的一端，在它的外面套有外立柱，外立柱可绕内立柱回转360°。摇臂的一端为套筒，它套装在外立柱做上下移动。由于丝杆与外立柱连成一体，而升降螺母固定在摇臂上，因此摇臂不能绕外立柱转动，只能与外立柱一起绕内立柱回转。主轴箱是一个复合部件，由主传动电动机、主轴和主轴传动机构、进给和变速机构、机床的操作机构等部分组成。主轴箱安装在摇臂的水平导轨上，可以通过手轮操作，使其在水平导轨上沿摇臂移动。

图10-1 Z3040型摇臂钻床外形结构图

当需要钻削加工时，先将主轴箱固定在摇臂导轨上，摇臂固定在外立柱上，外立柱紧固在内立柱上，工作夹紧在工作台上加工，通过调整摇臂高度、回转角度及主轴箱位置，来完成钻头对工件的校准，启动主轴电动机并转动手轮操控钻头进行钻削加工。

二、摇臂钻床的运动分析

当进行加工时，由特殊的加紧装置将主轴箱紧固在摇臂导轨上，而外立柱紧固在内立柱上，摇臂紧固在外立柱上，然后进行钻削加工。钻削加工时，钻头一边进行旋转切削，一边进行纵向进给，其运动形式为：摇臂钻床的主运动为主轴的旋转运动；进给运动为主轴的纵向进给；辅助运动有摇臂沿外立柱垂直移动、主轴箱沿摇臂长度方向的移动、摇臂与外立柱一起绕内立柱的回转运动。

三、Z3040型摇臂钻床对电气控制的要求

（1）摇臂钻床运动部件较多，为了简化传动装置，采用多台电动机拖动。Z3040型摇臂钻床采用4台电动机拖动，他们分别是主轴电动机、摇臂升降电动机、液压泵电动机和冷却泵电动机，这些电动机都采用直接启动方式。

（2）为了适应多种形式的加工要求，摇臂钻床主轴的旋转及进给运动有较大的调速范围，一般情况下多由机械变速机构实现。主轴变速机构与进给变速机构均装在主轴箱内。

（3）摇臂钻床的主运动和进给运动均为主轴的运动，为此这两项运动有一台主轴电动机拖动，分别经主轴传动机构，进给传动机构实现主轴的旋转和进给。

（4）在加工螺纹时，要求主轴能正反转。摇臂钻床主轴正反转一般采用机械方法实现。因此主轴电动机仅需要单向旋转。

（5）摇臂升降电动机要求能正反向旋转。

（6）内外主轴的夹紧与放松、主轴与摇臂的夹紧与放松可用机械操作、电气—机械

装置，电气—液压或电气—液压—机械等控制方法实现。若采用液压装置，则备有液压泵电机，拖动液压泵提供压力油来实现，液压泵电机要求能正反向旋转，并根据要求采用点动控制。

（7）摇臂的移动严格按照摇臂松开→移动→摇臂夹紧的程序进行。因此摇臂的夹紧与摇臂升降按自动控制进行。

（8）冷却泵电动机带动冷却泵提供冷却液，只要求单向旋转。

（9）具有连锁与保护环节以及安全照明、信号指示电路。

四、Z3040摇臂钻床的工作原理分析

Z3040摇臂钻床电路原理图组成元件见表10-1，Z3040摇臂钻床的控制线路原理图，如图10-2所示，Z3040型摇臂钻床的动作是通过机、电、液进行联合控制实现的。该机床控制电路采用380V/110V隔离变压器供电，它由主轴电动机控制部分、摇臂升降电动机控制部分、主轴箱和立柱夹紧与放松控制部分、局部照明部分和工作状态指标部分组成。

1.主电路分析

（1）M_1为单方向旋转，由接触器KM_1控制，为主轴的旋转和进给运动提供动力，主轴的正反转则由机械放松床液压系统操纵机构配合正反转摩擦离合器实现，并由热继电器FR_1作电动机长期过载保护。熔断器FU_1作为它的短路保护。

（2）M_2为摇臂升降电动机，由正、反转接触器KM_2、KM_3控制实现正反转。控制电路保证，在操纵摇臂升降时，首先使液压泵旋转，供出压力油，经液压系统将摇臂松开，然后才使电动机M_2启动，拖动摇臂上升或下降。当移动到位后，保证M_2先停下，再自动通过液压系统将摇臂夹紧，最后液压泵电机才停下。M_2为短时工作，不设长期过载保护。

（3）M_3由交流接触器KM_4、KM_5分别控制其正反转，通过液压系统实现立柱及主轴箱的夹紧与放松，FR_2作为它的过载保护，熔断器FU_2作为它的短路保护。

（4）冷却泵电动机M4由手动组合开关SA_1控制，为钻削加工过程中提供消液。

2.控制电路分析

由变压器TC将380V交流电压降为110V，作为控制电源。指示灯电源为6V。

（1）主轴电动机M_1控制。合上电源开关QS，按下启动按钮SB_2，接触器KM_1吸合并自锁，同时指示灯HL_3亮；主轴电动机M_1启动并运转。按下停止按钮SB_1，接触器KM_1释放，主轴电动机M_1停转，同时指示灯HL_3熄灭。

（2）摇臂升降电动机M_2控制。摇臂升降前，必须先让夹紧在立柱上的摇臂松开，然后上升或下降，升降到所需位置时自行夹紧，摇臂在松开或夹紧的过程中电磁阀YA处于通电状态。

①摇臂上升启动过程。按上升按钮SB_3，SB_3的常闭触头（11区）先断开，实现对接接触器KM_3（11区）联锁，SB_3的常闭触头（10区）后闭合，使断电延时继电器KT（12

区）得电吸合，KT瞬时闭合的常开触头（13区13—14）立即闭合，接触器KM4得电吸合，液压泵电动机M3接通电源正向旋转，供给压力油。与此同时KT的延时常闭触头（14区17—18）立即断开，而KT的延时断开的常开触头（15区1—17）闭合，使电磁阀YA得电，压力油进入摇臂夹紧机构的松开油腔，推动活塞和菱形块将摇臂松开，并使摇臂夹紧位置开关SQ3触头（14区1—17）复位闭合（SQ3在摇臂夹紧时处于被压动断开状态），为摇臂夹紧（KM5得电）做好准备。当摇臂完全松开后，活塞杆通过弹簧片压下位置开关SQ2，使其常闭触头（13区6—13）断开，KM4得电，M3停止。SQ2常开触头（10区6—7）闭合，接触器KM2得电吸合，摇臂升降电动机M2正转，拖动摇臂上升。

②摇臂上升停止过程。当摇臂上升到所需位置时，松开按钮SB3，则接触器KM2、时间继电器KT同时断电释放，摇臂升降电动机M2停止运转，摇臂也停止上升。由于时间继电器KT断电秋放使瞬时闭合的常开触头（13区13—14）立即复位断开，确保KM4不能得电，当KT延时时间到，KT的延时断开的常开触头（15区1—17）复位断开，KT的延时闭合常闭触头（14区17—18）复位闭合，接触器KM5线圈复电吸合，液压泵电动机M3反向启动运转，拖动液压泵供电反向压力油，使压力油进入摇臂夹紧机构的夹紧油腔，推动活塞和菱形块使摇臂夹紧。当摇臂夹紧后，活塞杆通过弹簧片压下SQ3，使其常闭触头断开，同时松开SQ2，电磁阀YA、接触器KM5都断电，液压泵电动机M3停止运转，摇臂夹紧过程结束。摇臂下降的启动和停止过程请自行分析。

（3）主轴箱和立柱的夹紧与松开控制。主轴箱和立柱的夹紧与松开是同时进行控制的，这时电磁阀YA处于失电状态，其控制过程分析如下：

当需要主轴箱和立柱松开（或夹紧）时，按下按钮SB5（或SB6），接触器KM4（KM5）得电吸合，液压泵电动机M3拖动液压泵正向（或反向）旋转，提供正向（或反向）旋转了，提供正向（或反向）压力油，进入主轴箱和立柱松开（或夹紧）油腔，推动夹紧机构实现主轴箱和立柱松开（或夹紧）。同时在松开（或夹紧）时复位（或压动）位置开关SQ4，使放松信号灯HL1（或夹紧信号灯HL2）亮。

由于SB5和SB6的常闭触点串联在电磁阀YA线圈回路中，所以YA始终不会得电，保证压力油进入主轴箱和立柱的夹紧装置中。

（4）冷却泵控制。冷却泵电动机M4容量小，所以用组合开关SA1直接控制其运行和停止。

（5）照明、信号电路。

①机床照明电路。EL为工作照明灯，SA2为机床工作照明电路开关，同时过载及短路保护作用。

②信号电路。HL1为立柱和主轴箱松开指示灯，HL2为立柱和主轴箱夹紧指示灯，分别由限位开关SQ4长闭触头和SQ4常开触头控制。HL3为主轴电动机旋转指示灯，由KM1常开触头控制。

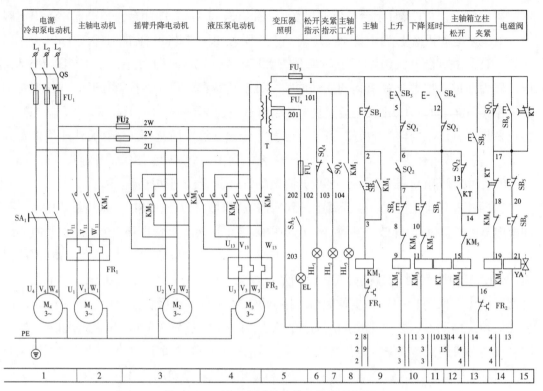

图10-2　Z3040摇臂钻床的工作原理如图

表10-1　Z3040型摇臂钻床元器件表

符号	名称及用途	符号	名称及用途
M₁	主轴电动机	FU₂	M₂、M₃及变压器一次侧的短路保护熔断器
M₂	摇臂升降电动机	FU₃	工作灯短路保护熔断器
M₃	液压泵电动机	FU₄	主轴的短路保护熔断器
M₄	冷却泵电动机	YA	电磁阀
KM₁	主轴旋转接触器	SA₂	机床工作灯开关
KM₂	摇臂上升接触器	FR₁	M₁电动机过载保护用热继电器
KM₃	摇臂下降接触器	FR₂	M₃液压泵电动机过载保护用热继电器
KM₄	主轴箱、立柱、摇臂放松接触器	QS	电源引入开关
KM₅	主轴箱、立柱、摇臂夹紧接触器	SA₁	冷却泵工作开关
KT	放松、夹紧用断电延时时间继电器	SB₁	主电动机停止按钮
SQ₁	摇臂升降极限保护限位开关	SB₂	主按钮
SQ₂	摇臂放松用限位开关	SB₃	摇臂上升启动按钮
SQ₃	立柱夹紧、放松指示用限位开关	SB₄	摇臂下降启动按钮
SQ₄	摇臂夹紧用限位开关	SB₅	主轴箱、立柱松开按钮
FU₁	总电路短路保护熔断器	SB₆	主轴箱、立柱夹紧按钮
TC	控制变压器	HL₁～HL₃	工作状态指示信号灯
EL	机床工作灯		

【任务实施】

一、任务名称

Z3040型摇臂钻床电气控制线路安装调试。

二、器材、仪表、工具

1.器材

控制板、走线槽、各种规格导线和坚固件、金属软管、扎带等。

2.仪表

万用表、钳形电流表、兆欧表等。

3.工具

常用电工工具1套（测电笔、电工刀、剥线钳、尖嘴钳、偏口钳、螺钉旋具等）。

三、实训步骤

（1）按照表10-1配齐电气设备和元件，并认真检验其规格和质量。

（2）正确选配导线和接线端子板型号等。

（3）在控制板上安装电器元件，与电路图上相同并做好标记，参照原理图进行。

（4）按工艺要求正确配置导线，合理安装，线路走向正确、简洁、牢固。

（5）配电装置及整个系统的保护接地（保护接零）安装必须正确、可靠。

（6）检查各级熔断器间熔体是否符合要求，断路器、热继电器的整定值是否符合要求。

（7）对电动机外部检查（包括转子转动、轴承、风扇及风扇罩、大小端盖、接线盒完整、安全、可靠）。

（8）对电动机电气检查（包括绝缘电阻检查、定子绕组接线方式）。

（9）电动机的安装牢固可靠，机械传动装置安装配合精确牢固，盘车无障碍，无异常。

（10）电动机接线及试车（点动、启停、试验转向、并检查各电气元件运行是否正常）。

四、认真观摩教师示范Z3040型摇臂钻床的操作、调试方法和步骤

1.操作前的准备

首先检查各操作开关、手柄是否在停止或原位，钻头的位置是否安全，然后合上电源开关QS，接通电源。

2.主轴正反转操作

首先将主轴正反转控制手柄扳至"正转"位置，然后按下启动按钮SB_2，观察主轴工作信号灯HL_3是否亮；再按下停止按钮SB_1，观察主轴旋转方向是否符合要求。

3.摇臂上升与下降操作

（1）摇臂上升。按下按钮SB_3，摇臂先松开，然后才会向上运动，当摇臂上升到需要位置时，立即松开SB_3，摇臂随即停止上升，检查摇臂是否夹紧。

（2）摇臂下降。按下按钮SB$_4$，摇臂先松开，然后才会向下运动，当摇臂下降到需要位置时，立即松开SB$_4$，摇臂随即停止下降，检查摇臂是否夹紧。

4.立柱和主轴箱的松开与夹紧操作

按下按钮SB$_5$（或SB$_6$），使主轴箱和立柱松开（或夹紧），如不能松开（或夹紧），查看液压泵电动机M$_3$旋转方向是否符合要求，同时观察放松信号灯HL$_1$（或夹紧信号灯HL$_2$）是否正常亮，如不亮，调整位置开关SQ$_4$与弹簧片之间的距离。

5.冷却泵操作

扳动组合开关SA$_1$至闭合状态，观察切削液是否正常输出。

6.照明灯操作

扳动组合开关SA$_2$，观察照明灯EL是否工作正常。

在教师的监督指导下，按照上述操作方法，完成对Z3040型摇臂钻床的操作训练。

五、注意事项

（1）所有的导线不允许有接头。

（2）通电操作时，必须严格遵守安全操作规程的规定，在指导教师的指导下进行操作。

六、成绩评定

成绩评定见表10-2。

表10-2　评分表

技术要求	评分标准	配分	扣分	得分
器件选择及布置	选择错误1个器件，扣2分	5分		
	元件布置不合理扣3分			
整体工艺	走线美观性，酌情扣2～5分	25分		
	接线牢固性，每处扣1分			
	线路交叉，每个交叉点扣2分			
线路质量及调试	触点使用正确性，错误每处扣5分	55分		
	接线柱压线合理，错误每处扣1分			
	导线接头过长或过短，每处扣2分			
	完成的功能正确性，酌情扣20～30分			
	线路调试，调试不正确每次扣10分			
工具仪表使用	正确使用工具，错误扣2分	5分		
	正确使用万用表，错误扣3分			
文明生产	听从监考教师指挥，酌情扣2～3分	10分		
	材料节约、施工清洁，酌情扣3～4分			
	安全文明，酌情扣1～2分			
时间	每超时5min，扣10分，5min以内以5min计算			
合计				

技术要求	评分标准	配分	扣分	得分
备注	除定额时间外，各项目的最高扣分不应超过配分数			
开始时间：	结束时间：	实际时间：		min

任务2　Z3040型摇臂钻床主电路常见电气故障分析与检修

【任务描述】

此任务是Z3040型摇臂钻床主电路常见电气故障分析与检修。重点培养综合利用电路图、元件位置图、接线图等资料，根据具体故障现象分析、查找故障的能力。此任务要求学生熟悉机床电气设备检修的一般要求和方法，掌握Z3040型摇臂钻床主电路常见电气故障的检修方法。

【任务分析】

机床在使用过程中不可避免地会发生各种电气故障，一旦发生故障，应采用正确的方法，查明故障原因并修复故障，以保证设备的正常使用。本任务的主要内容是学习Z3040型摇臂钻床主电路常见故障的检修方法，熟悉机床电气设备检修的一般要求和方法。在检修时结合相关知识中所讲实例，认真观摩教师的示范检修，掌握检修Z3040型摇臂钻床主电路的基本步骤和方法。实训结束后，自觉将所用工具、仪表、器材及设备进行保养和归位，做好实训工位和场地的卫生工作。

【相关知识】

一、Z3040型摇臂钻床各电动机控制功能表

Z3040型摇臂钻床各电动机控制功能见表10-3。

表10-3　Z3040型摇臂钻床各电动机控制功能

电动机名称	控制电器	短路保护	过载保护	用途
主轴电动机 M_1	KM_1	FU_1	FR_1	带动主轴的旋转和进给运动
摇臂升降电动机 M_2	KM_2、KM_3	FU_2	—	带动摇臂做上下移动
液压泵电动机 M_3	KM_4、KM_5	FU_2	FR_2	实现立柱及主轴箱的夹紧与放松
冷却泵电动机 M_4	SA_1	FU_1	—	钻削加工过程中提供削液

二、Z3040型摇臂钻床主电路常见故障分析与检修举例

首先由教师在Z3040型摇臂钻床上人为设置故障点，观察教师示范检修过程，然后自行完成故障点的检修实训任务

1.主轴电动机 M_1 缺相运行

（1）观察故障现象。合上电源开关QF，按下主轴启动按钮 SB_2 时，接触器 KM_1 吸合，但主轴电动机 M_1 发出"嗡嗡"声不能启动。这时要立即按下急停按钮 SB_1，使 KM_1 失电，主触头断开，切断 M_1 电源，防止烧毁电动机。然后再闭合组合开关 SA_1，冷却泵电动机 M_4 能正常启动。

（2）分析故障范围。由于接触器KM_1能得电吸合，而且冷却泵电动机M_4也能正常工作，所以故障应位于主轴电动机M_1的主电路中。

（3）故障点查找与排除。采用电笔测量法和电阻测量法查找故障点的方法步骤如下：

①合上电源开关QS，用电笔测试接触器KM_1主触头的3个上接线端子，若电笔发光则正常，若电笔不亮则该相导线松脱或断路。

②将万用表转换开关旋至欧姆$R \times 100$挡，断开电源开关QS，人为按下KM_1吸合试验按钮，用万用表分别测量$KM_1$3对主触头的通断情况，若测得电阻值较大或无穷大，则故障为该相触头接触不良。

③松开KM_1吸合试验按钮，用万用表分别测量$KM_1$3对主触头的下接线端子与热继电器热元件之间连接导线通断情况，若测得电阻值为零则正常，电阻值为无穷大，则说明该相导线断路或线头松脱。

④用万用表检测热继电器的热元件是否烧断。

⑤用万用表检测热继电器的热元件与电动机M_1三相定子绕组之间的连接导线是否断线或松动。

⑥从连接M_1三相定子绕组之间的接线端子处测量两两（U_1—V_1、U_1—W_1、V_1—W_1）其直流电阻值，若三次测量值近似相等则为正常，若测得阻值不相等说明电动机定子绕组有断相或连接导线断路。

⑦打开电动机接线盒，按照步骤⑥再次测量电动机定子绕组电阻值，若3次测得阻值仍近似相等则故障为连接导线断路，反之故障为定子绕组断路。

（4）故障排除。根据故障情况，采用合适的方法维修故障点。

（5）通电试车。检查钻床各项操作，直到符合技术要求为止。

2.摇臂能下降但不能上升

（1）观察故障现象。合上电源开关QS，按下启动按钮SB_3时，观察接触器KM_2能得电吸合，便摇臂升降电动机M_2不启动，摇臂也不能上升；再按下SB_4启动按钮，观察接触器KM_3得电吸合，电动机M_2启动运行，摇臂能正常下降。

（2）分析故障范围。因为按下摇臂上升启动按钮SB_3后，接触器KM_2能正常吸合，只是摇臂升降电动机M_2没有启动运转而导致摇臂不能上升，所以故障应位于M_2主电路中，又因为摇臂能下降（KM_3得电吸合后M_2能启动运行），所以故障范围应为KM_2主触头接触不良或连接导线松动和断线。

（3）故障点查找及排除。采用电阻测量法查找故障点方法步骤如下：

①首先将万用表转换开关旋至欧姆$R \times 100$挡，断开电源开关QS，用万用表分别测量KM_2和$KM_3$3个主触头的上端导线的通断情况，若测得电阻值为零则正常，若测得电阻值较大或无穷大，则说明故障为这根连接导线断路或线头松脱。

②再用万用表分别测量KM_2和KM_3主触头的下端导线的通断情况，若测得电阻值

为零则正常，若测得电阻值较大或无穷大，则说明故障为这根连接导线断路或线头松脱。

③人为按下接触器KM_2动作试验按钮，用万用表分别测量$KM_2$3对主触头通断情况，若测得电阻值较大或无穷大，则说明故障为该相主触点接触不良。

（4）故障排除。根据故障情况，采用合适的方法维修故障点。例如，若导线松动或断线时，应采取坚固导线接线端或更换同规格导线的方法即可；若接触器主触点接触不良时，根据具体情况，可采取去除触头灰尘、油污、氧化层、毛刺，调整触头压力弹簧等方法修复触头，若无法修复应更换同规格的触头即可。

（5）通电试车。检查钻床各项操作，直到符合技术要求为止。

3.主轴箱和立柱不能夹紧

（1）观察故障现象。合上电源开关QF，按下主轴箱松开按钮SB_5时，接触器KM_4得电吸合，液压泵电动机M_3启动运转，主轴箱和立柱能正常松开；再按下主轴箱夹紧按钮SB_6，接触器KM_5线圈也得电吸合，但液压泵电动机M_3不能起运运转，主轴箱和立柱不能夹紧。

（2）分析故障范围。因为按下主轴箱松开按钮SB_5时，液压泵电动机M_3启动运转，再按下主轴箱夹紧按钮SB_6，接触器KM_5线圈也得电吸合，但液压泵电动机M_3不能启动运转，分析电路工作原理可知故障范围。

（3）查找故障点。采用电阻测量法查找故障点，检测方法步骤和故障二相同。

（4）排除故障。根据故障点具体分析情况，采用恰当的方法排除故障。

（5）通电试车。检查钻床各项操作，直到符合技术要求为止。

三、注意事项

（1）检修设备前要认真识读分析电路图、电器布置图和接线图，熟练掌握各个控制环节的作用及原理，掌握电器的实际位置和走线路径。

（2）认真观察教师的示范检修，掌握钻床电气故障检修的一般方法和步骤。

（3）检修过程中要注意人身安全，所使用的工具和仪表应符合使用要求。

（4）检修时，严禁扩大故障范围或产生新的故障点。

（5）停电要验电，带电检修时，必须有指导教师在现场监护，以确保操作安全，同时要做好检修记录。

（6）在故障修复过程中，应根据具体故障情况采用合适的方法修复故障点。例如，对于接线端松动现象，可用旋具加以坚固；对于导线断线情况，应更换同规格导线。对于触头接触不良的故障，根据具体情况可采取清洗灰尘油污、轻轻打磨毛刺或氧化层、调整触头压力弹簧以及更换触头等方法加以修复。

【任务实施】

一、任务名称

Z3040型摇臂钻床主电路常见故障分析及检修。

二、设备、仪表、工具

1.设备

Z3040型摇臂钻床。

2.仪表

万用表、钳形电流表、兆欧表等。

3.工具

常用电工工具1套（测电笔、电工刀、剥线钳、尖嘴钳、偏口钳、螺钉旋具扳手等）、验电器等。

三、实训步骤

1.观摩检修

结合【相关知识】中所讲实例，认真观摩教师的示范检修，掌握检修Z3040型摇臂钻床电气线路的基本步骤和方法。

2.检修训练

断开电源，在Z3040型摇臂钻床电气线路的主电路中设置电气故障点1～3处，按照正确的检修方法进行检修练习，并做好维修记录。

3.故障设置时的注意事项

（1）人为设置的故障必须是模拟机床在使用过程中出现的自然故障。

（2）不能通过更改线路或更换电器元件来设置故障。

（3）设置故障不能损坏电器元件，不能破坏线路美观，不能设置易造成人身或设备事故的故障点。

（4）设置的故障必须先易后难，先设置单个故障，然后过渡到2个或2个以上故障；当设置1个以上故障点时，故障现象尽可以不要相互掩盖。

4.实训注意事项

（1）检修设备前要认真识读、分析电路图，熟练掌握各个控制环节的作用及原理，并认真观摩教师的示范检修。

（2）检修过程中要注意人身安全，所使用的工具和仪表应符合使用要求。

（3）检修时，严禁扩大故障范围或产生新的故障点；不得采用更换元件、改变线路的方法修复故障点。

（4）停电要验电，带电检修时，必须有指导教师在现场监护，以确保操作安全，同时要做好检修记录。

四、成绩评定

成绩评定见表10-4。

表10-4　评分表

项目内容	评分标准	配分	扣分	得分
故障分析	检修思路不正确扣5～10分	30分		
	标错故障电路范围扣15分			
排除故障	停电不验电扣5分	60分		
	工具及仪表使用不当扣5分			
	不能查出故障扣30分			
	查出故障点但不能排除扣25分			
	产生新的故障或扩大故障范围不能排除，每个扣30分，已经排除，每个扣15分			
	损坏电气元件，每只扣10～60分			
安全文明生产	违反安全文明生产规程，扣1～10分	10分		
定额时间 1h	不允许超时检查，若在修复故障过程中才允许超时，但能每超5min扣5分			
备注	除定额时间外，各项内容的最高扣分不得超过配分数			
开始时间：		结束时间：		
合计				

任务3　Z3040型摇臂钻床控制电路常见电气故障分析与检修

【任务描述】

此任务是Z3040型摇臂钻床控制电路常见电气故障分析与检修。重点培养综合利用电路图、元件位置图、接线图等资料，根据具体故障现象分析、查找故障的能力。此任务要求学生熟悉机床电气设备检修的一般要求和方法，掌握Z3040型摇臂钻床控制电路常见电气故障的检修方法。

【任务分析】

机床在使用过程中不可避免地会发生各种电气故障，一旦发生故障，应采用正确的方法，查明故障原因并修复故障，以保证设备的正常使用。本任务的主要内容是学习Z3040型摇臂钻床控制电路常见故障的检修方法，熟悉机床电气设备检修的一般要求和方法。在检修时结合相关知识中所讲实例，认真观摩教师的示范检修，掌握检修Z3040型摇臂钻床控制电路的基本步骤和方法。实训结束后，自觉将所用工具、仪表、器材及设备进行保养和归位，做好实训工位和场地的卫生工作。

【相关知识】

一、Z3040型摇臂钻床控制电路

1.主轴电动机M_1的控制

合上电源开关，按下启动按钮SB_2，接触器KM_1吸合并自锁，主轴电动机M_1启动并运转。

2.摇臂升降电动机M$_2$控制

摇臂升降前，必须先让夹紧在立柱上的摇臂松开，然后上升或下降，升降到所需位置时自行夹紧，摇臂在松开或夹紧的过程中电磁阀YA处于通电状态。

（1）摇臂上升启动过程。按上升按钮SB$_3$，断电延时继电器KT得电吸合，接触器KM$_4$得电吸合，液压泵电动机M$_3$接通电源正向旋转，供给压力油。与此同时电磁阀YA得电，压力油进入摇臂夹紧机构的松开油腔，推动活塞和菱形块将摇臂松开，当摇臂完全松开后，KM$_4$得电，M$_3$停止；接触器KM$_2$得电吸合，摇臂升降电动机M$_2$正转，拖动摇臂上升。

（2）摇臂上升停止过程。松开按钮SB$_3$，则接触器KM$_2$、时间继电器KT同时断电释放，摇臂升降电动机M$_2$停止运转，摇臂也停止上升。接触器KM$_5$线圈复电吸合，液压泵电动机M$_3$反向启动运转，使摇臂夹紧。当摇臂夹紧后，电磁阀YA、接触器KM$_5$都断电，液压泵电动机M$_3$停止运转，摇臂夹紧过程结束。

3.主轴箱和立柱的夹紧与松开控制

主轴箱和立柱的夹紧与松开是同时进行控制的，这时电磁阀YA处于失电状态，其控制过程分析如下：

按下按钮SB$_5$（或SB$_6$），接触器KM$_4$（KM$_5$）得电吸合，液压泵电动机M$_3$提供正向（或反向）旋转，实现主轴箱和立柱松开（或夹紧）。

二、Z3040型摇臂钻床电气控制电路常见故障分析与检修举例

首先由教师在Z3040型摇臂钻床上人为设置故障点，观察教师示范检修过程，然后自行完成故障点的检修实训任务。

1.摇臂不能升降

（1）故障现象。合上电源开关QS，摇臂上升启动按钮SB$_3$，观察到时间继电器KT得电动作，接触器KM$_4$先得电吸合然后又失电复位，而KM$_2$一直不能得电吸合，摇臂也不能上升；再按下摇臂下降启动按钮SB$_4$，接触器KM$_3$也不能得电，摇臂也不能下降。

（2）故障分析。摇臂不能升降的主要原因是接触器KM$_2$、KM$_3$都没有得电吸合，由于时间继电器KT不能得电动作，说明控制电路的电源电压正常，一般情况下不会凑巧升降启动按钮SB$_3$和SB$_4$或接触器KM$_2$和KM$_3$同时发生故障，故障大多数位于控制线路的公共部分。因此，其故障范围是6号—SQ$_2$常开触点—7号线。

（3）故障检修。采用电压测量法查找故障点。将万用表转换开关调至交流250V挡，黑表笔接变压器T（0号）接点，合上电源QS，按住启动按钮SB$_3$不放，红表笔依次测量下列各点：①位置开关SQ$_2$（6号），测得电压110V为正常。②位置开关SQ$_2$（7号），测得电压110V为正常。③按钮SB$_4$常闭触头（7号），测得电压0V，说明故障就在此处，故障为7导线松脱或断线。

（4）故障排除。断开电源开关QS，用旋具紧固7号线，若故障依旧，则更换同规格导线即可。

（5）通电试车。通电检查车床各项操作，应符合各项技术要求。

2.合上电源开关QS，液压泵电动机M_3自行启动运转

（1）观察故障现象。合上电源开关QS，经观察发现接触器KM_5、电磁阀YA处于得电动作状态，液压泵电动机M_3一直运转，这一现象是实现摇臂夹紧工作过程，但是摇臂已经夹紧。

（2）判断故障范围。当摇臂自动夹紧后，活塞杆通过弹簧片压下位置开关SQ_3，接触器KM_5、电磁阀YA自动失电，从而液压泵电动机M_3停转，摇臂夹紧过程结束。出现上述故障现象的原因是摇臂夹紧后SQ_3常闭触点（2—17）没有被即时断开所致。

（3）故障点检修。断开电源开关QS，检查摇臂在夹紧状态时，位置开关SQ_3是否处于压动状态，若不是则调整好活塞杆弹簧片与SQ_3的距离即可；若SQ_3已被压动，则检查其触点是否熔焊，修复或更换SQ_3即可。

（4）通电试车。通电检查车床各项操作，应符合各项技术要求。

3.主轴箱和立柱能放松，但不能夹紧

（1）观察故障现象。合上电源开关QS，按下启动按钮SB_5，主轴箱和立柱能正常放松，再按下SB_6，接触器KM_5不能得电吸合，液压泵电动机M_3不能运行，故主轴箱和立柱不能夹紧。再通过操作观察摇臂的升降过程，发现一切正常。

（2）故障原因分析。因为按下SB_6，接触器KM_5不能得电吸合，从而导致了主轴箱和立柱不能夹紧，所以故障应位于KM_5线圈回路中；又因为摇臂能自动夹紧（KM_5能得电吸合），因此可以推断故障为按钮SB_6常开触点（1—17）闭合时接触不良或导线松脱。

（3）故障点查找。采用电阻测量法检查故障点。将万用表转换开关旋至欧姆$R\times100$挡，然后断开电源开关QS，按住SB_6不放，用万用表测量SB_6常开触点（1—17）通断情况，测得电阻值较大（阻值为接触器KM_5线圈和变压器T二次侧绕组电阻之和），则说明故障为SB_6接触不良。

（4）故障排除。根据情况修复或更换SB_6常开触点。

（5）通电试车。通电检查车床各项操作，应符合各项技术要求。

【任务实施】

一、任务名称

Z3040摇臂钻床控制电路常见故障分析及检修。

二、设备、仪表、工具

1.设备

Z3040摇臂钻床。

2.仪表

万用表、钳形电流表、兆欧表等。

3.工具

常用电工工具1套（测电笔、电工刀、剥线钳、尖嘴钳、偏口钳、螺钉旋具扳手

等）、验电器、校验灯等）。

三、实训步骤

1.观摩检修

结合【相关知识】中所讲实例，认真观摩教师的示范检修，掌握检修Z3040摇臂钻床电气线路的基本步骤和方法。

2.检修训练

断开电源，在Z3040摇臂钻床电气线路的控制电路中设置电气故障点3～5处，按照正确的检修方法进行检修练习，并做好维修记录。

3.故障设置时的注意事项

（1）人为设置的故障必须是模拟机床使用过程中出现的自然故障。

（2）不能通过更改线路或更换电器元件来设置故障。

（3）设置故障不能损坏电器元件，不能破坏线路美观，不能设置易造成人身或设备事故的故障点。

（4）设置的故障必须先易后难，先设置单个故障，然后过渡到2个或2个以上故障；当设置1个以上故障点时，故障现象尽可以不要相互掩盖。

4.实训注意事项

（1）检修设备前要认真识读、分析电路图，熟练掌握各个控制环节的作用及原理，并认真观摩教师的示范检修。

（2）检修过程中要注意人身安全，所使用的工具和仪表应符合使用要求。

（3）检修时，严禁扩大故障范围或产生新的故障点；不得采用更换元件、改变线路的方法修复故障点。

（4）停电要验电，带电检修时，必须有指导教师在现场监护，以确保操作安全，同时要做好检修记录。

四、成绩评定

成绩评定见表10-5。

表10-5　评分表

项目内容	评分标准	配分	扣分	得分
故障分析	检修思路不正确扣5～10分	30分		
	标错故障电路范围扣15分			
排除故障	停电不验电扣5分	60分		
	工具及仪表使用不当扣5分			
	不能查出故障扣30分			
	查出故障点但不能排除扣25分			
	产生新的故障或扩大故障范围不能排除，每个扣30分，已经排除，每个扣15分			

续表

项目内容	评分标准	配分	扣分	得分
排除故障	损坏电气元件，每只扣 10 ~ 60 分	60 分		
安全文明生产	违反安全文明生产规程，扣 1 ~ 10 分	10 分		
定额时间 1h	不允许超时检查，若在修复故障过程中才允许超时，但能每超 5min 扣 5 分			
备注	除定额时间外，各项内容的最高扣分不得超过配分数			
开始时间：	结束时间：			
合计				

项目十一　M7130型平面磨床电气控制线路检修

【知识目标】

1.掌握M7130型平面磨床电气控制电路读图和工作原理。

2.掌握M7130型平面磨床电气设备维修一般要求和方法。

【技能目标】

1.掌握M7130型平面磨床电气控制线路安装调试方法。

2.掌握M7130型平面磨床电气控制线路故障分析方法和维修技术。

任务1　M7130型平面磨床电气控制线路安装调试

【任务描述】

此任务是M7130型平面磨床电气控制线路安装调试。学生能根据M7130型平面磨床电气原理图和实际情况设计M7130型平面磨床的电器布置图，能根据电气元件的安装布置要点，做好电气元件的布置方案，合理布置和安装电气元件，做到安装的器件整齐、布线美观、好看，安装检测完成后通电试车。此任务要求学生了解M7130型平面磨床的基本组成和控制过程，了解M7130型平面磨床电气控制线路的特点，提高读识分析一般控制线路的综合能力，学会分析排除M7130型平面磨床控制电路的故障。

【任务分析】

本任务中，通过实物M7130型平面磨床，了解M7130型平面磨床或其他型号，学生在认识电气原理图和电气接线图的基础上，分析了解电气元件在M7130型平面磨床电路中的作用，同时在认识电路原理和功能的基础上，应根据任务要求，准备工具和材料，做好工作现场准备，严格遵守作业规范进行施工，安装完毕后进行排除M7130型平面磨床控制电路的故障。学生操作时必须在熟悉磨床的基本结构和操纵系统的前提下，才能动手进行操作训练，操作时必须有教师在场监护指导。实训结束后，自觉将所用工具、仪表、器材及设备进行保养和归位，做好实训工位和场地的卫生工作。

【相关知识】

一、M7130型平面磨床的结构及运行形式

磨床是用砂轮对工件的表面进行磨削加工的一种精密机床。通过磨削，使工件表面的形状、精度和光洁度等达到预期要求。磨床的种类很多，有平面磨床、外圆磨床、内圆磨床、无心磨床、螺纹磨床等，其中以平面磨床应用最为普遍。平面磨床是一种磨削平面的机床，下面以M7130平面磨床为例进行分析。

M7130平面磨床主要由床身、工作台、电磁吸盘、立柱、磨头等部分组成。图11-1是

M7130型平面磨床的外形结构，工作台上固定电磁吸盘用来吸持工件，工作台可在床身导轨上做往返（纵向）进给运动，砂轮可在床身上的横向导轨上做横向进给，砂轮箱可在立柱导轨上做垂直运动。

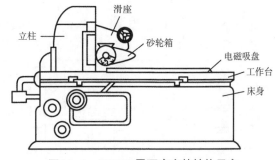

图11-1　M7130平面磨床的结构示意

平面磨床的主运动是磨头主轴上的砂轮的旋转运动，进给运动为工作台和砂轮的纵向往返运动，辅助运动为砂轮升降运动。工作台每完成一次纵向进给，砂轮自动做一次横向进给，只有当加工完整个平面以后，砂轮用手动做垂直进给。

二、平面磨床的基本控制要求

（1）所使用的液压泵电动机，砂轮电动机、砂轮箱升降电动机和冷却泵电动机均采用普通笼型交流异步电动机。

（2）换向是通过工作台上的撞块碰撞床身上的液压换向开关来实现的，对磨床的砂轮、砂轮箱升降和冷却泵不要求调速。

（3）磨削工件采用电磁吸盘来吸持工件。并有必要的信号指示和局部照明。

（4）砂轮电动机、液压泵电动机和冷却泵电动机采用直接启动，砂轮箱升降电动机要求能正、反转。

（5）保护环节完善，在工作台上装电磁吸盘，将工件吸附在电磁吸盘上，因此要有充磁和退磁控制环节。对电动机设有短路保护、过载保护等。

（6）为减少工件在磨削加工中的热变形并冲走磨屑，以保证加工精度，需用冷却液。

三、平面磨床的电气控制电路分析

1.主电路分析

主电路中共有3台电动机，其中M_1为砂轮电动机，拖动砂轮的旋转；M_2为冷却泵电动机，拖动冷却泵供给磨削加工时需要的冷却液；M_3为液压泵电动机，拖动油泵，供出压力油，负责工作台的润滑。M_1、M_2、M_3只进行单方向运行，且磨削加工无调速要求；当砂轮电动机M_1启动后，才可启动冷却泵电动机M_2。用接触器KM_1控制砂轮电动机M_1，用热继电器FR_1进行过载保护；冷却泵电动机用热继电器FR_2作过载保护。用接触器KM_2控制液压泵电动机M_3，用热继电器FR_3作过载保护。M7130平面磨床的电气控制线路原理图如图11-2所示。M7130平面磨床的电气控制线路组成元器件见表11-1。

2.控制电路分析

（1）电磁吸盘电路的分析。电磁吸盘电路包括整流电路，控制电路和保护电路三部分。整流变压器T1将220V交流电压降为145V，然后经桥式整后输出110V直流电压。

QS_2是电磁吸盘YH的转换开关，有"励磁""断电"和"退磁"3个位置。

QS_2放置吸合位置，触点（205—206）和（208—209）闭合，分两路：一路电磁吸盘

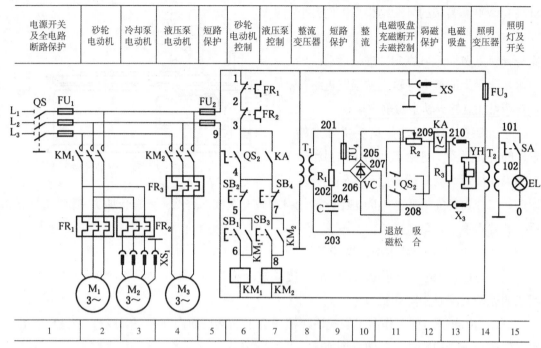

图11-2　M7130型平面磨床电气原理图

YH通电，工件被吸引。另一路KA得电，KA（3—4）闭合，去控制砂轮和液压泵电压机工作。

（2）液压泵电动机控制。SB_3、SB_4为液压泵电动机M_3的启动和停止按钮，在QS_2或KA的常开触点闭合情况下，按下SB_3按钮，KM_2线圈得电，辅助触点闭合自锁，电动机M_3旋转，按下按钮SB_4即可停止。

（3）砂轮和冷却泵电动机控制。在控制电路中，SB_1、SB_2为砂轮电动机M_1和冷却泵电动机M_2的启动和停止按钮，在QS_2或KA的常开触点闭合情况下，按下SB_1按钮，KM_1线圈得电，辅助触点闭合自锁，电动机M_1和M_2旋转，按下SB_2按钮，砂轮和冷却泵电动机停止旋转。

（4）照明电路。照明变压器T_2将380V的交流电压降为36V的安全电压。EL为照明灯，一端接地，另一端由开关SA控制，FU_3熔断器做照明电路的短路保护。

表11-1　M7130型平面磨床电器元件明细表

符号	元件名称	型号	规格	作用
M_1	砂轮电动机	W451-4	4.5kW1450r/min	驱动砂轮
M_2	冷却泵电动机	JCB-22	125W3000r/min	驱动冷却泵
M_3	液压泵电动机	JO42-4	2.8kW1450r/min	驱动液压泵
KM_1	交流接触器	CJ10-20	线圈电压380V	控制电动机 M_1
KM_2	交流接触器	CJ10-10	线圈电压380V	控制 M_3
FR_1	热继电器	JR10-10	整流电流9.5A	M_1过载保护

续表

符号	元件名称	型号	规格	作用
FR$_2$	热继电器	JR10-10	整流电流6.1A	M$_2$过载保护
QS$_1$	电源开关	Hz1-25/3	25A 380	引入电源
QS$_2$	转换开关	Hz1-10P/3		控制电磁吸盘
SA	照明灯开关		2A 24V	控制照明灯
FU$_1$	熔断器	RL1-63/30	60A 熔体30A	电源保护
FU$_2$	熔断器	RL1-15	15A 熔体5A	控制电路短路保护
FU$_3$	熔断器	BLX-1	1A	照明电路短路保护
T$_1$	整流变压器	BK-400	400VA 220/145V	降压
T$_2$	照明变压器	BK-50	50VA 380/24V	降压
VC	硅整流器	IN4007	1A 200V	输出直流电压
YH	电磁吸盘		1.5A 110V	工具夹具
KA	欠电流继电器	JT3-11L	1.5A	保护用
SB$_1$	按钮	LA2	500V5A	启动 M$_1$
SB$_2$	按钮	LA2	500V5A	停止 M$_1$
SB$_3$	按钮	LA2	500V5A	启动 M$_3$
SB$_4$	按钮	LA2	10A，三极	停止 M$_3$
R$_1$	电阻器	GF	6W 125Ω	放电保护电阻
R$_2$	电阻器	GF	50W 1000Ω	去磁电阻
R$_3$	电阻器	GF	50W 500Ω	放电保护电阻
C	电容器		600V 5μF	保护用电容
EL	照明灯	JD3	24V 40W	工作照明
X$_1$	接插器	CY0-36		M$_2$用
X$_2$	接插器	CY0-36		电磁吸盘用
XS	插座		250V 5A	退磁用
附件	退磁器	TC1TH/H		工件退磁用

【任务实施】

一、任务名称

M7130型平面磨床电气控制线路安装调试。

二、器材、仪表、工具

1.器材

控制板、走线槽、各种规格导线和坚固件、金属软管、扎带等。

2.仪表

万用表、兆欧表、钳形电流表。

3.工具

常用电工工具1套（测电笔、电工刀、剥线钳、尖嘴钳、偏口钳、螺钉旋具等）。

三、实训步骤

（1）按照表11-1配齐电气设备和元件，并认真检验其规格和质量。

（2）正确选配导线和接线端子板型号等。

（3）在控制板上安装电器元件，与电路图上相同并做好标记，参照原理图进行。

（4）按工艺要求正确配置导线，合理安装，线路走向正确、简洁、牢固。

（5）配电装置及整个系统的保护接地（保护接零）安装必须正确、可靠。

（6）检查各级熔断器间熔体是否符合要求，断路器、热继电器的整定值是否符合要求。

（7）对电动机外部检查（包括转子转动、轴承、风扇及风扇罩、大小端盖、接线盒完整、安全、可靠）。

（8）对电动机电气检查（包括绝缘电阻检查、定子绕组接线方式）。

（9）电动机的安装牢固可靠，机械传动装置安装配合精确牢固，盘车无障碍，无异常。

（10）电动机接线及试车（点动、启停、试验转向、并检查各电气元件运行是否正常）。

四、调试M7130型平面磨床的方法和步骤

（1）合上电源开关QS_1，接通电源。

（2）将转换开关QS_2扳到"退磁"位置，按下启动按钮SB_1，使砂轮电动机M_1转动一下，立即按下停止按钮SB_2，观察砂轮旋转方向是否符合要求。

（3）按下启动按钮SB_3，观察液压泵电动机M_3带动工作台运行情况，正常后，按下停止按钮SB_4。

（4）根据电动机的功率分别调速热继电器FR_1、FR_2的整定电流值。

（5）欠电源继电器KA吸合电流的调整。将万用表调到直流电流挡（5A），并串入KA线圈回路中，合上电源开关QS_1，再将转换开关QS_2扳到"吸合"位置，调节电流继电器的调节螺母，使其吸合电流值约为1.5A即可。

（6）合上电源开关QS_1，再将转换开关QS_2扳到"吸合"位置，检查电磁吸盘对工件夹持是否牢固可靠。

（7）将转换开关QS_2扳到"退磁"位置，调节限流电阻R_2，使退磁电压值约为10V。

五、注意事项

（1）所有的导线不允许有接头。

（2）通电操作时，必须严格遵守安全操作规程的规定，操作人必须在指导教师的指

导下进行。

六、成绩评定

成绩评定见表11-2。

表11-2　评分表

技术要求	评分标准	配分	扣分	得分
器件选择及布置	选择错误一个器件，扣2分	5分		
	元件布置不合理扣3分			
整体工艺	走线美观性，酌情扣2～5分	25分		
	接线牢固性，每处扣1分			
	线路交叉，每个交叉点扣2分			
线路质量及调试	触点使用正确性，错误每处扣5分	55分		
	接线柱压线合理，错误每处扣1分			
	导线接头过长或过短，每处扣2分			
	完成的功能正确性，酌情扣20～30分			
	线路调试，调试不正确每次扣10分			
工具仪表使用	正确使用工具，错误扣2分	5分		
	正确使用万用表，错误扣3分			
文明生产	听从监考教师指挥，酌情扣2～3分	10分		
	材料节约、施工清洁，酌情扣3～4分			
	安全文明，酌情扣1～2分			
时间	每超时5min，扣10分，5min以内以5min计算			
合计				
备注	除定额时间外，各项目的最高扣分不应超过配分数			
开始时间：	结束时间：		实际时间：　　　min	

任务2　M7130型平面磨床主电路常见故障的分析与检修

【任务描述】

此任务是M7130型平面磨床主电路常见电气故障分析与检修。重点培养学生综合利用电路图、元件位置图、接线图等资料，根据具体故障现象分析、查找故障的能力。此任务要求学生熟悉机床电气设备检修的一般要求和方法，掌握M7130型平面磨床主电路常见电气故障的检修方法。

【任务分析】

机床在使用过程中不可避免地会发生各种电气故障，一旦发生故障，应采用正确的方法，查明故障原因并修复故障，以保证设备的正常使用。本任务的主要内容是学习M7130型平面磨床主电路常见故障的检修方法，熟悉机床电气设备检修的一般要求和方法。在检修时结合相关知识中所讲实例，认真观摩教师的示范检修，掌握检修 M7130型平面磨床主电路的基本步骤和方法。实训结束后，自觉将所用工具、仪表、器材及设备进行保养和归位，做好实训工位和场地的卫生工作。

【相关知识】

一、M7130型平面磨床主电路

M7130型平面磨床主电路中各电动机控制功能如表11-3。

表11-3　M7130型平面磨床各电动机控制功能

电动机名称	控制电路	短路保护	过载保护	用途
砂轮电动机 M_1	KM_1	FU_1	FR_1	拖动砂轮高速旋转
冷却泵电动机 M_2	KM_1、X_1	FU_1	FR_2	磨削加工过程中提供冷却液
液压泵电动机 M_3	KM_2	FU_1	FR_2	带动工作台往返运动以及砂轮架进给运动

二、M7130型平面磨床主电路常见电气故障分析与检修举例

1.砂轮电动机和液压泵电动机都不能启动

（1）观察故障现象。先将转换开关QS_2扳到"吸合"位置，再合上电源开关QS。然后按下启动按钮SB_1，接触器KM_1不吸合，砂轮电动机M_1不启动。按下SB_3启动按钮，接触器KM_2也不吸合，液压泵电动机也不能启动。再按下照明开关，照明灯也不亮。

（2）判断故障范围。M_1、M_3电动机都不能启动，其主要原因是接触器KM_1、KM_2都没有吸合，由于照明灯也不能正常工作，说明控制电路的电源电压不正常。

（3）查找故障点。电笔测试法判断故障点的方法步骤如下：

①断开电源开关QS，取下熔断器FU_3的熔芯，重新合上QS。

②用电笔测依次测量L_1相电源电路的各点，若电笔不能正常发光，则说明故障点就在测试点前级。例如，用电笔测量FU_1的出线端时，电笔不亮，则说明故障为FU_1熔断；测量FU_2的进线端接点时，电笔不亮，则说明故障为连接FU_1与FU_2之间的导线松脱或断线。

③用同样的方法可以判断L_2和L_3相电源电路中的故障点。

（4）故障排除。根据故障情况，采用合适的方法维修故障点。

（5）通电试车。通电检查磨床各项操作，应符合各项技术要求。

2.砂轮电动机M_1不能启动运行

（1）观察故障现象。先将转换开关QS_2扳到"吸合"位置，再合上电源开关QS。然后按下启动按钮SB_1，接触器KM_1吸合，但砂轮电动机M_1不启动。按下SB_3启动按钮，接触器KM_2吸合，液压泵电动机M_3能正常启动运行。

（2）判断故障范围。虽然砂轮电动机M_1不能启动，但接触器KM_1能正常吸合，且液压泵电动机M_3也能正常启动运行，所以故障应位于M_1自身的主电路中。

（3）查找故障点。采用试灯法判断故障点的方法步骤如下：

①断开电源开关QS，拔下接插器XS$_1$，拆下砂轮电动机M$_1$三相定子绕组中的任意两相接线端，并做好绝缘处理。

②合上电源开关QS，按下启动按钮SB$_1$，接触器KM$_1$线圈得电动作，接触器KM$_1$主触头吸合，将校验灯（380V）的一端（假设为1脚）引线接在U相熔断器FU$_1$的出线端接点上并保持不变，灯的另一端（假设为2脚）引线接V相在KM$_1$主触头进线端，若校验灯不亮，则故障为连接FU$_1$与KM$_1$主触头之间的导线松动或断线。

③将灯的2脚引线接在V相KM$_1$主触头出线端，若校验灯不亮，则故障为KM$_1$主触头接触不良。

④将灯的2脚引线接在V相FR$_1$热元件进线端，若校验灯不亮，则故障为连接FR$_1$与KM$_1$主触头之间的导线松动或断线。

⑤将灯的2脚引线接在V相FR$_1$热元件出线端，若校验灯不亮，则故障为FR$_1$热元件断路。

⑥将灯的2脚引线接砂轮电动机M$_1$的V相定子绕组的接线端子上，若校验灯不亮，则说明故障为连接FR$_1$热元件与M$_1$的V相绕组之间的导线松动或断线。

⑦采用上述同样的方法查找电动机M$_1$与W相电路中的故障点。

⑧将校验灯的1脚接在V相熔断器FU$_1$的出线端接点上并保持不变，灯的2脚引线接U相电路中的各点，根据灯的发光情况可以判断出故障点。

（4）故障排除。根据故障具体情况，采用恰当的方法排除故障点，然后恢复M$_1$定子绕组接线。

（5）通电试车。通电检查磨床各项操作，应符合各项技术要求。

3.冷却泵电动机不能启动，并发出"嗡嗡"声

（1）观察故障现象。先将转换开关QS$_2$扳到"吸合"位置，再合上电源开关QS。然后按下启动按钮SB$_1$，接触器KM$_1$吸合，砂轮电动机M$_1$启动。插上接插器XS$_1$后，冷却泵电动机不能启动，并发出嗡嗡声。

（2）判断故障范围。由于砂轮电动机M$_1$工作正常，所以故障出现在冷却泵电动机M$_2$的主电路中，且为缺相运行。

（3）查找故障点。采用电阻测量法查找故障点。断开电源开关QS，将万用表转换开关调至欧姆R×100挡，分别测量M$_1$的U相与M$_2$的U相，M$_1$的V相与M$_2$的V相，M$_1$的W相与M$_2$的W相定子绕组电阻值，若阻值为零则正常，若阻值较大则不正常（该阻值为M$_1$与M$_2$绕组的直流电阻）。如实际测量M$_1$的V相与M$_2$的V相之间阻值较大，则说明接插器V相接触不良。

（4）故障排除。根据情况调整接插器静触头距离，或更换接插器XS$_1$。

（5）通电试车。通电检查磨床各项操作，应符合各项技术要求。

4.液压泵电动机M$_3$主电路常见故障检修

一般可采用电笔测量法、校验灯和电压测量法等方法来检修故障点，方法步骤同前述

相似。

5.提示

（1）检修前要认真阅读电路图，熟练掌握各个控制环节的原理及作用。

（2）熟悉M7130型平面磨床电器布局及走线通道，掌握各操作手柄、开关及电器的功能。

（3）学生在检修前要认真观摩教师的示范检修过程。

（4）停电要验电。带电检修时，必须有指导教师在现场监护，以确保用电安全，同时要做好训练记录。

【任务实施】

一、任务名称

M7130型平面磨床主电路常见故障的分析及检。

二、设备、仪表、工具

1.设备

M7130型平面磨床。

2.仪表

万用表、钳形电流表、兆欧表等。

3.工具

常用电工工具1套（测电笔、电工刀、剥线钳、尖嘴钳、偏口钳、螺钉旋具扳手等）、验电器、校验灯等。

三、实训步骤

1.观摩检修

结合M7130型平面磨床【相关知识】中所讲实例，认真观摩教师的示范检修，掌握检修M7130型平面磨床电气线路的基本步骤和方法。

2.检修训练

断开电源，在M7130型平面磨床电气线路的主电路中设置电气故障点1～3处，按照正确的检修方法进行检修练习，并做好维修记录。

3.故障设置时的注意事项

（1）人为设置的故障必须是模拟机床在使用过程中出现的自然故障。

（2）不能通过更改线路或更换电器元件来设置故障。

（3）设置故障不能损坏电器元件，不能破坏线路美观，不能设置易造成人身或设备事故的故障点。

（4）设置的故障必须先易后难，先设置单个故障，然后过渡到两个或两个以上故障；当设置一个以上故障点时，故障现象尽可以不要相互掩盖。

4.实训注意事项

（1）检修设备前要认真识读、分析电路图，熟练掌握各个控制环节的作用及原理，并认真观摩教师的示范检修。

（2）检修过程中要注意人身安全，所使用的工具和仪表应符合使用要求。

（3）检修时，严禁扩大故障范围或产生新的故障点；不得采用更换元件、改变线路的方法修复故障点。

（4）停电要验电，带电检修时，必须有指导教师在现场监护，以确保操作安全，同时要做好检修记录。

四、成绩评定

成绩评定见表11-4。

表11-4　评分表

项目内容	评分标准	配分	扣分	得分
故障分析	检修思路不正确扣5～10分	30分		
	标错故障电路范围扣15分			
排除故障	停电不验电扣5分；工具及仪表使用不当扣5分	60分		
	不能查出故障扣30分			
	查出故障点但不能排除扣25分			
	产生新的故障或扩大故障范围不能排除，每个扣30分，已经排除，每个扣15分			
	6 损坏电气元件，每只扣10～60分			
安全文明生产	违反安全文明生产规程，扣1～10分	10分		
定额时间1h	不允许超时检查，若在修复故障过程中才允许超时，但能每超5min扣5分			
备注	除定额时间外，各项内容的最高扣分不得超过配分数			
开始时间：	结束时间：			
合计				

任务3　M7130型平面磨床控制电路常见故障分析与检修

【任务描述】

此任务是M7130型平面磨床控制电路常见电气故障分析与检修。重点培养综合利用电路图、元件位置图、接线图等资料，根据具体故障现象分析、查找故障的能力。此任务要求学生熟悉机床电气设备检修的一般要求和方法，掌握M7130型平面磨床控制电路常见电气故障的检修方法。

【任务分析】

机床在使用过程中不可避免地会发生各种电气故障，一旦发生故障，应采用正确的方法，查明故障原因并修复故障，以保证设备的正常使用。本任务的主要内容是学习M7130型平面磨床控制电路常见故障的检修方法，熟悉机床电气设备检修的一般要求和方法。在检修时结合相关知识中所讲实例，认真观摩教师的示范检修，掌握检修M7130型平面磨床控制电路的基本步骤和方法。实训结束后，自觉将所用工具、仪表、器材及设备进行保养和归位，做好实训工位和场地的卫生工作。

【相关知识】

一、M7130型平面磨床电气控制电路

1.砂轮电动机M_1和冷却泵电动机M_2控制

SB_1、SB_2为砂轮电动机M_1和冷却泵电动机M_2的启动和停止按钮，在QS_2或KA的常开触点闭合情况下，按下SB_1按钮，KM_1线圈得电，辅助触点闭合自锁，电动机M_1和M_2旋转，按下SB_2按钮，砂轮和冷却泵电动机停止旋转。

2.液压泵电动机M_3控制

SB_3、SB_4为液压泵电动机M_3的启动和停止按钮，在QS_2或KA的常开触点闭合情况下，按下SB_3按钮，KM_2线圈得电，辅助触点闭合自锁，电动机M_3旋转，按下按钮SB_4即可停止。

3.电磁吸盘控制电路的分析

电磁吸盘电路包括整流电路，控制电路和保护电路三部分。整流变压器T1将220V交流电压降为145V，然后经桥式整后输出110V直流电压。QS_2是电磁吸盘YH的转换开关，有"励磁""断电"和"退磁"3个位置。QS_2放置吸合位置，触点（205—206）和（208—209）闭合，分两路：一路电磁吸盘YH通电，工件被吸引；另一路KA得电，KA（3—4）闭合，去控制砂轮和液压泵电压机工作。

4.照明电路

照明变压器T_2将380V的交流电压降为36V的安全电压。EL为照明灯，一端接地，另一端由开关SA控制，FU_3熔断器作照明电路的短路保护。

二、M7130型平面磨床控制电路常见电气故障分析与检修举例

首先由教师在M7130型平面磨床上人为设置故障点，观察教师示范检修过程，然后自行完成故障点的检修实训任务。

1.砂轮电动机和液压泵电动机都不能启动

（1）观察故障现象。先将转换开关QS_2扳到"吸合"位置，再合上电源开关QS。然后按下启动按钮SB_1，接触器KM_1不吸合，砂轮电动机M_1不启动。按下SB_3启动按钮，接触器KM_2也不吸合，液压泵电动机也不能启动。再按下照明开关，照明灯能正常发光。

（2）判断故障范围。M_1、M_3电动机都不能启动，其主要原因是接触器KM_1、KM_2都没有吸合，由于照明灯能正常工作，说明控制电路的电源电压不正常，一般情况下不会凑巧SB_1和SB_3同时接触不良，故障大多数位于控制线路的公共部分。因此，其故障范围是：1号→FR_1触点→2号→FR_2触点→3号→KA触点→4号→9号。

（3）查找故障点。采用电压测量法查找故障点，将万用表转换开关调至500V挡，黑表笔接熔断器FU_2（9号点），红表笔依次测量下列各点：a.热继电器FR_1（1号点），测

得电压380V正常。b.热继电器FR₁（2号点），测得电压380V正常。c.热继电器FR₂（2号点），测得电压380V正常。d.热继电器FR₂（3号点），测得电压0V为不正常，说明FR₂常闭触头接触不良。

（4）故障排除。断开电源开关QS，修复或更换FR₂触头。

（5）通电试车。通电检查磨床各项操作，应符合各项技术要求。

2.砂轮电动机M₁启动后不能连续运行

（1）观察故障现象。先将转换开关QS₂扳到"吸合"位置，再合上电源开关QS。然后按下启动按钮SB₁，砂轮电动机M₁立即启动运行，但手松开SB₁后，砂轮电动机M₁随即停止。

（2）判断故障范围。这一故障现象为砂轮电动机M₁不能连续运转，出现了点动控制，显然故障为交流接触器KM₁的自锁触头接触不良或连接导线松脱。

（3）查找故障点。采用电阻法测量查找故障点。将万用表转换开关调至欧姆R×100挡，断开电源开关QS，再将转换开关QS₂扳到"放松"位置，人为按下交流接触器KM₁的动作按钮，依次测量下列各点之间的电阻值。

①测得停止按钮SB₂（5点）和交流接触器KM₁（5点）之间电阻值为零则正常。

②测得交流接触器KM₁自锁触头的5点和6点之间电阻值为零则正常。

③测得交流接触器KM₁自锁触头的5点和6点之间电阻值为无穷大则不正常。

（4）故障排除。断开电源开关QS的情况下，用旋具紧固交流接触器KM₁自锁触头和交流接触器KM₁线圈之间的6号线端头，若故障依旧，则更换同规格的6号线即可。

（5）通电试车。通电检查磨床各项操作，应符合各项技术要求。

3.液压泵电动机M₃不能启动

（1）观察故障现象。先将转换开关QS₂扳到"吸合"位置，再合上电源开关QS。然后按下启动按钮SB₁，砂轮电动机M₁立即启动运行，再按下SB₃启动按钮，液压泵电动机不能启动。

（2）判断故障范围。按下SB₃启动按钮，进一步观察交流接触器KM₂是否吸合，如果KM₂不吸合则故障发生在控制线路部分。又由于KM₁能正常吸合，所以故障范围：4号—SB4—7号—SB3—8号—KM2线圈—9号。

（3）查找故障点。采用电压测量法查找故障。将万用表转换开关调至500V挡，黑表笔接熔断器FU₂（9号点），将转换开关QS₂扳到"吸合"位置，合上电源开关QS。然后按下启动按钮SB3不放，红表笔依次测量下列各点：a.停止按钮SB₄（4号点），测得电压380V正常。b.停止按钮SB₄（7号点），测得电压380V正常。c.启动按钮SB₃（7号点），测得电压380V正常。d.启动按钮SB₃（8号点），测得电压0V为不正常，说明SB₃触头闭合时接触不良。

（4）故障排除。断开电源开关QS，修复或更换SB₃触头。

（5）通电试车。通电检查磨床各项操作，应符合各项技术要求。

4.电磁吸盘无吸力

(1) 观察故障现象。先合上电源开关QS，再将转换开关QS$_2$扳到"吸合"位置，发现电磁吸盘无吸力，再按下SB$_1$和SB$_3$启动按钮，KM$_1$和KM$_2$都不吸合（欠电流继电器KA没吸合），但是，照明灯能正常工作。

(2) 判断故障范围。电磁吸盘无吸力说明没有电流通过电磁吸盘线圈，因此，应该先检测电磁吸盘两端有无电压，然后逐级向变压器T$_1$检测。

(3) 查找故障点。采用电压测量法查找故障点。将万用表转换开关调至直流电压250V挡，依次测量下列各点：①红表笔与R$_3$的208号点相连，黑表笔与R$_3$的210号点相连，测得实际电压为0V不正常。②红表笔与QS$_2$的208号点相连，黑表笔与QS$_2$的209号点相连，测得实际电压为110V不正常。因为QS$_2$（208—209）两端有电压，而R$_3$两端无电压，所以故障点为欠电流继电器KA线圈断路或接线松脱。

(4) 故障排除。检查欠电流继电器KA线圈的通断情况或紧固接线端头，根据具体情况修复。

(5) 通电试车。通电检查磨床各项操作，应符合各项技术要求。

5.电磁吸盘吸力不足

引起这种故障的原因，一般是电磁吸盘线圈发生局部短路而使电压降低，或整流器输出电压不正常造成的。空载时，整流器直流输出电压应为130V左右，负载时不应低于110V。若整流器空载输出电压正常，带负载时电压远低于110V，则表明电磁吸盘线圈已发生短路，一般需要更换电磁吸盘线圈。

若空载时电磁吸盘电源电压也不正常，大多是因为整流器件短路或断路造成的。应检查整流器VC的交流侧电压及直流侧电压。若交流侧电压正常，直流输出电压不正常，则表明整流器发生元件短路或断路故障，断开电源，用万用表欧姆挡检测整流二极管的好坏，判断出故障部位，查出故障元件，进行更换或修理即可。

【任务实施】

一、任务名称

M7130型平面磨床控制电路常见故障的分析与检修。

二、设备、仪表、工具

1.设备

M7130型平面磨床。

2.仪表

万用表、钳形电流表、兆欧表等。

3.工具

常用电工工具1套（测电笔、电工刀、剥线钳、尖嘴钳、偏口钳、螺钉旋具扳手等），验电器，校验灯等。

三、实训步骤

1.观摩检修

结合M7130型平面磨床【相关知识】中所讲实例，认真观摩教师的示范检修，掌握检修M7130型平面磨床电气线路的基本步骤和方法。

2.检修训练

断开电源，在M7130型平面磨床电气线路的控制电路中设置电气故障点1～3处，按照正确的检修方法进行检修练习，并做好维修记录。

3.故障设置时的注意事项

（1）人为设置的故障必须是模拟机床在使用过程中出现的自然故障。

（2）不能通过更改线路或更换电器元件来设置故障。

（3）设置故障不能损坏电器元件，不能破坏线路美观，不能设置易造成人身或设备事故的故障点。

（4）设置的故障必须先易后难，先设置单个故障，然后过渡到两个或两个以上故障；当设置一个以上故障点时，故障现象尽可能不要相互掩盖。

4.实训注意事项

（1）检修设备前要认真识读、分析电路图，熟练掌握各个控制环节的作用及原理，并认真观摩教师的示范检修。

（2）检修过程中要注意人身安全，所使用的工具和仪表应符合使用要求。

（3）检修时，严禁扩大故障范围或产生新的故障点；不得采用更换元件、改变线路的方法修复故障点。

（4）停电要验电，带电检修时，必须有指导教师在现场监护，以确保操作安全，同时要做好检修记录。

四、成绩评定

成绩评定见表11-5。

表11-5 评分表

项目内容	评分标准	配分	扣分	得分
故障分析	检修思路不正确扣 5 ~ 10 分	30 分		
	标错故障电路范围扣 15 分			
排除故障	停电不验电扣 5 分	60 分		
	工具及仪表使用不当扣 5 分			
	不能查出故障扣 30 分			
	查出故障点但不能排除扣 25 分			
	产生新的故障或扩大故障范围不能排除，每个扣 30 分，已经排除，每个扣 15 分			
	损坏电气元件，每只扣 10 ~ 60 分			

项目内容	评分标准	配分	扣分	得分
安全文明生产	违反安全文明生产规程，扣 1～10 分	10 分		
定额时间 1h	不允许超时检查，若在修复故障过程中才允许超时，但每超 5min 扣 5 分			
备注	除定额时间外，各项内容的最高扣分不得超过配分数			
开始时间：	结束时间：			
合计				

项目十二　X62W万能铣床电气控制线路检修

【知识目标】

　　1.掌握X62W万能铣床电气控制电路读图和工作原理。

　　2.掌握X62W万能铣床电气设备维修一般要求和方法。

【技能目标】

　　1.掌握X62W万能铣床电气控制线路安装调试方法。

　　2.掌握X62W万能铣床电气控制线路故障分析方法和维修技术。

任务1　X62W万能铣床电气控制线路安装调试

【任务描述】

　　此任务是X62W万能铣床电气控制线路安装调试。学生能根据X62W万能铣床电气原理图和实际情况设计X62W万能铣床的电器布置图，能根据电气元件的安装布置要点，做好电气元件的布置方案，合理布置和安装电气元件，做到安装的器件整齐、布线美观、好看，安装检测完成后通电试车。此任务要求学生了解X62W万能铣床的基本组成和控制过程，了解X62W万能铣床电气控制线路的特点，提高读识分析一般控制线路的综合能力，学会分析排除X62W万能铣床控制电路的故障。

【任务分析】

　　本任务中，通过实物X62W万能铣床，了解X62W万能铣床或其他型号，学生在认识电气原理图和电气接线图的基础上，分析了解电气元件在X62W万能铣床电路中的作用，同时在认识电路原理和功能的基础上，应根据任务要求，准备工具和材料，做好工作现场准备，严格遵守作业规范进行施工，安装完毕后进行排除X62W万能铣床控制电路的故障。学生操作时必须在熟悉车床的基本结构和操纵系统的前提下，才能动手进行操作训练，操作时必须有教师在场监护指导。实训结束后，自觉将所用工具、仪表、器材及设备进行保养和归位，做好实训工位和场地的卫生工作。

【相关知识】

一、X62W万能铣床的主要结构和运动形式

　　磨床可用于加工平面、斜面和沟槽；如果装上分度头，可以铣切直齿齿轮和螺旋面；如果装上圆工作台，还可以加工凸轮和弧形槽。铣床的种类很多，常用的万能铣床有X62W型卧式万能铣床和X53K型立式万能铣床。下面以X62W万能铣床为例进行分析。

　　X62W万能铣床的主要结构如图12-1所示，床身固定在底座上，内装主轴传动机构和变速机构，床身顶部有水平导轨，悬梁可沿导轨水平移动。刀杆支架可在悬梁上水平移

动。升降台可沿床身垂直导轨上下移动。横溜板在升降的水平导轨上可做平行于主轴轴线方向横向移动。工作台可沿导轨做垂直于主轴轴线的纵向移动，还可绕垂直轴线左右旋转45°加工螺旋槽。

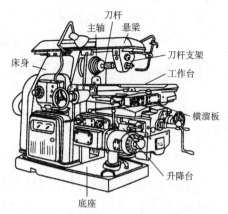

图12-1　X62W型万能铣床结构示意图

X62W万能铣床有3种运行：主运动、进给运动和辅助运动。主运动：是指主轴带动铣刀的旋转运动。铣床加工一般有顺铣和逆铣两种，要求主轴能正反转，但铣刀种类选定了，铣削方向也就定了，通常主轴运动的方向不需要经常改变。进给运动：的进给运动是指工作台的前后（横向）、左右（纵向）和上下（垂直）6个方向的运动，或圆工作台的旋转运动。辅助运动：铣床的辅助运动是指工作台在进给方向上的快速运动、旋转运动等。

二、铣床的电力拖动形式和控制要求

（1）机床要求有3台电动机，分别称为主轴电动机、进给电动机和冷却泵电动机。

（2）由于加工时有顺铣和逆铣两种，所以要求主轴电动机能正反转及在变速时能瞬时冲动一下，以利于齿轮的啮合，并要求还能制动停车和实现两地控制。

（3）冷却泵电动机只要求单方向旋转。

（4）主轴电动机与进给电动机需实现两台电动机的联锁控制，即主轴工作后才能进行进给。

（5）工作台的3种运行动形式，6个方向的移动是依靠机械的方法来达到的，对进给

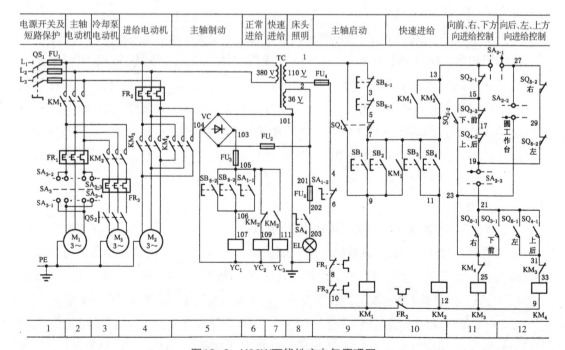

图12-2　X62W万能铣床电气原理图

电动机要求能正反转，且要求纵向、横向、垂直3种运动形式，相互间应有联锁，以确保操作安全。同时要求工作台进给变速时，电动机也能瞬间冲动，快速进给及两地控制等要求。

三、X62W型万能铣床电气控制电路分析

图12-2是1982年以后改进的线路，适合于X62W卧式和X53K立式两类万能铣床。

电路的电器元件明细见表12-1。

表12-1　X62W万能铣床电器元件明细表

符号	名称	型号	规格	数量	用途
M_1	主轴电动机	JO2-51-4	7.5kW 1450r/min	1	主轴运动动力
M_2	主轴电动机	JO2-51-4	1.5kW 1410r/min	1	进给和辅助运动动力
M_3	冷却泵电动机	JCB-22	0.125W 790r/min	1	提供冷却液
FR_1	热继电器	JR0-40/3	热元件额定电流16A，整定电流13.85A	1	M_1 有过载保护
FR_2	热继电器	JR10-10/3	10号热元件，整定电流3.42A	1	M_2 有过载保护
FR_3	热继电器	JR10-10/3	1号热元件，整定电流0.145A	1	M_3 有过载保护
KM_1	交流接触器	CJ10-20	20A 线圈电压110V	1	M_1 的运行控制
KM_2	交流接触器	CJ10-10	10A 线圈电压110V	1	M_3 的运行控制
KM_3 KM_4	交流接触器	CJ10-10	10A 线圈电压110V	1	M_2 的正反转控制
YC_1	电磁离合器	定做		1	主轴制动
YC_2	电磁离合器	定做		1	正常进给
YC_3	电磁离合器	定做		1	快速进给
FU_1	熔断器	RL1-60	380V 60A 配60A熔体	3	全电路的短路保护
FU_2	熔断器	RL1-15	380V 15A 配5A熔体	1	整流器的短路保护
FU_3	熔断器	RL1-15	380V 15A 配5A熔体	1	直流控制电路短路保护
FU_4	熔断器	RL1-15	380V 15A 配5A熔体	1	交流控制电路短路保护
FU_5	熔断器	RL1-15	380V15A 配1A熔体	1	照明电路短路保护
SB_1 SB_2	按钮开关	LA2	500V 5A 红色	2	M_1 启动按钮
SB_3 SB_4	按钮开关	LA2	500V 5A 绿色	2	快速进给点动按钮
SB_5 SB_6	按钮开关	LA2	500V 5A 黑色	2	M_1 停机、制动按钮
QS_1	组合开关	Hz1-60/3J	三极 60A 500V	1	电源引入开关
QS_2	组合开关	Hz1-10/3J	三极 10A 500V	1	M_3 控制开关
SA_1	组合开关	Hz1-10/3J	三极 10A 500V	1	换刀制动开关

符号	名称	型号	规格	数量	用途
SA_2	组合开关	Hz1-10/3J	三极 10A 500V	1	圆工作台开关
SA_3	组合开关	HX3-60/3J	三极 60A 500V	1	M_1换相开关
SA_4	组合开关	Hz10-10/2	二极 10A	1	照明灯开关
SQ_1	行程开关	LX1-11K	开启式 6A	1	主轴变速冲动开关
SQ_2	行程开关	LX3-11K	开启式 6A	1	进给变速冲动开关
$SQ_3 \sim$ SQ_6	行程开关	LX2-131	单轮自动复位 6A	4	进给运动控制开关
TC_1	控制变压器	BK-150	150V·A 380/110V	1	提供控制电路电压
TC_2	整流变压器	BK-100	100V·A 380/36V	1	提供整流电路电压
TC_3	整流变压器	BK-500	50V·A 380/24V	1	提供照明电路电压
VC	整流器	4×2ZC		1	电磁离合器直流电源
EL	铣床照明灯	K-2	带 40W、24V 白炽灯	1	工作照明

1.主电路

（1）有3台电动机，M_1为主轴电动机，担负主轴旋转运动，M_2为进给电动机，担负进给辅助运动；M_3为冷却泵电动机，将冷却液输送到机床切削部位。

（2）M_1由KM_1控制，顺铣和逆铣加工要求主轴正、反转。M_1的正、反转采用组合开关SA_3改变电源相序实现。

（3）进给电机M_2由KM_3、KM_4控制正、反转，采用机械操纵手柄和行程开关相配合的方法实现6个方向进给运动的互锁。

（4）主轴运动和进给运动采用变速孔盘选择速度。为使变速齿轮良好的啮合，分别通过行程开关SQ_1和SQ_2实现变速后的瞬时点动。

（5）主轴电机、冷却泵电机和进给电机共用FU_1作短路保护，过载保护分别由FR_1和FR_2、FR_3实现。当主轴电机或冷却泵电机过载时，控制电路全部切断，但进给电机过载，只切断进给控制电路。

2.控制电路

（1）由控制变压器TC_1提供110V工作电压，FU_4提供变压器二次的短路保护。

（2）该电路设置换刀专用开关SA_1，为了换铣刀时方便，安全，换刀时，在将主轴电机制动时，将控制电路切断，避免人身事故。

（3）采用多片式电磁离合器控制，其中YC_1为主轴制动，YC_2用于工作进给，YC_3用于快速进给，解决旧式铣床中速度继电器和牵引电磁铁易损的问题。具有传递转矩大，体积小，易于安装在机床内部，并能在工作中接入和切除，便于实现自动化等优点。

3.电路工作原理

（1）主轴电机M_1的控制。

①主轴电机的启动。两地控制：启动按钮SB_1和停止按钮SB_{5-1}为一组；启动按钮SB_2和停止按钮SB_{6-1}为一组，分别安装在工作台和机床床身上。启动前，选好主轴转速，并将主轴换向转换开关SA_3扳到所需转向上。按下启动按钮SB_1或SB_2，KM_1通电吸合并自锁，主电机M_1启动。KM_1的辅助常开触头（7—13）闭合，接通进给控制线路电源，保证只有先启动主电机，才可启动进给电机，避免损坏工件或刀具。

②主轴电机的制动。为使主轴停车准确，且减少电能损耗，主轴采用电磁离合器制动。电磁离合器安装在主轴传动链中与电机主轴相连的第一根传动轴上。当按下停车按钮SB_{5-1}或SB_{6-1}时，KM_1断电释放，M_1失电。同时停止按钮常开触头SB_{5-2}或SB_{6-2}接通电磁离合器YC_1，离合器吸合，将摩擦片压紧，对主轴电机制动。直到主轴停止转动，才松开停止按钮。主轴制动时间不超过0.5S。

③主轴变速冲动。主轴变速通过改变齿轮传动比实现，当改变了传动比的齿轮组重新啮合时，如齿未对上而直接启动，有可能使齿轮打牙。为此，设置主轴变速瞬时点动控制线路。变速时，先将变速手柄拉出，再转动蘑菇形变速手轮，调到所需转速，然后将变速手柄复位。在复位过程中，压动行程开关SQ_1，常闭触头（5—7）先断开，常开触头（1—9）后闭合，KM_1线圈瞬时通电，主轴电机做瞬时点动，使齿轮系统抖动一下，达到良好啮合。当手柄复位后，SQ_1复位，断开主轴瞬时点动线路。若点动一次没有良好啮合，可重复上述动作。

④主轴换刀控制。回转工作台开关SA_1动作情况，在上刀或换刀时，为避免事故，应将主轴置于制动状态。线路中设置了换刀制动开关SA_1。只要将SA_1扳到"接通"位，常开触头SA_{1-1}接通电磁离合器YC_1，主轴处于制动状态。同时，常闭触头SA_{1-2}断开，切断控制回路电源。保证上刀或换刀时，机床不动作。上刀、换刀结束后，应将SA_1扳回"断开"位。

（2）进给运动控制。工作台进给：工作进给和快速进给。工作进给只在主轴启动后才可进行，快速进给是点动控制，即使不启动主轴也可进行。

工作台左、右、前、后、上、下6个方向运动都通过操纵手柄和机械联动机构带动相应行程开关使进给电机M_2正转或反转来实现。

行程开关SQ_5、SQ_6控制工作台向右和向左运动，SQ_3、SQ_4控制工作台向前、向下和向后、向上运动。

进给拖动系统用了两个电磁离合器YC_2和YC_3，都安装在进给传动链中第四根轴上。当左边离合器YC_2吸合时而YC_3断电时，连接上工作台的进给传动链条，为工作进给；当右边离合器YC_3吸合而YC_2断电时，连接上快速移动传动链，为快速进给。

①工作台纵向（左、右）进给。由纵向进给手柄操纵。手柄扳向右边时，联运机构将电动机传动链拨向工作台下面的丝杆，使电机动力通过该丝杠作用于工作台。同时，压下行程开关SQ_5，常开触头SQ_{5-1}闭合，常闭触头$SQ5-2$断开，KM_3线圈通过（12—15—17—19—21—23—25）路径得电吸合，进给电机M_2正转，带动工作台向右运动。

手柄扳向左边时，压下行程SQ_6，常开触头SQ_{6-1}闭合，常闭触头SQ_{6-2}断开，KM_4线圈通电吸合，进给电机M_2反转，带动工作台向左运动。

SA_2为圆工作台控制开关，此时应处于"断开"位置，其3组触点状态为：SA_{2-1}、SA_{2-3}接通，SA_{2-2}断开。

②工作台垂直（上、下）与横向（前、后）进给。由垂直与横向进给手柄操纵。该手柄有5个位置：即上、下、前、后、中间。手柄向上或向下时，机械机构将电动机传动链和升降台上下移动丝杠相连；向前或向后时，机械机构将电动机传动与溜板下面的丝杆相连；手柄在中间位置时，传动链脱开，电动机停转。

以工作台向下（或向前）运动为例分析：

将手柄扳到向下（或向前）位，手柄通过机械联动机构压下行程开关SQ_3，常开触头SQ_{3-1}闭合，常闭触头SQ_{3-2}断开，KM_3线圈经（12—27—29—19—21—23—25）路径得电吸合，进给电动机M_2正转，带动工作台向下（或向前）运动。将手柄扳到向上（或向后）位，行程开关SQ_4被压下，触点SQ_{4-1}闭合，触点SQ_{4-2}断开，KM_4线圈经（12—27—29—19—21—31—33）路径得电，进给电机M_2反转，带动工作台做向上（或向后）运动。

③进给变速冲动。改变工作台进给速度时，为使齿轮啮合好，也将进给电机瞬时点动一下。操作顺序：先将进给变速的蘑菇形手柄拉出，转动变速盘，选好速度。然后，将手柄继续外拉到极限位，随即推回原位，变速结束。在手柄拉到极限位瞬间，行程开关SQ_2被压，SQ_{2-1}先断开，SQ_{2-2}后接通，KM_3经（12—27—29—17—15—23—25）路径得电，进给电机瞬时正转。在手柄推回原位时，SQ_2复位，进给电机瞬动。由KM_3通电路径知，进给变速只有各进给手柄均在零位时才可进行。

④工作台快移。工作台6个方向的快移由进给电机M_2拖动。进给时，按下快移按钮SB_3或SB_4（两地控制），KM_2得电吸合，常闭触头（105—109）断开电磁离合器YC_2，常开触头（105—111）接通电磁离合器YC_3，KM_2吸合，使进给传动系统跳过齿轮变速链，电动机直接拖动丝杠套，工作台快进，进给方向仍由进给操纵手柄决定。松开SB_3或SB_4，KM_2断电释放，快进过程结束，恢复原来的进给传动状态。

由于KM_1常开触头（7—13）上并联了KM_2的常开触头，故在主电机不启动时，也可快速进给。

（3）圆工作台控制。加工螺旋槽、弧形槽和弧形面时，可在工作台上加装圆工作台。圆工作台的回转运动由进给电机M_2拖动。

使用圆工作台：先将控制开关SA_2扳到"接通"位，SA_{2-2}接通，SA_{2-1}和SA_{2-3}断开。再将工作台进给操纵手柄全部扳到中间位，按下主轴启动按钮SB_1或SB_2，主电机M_1启动，KM_3线圈经（12—15—17—19—29—27—23—25）路径得电，进给电机M_2正转，带动圆工作台做旋转运动。

注意：圆工作台只能沿一个方向做回转运动；工作台进给与圆工作台工作不能同时进行。

（4）冷却泵电机控制与工作照明。只有主电机启动后，冷却电机M_3才能启动。M_3还受QS_2控制。变压器TC_3将380V交流电变为36V安全电压，供照明灯，用转换开关SA_4控制。

（5）控制电路联锁与保护。

①进给运动与主轴运动联锁。进给控制电路接在KM1常开触头（7—13）后，只有主轴启动后，工作台进给才能进行。KM_1常开触头（7—13）上并联了KM_2常开触头，在主轴未启动时，也可快速进给。

②工作台6个运动方向联锁。两条支路：一条是与纵向操纵手柄联动的行程开关SQ_5和SQ_6的两个常闭触头串联支路（27—29—19）；另一条是和垂直与横向操纵手柄联动的行程开关SQ_3和SQ_4的两个常闭触头串联支路（15—17—19）。这两条支路是KM_3或KM_4通电必经之路。只要两个操纵手柄同时扳动。进给电路立即切断，实现工作台各向进给的联锁控制。

③工作台进给与圆工作台联锁。使用圆工作台时，必须将两个进给操纵手柄都置于"中间"位，否则，圆工作台不能运行。

④进给运动方向上极限位置保护。机械和电气相结合，由挡块确定各进给方向上的极限位置。当工作台运动到极限位时，挡块碰撞操纵手柄，使其返回中间位。电气上使得相应进给方向上的行程开关复位，切断了进给电机的控制电路，进给运动停止。

【任务实施】

一、任务名称

X62W 万能铣床电气控制线路安装调试。

二、器材、仪表、工具

1.器材

控制板、走线槽、各种规格导线和坚固件、金属软管、扎带等。

2.仪表

万用表、兆欧表、钳形电流表。

3.工具

常用电工工具1套（测电笔、电工刀、剥线钳、尖嘴钳、偏口钳、螺钉旋具等）。

三、实训步骤

（1）按照表12-1配齐电气设备和元件，并认真检验其规格和质量。

（2）正确选配导线和接线端子板型号等。

（3）在控制板上安装电器元件，与电路图上相同并做好标记，参照原理图进行。

（4）按工艺要求正确配置导线，合理安装，线路走向正确、简洁、牢固。

（5）配电装置及整个系统的保护接地（保护接零）安装必须正确、可靠。

（6）检查各级熔断器间熔体是否符合要求，断路器、热继电器的整定值是否符合要求。

（7）对电动机外部检查（包括转子转动、轴承、风扇及风扇罩、大小端盖、接线盒完整、安全、可靠）。

（8）对电动机电气检查（包括绝缘电阻检查、定子绕组接线方式）。

（9）电动机的安装牢固可靠，机械传动装置安装配合精确牢固，无异常。

（10）电动机接线及试车（点动、启停、试验转向、并检查各电气元件运行是否正常）。

四、调试X62W万能铣床的方法和步骤

（1）合上电源开关QS_1，接通电源。

（2）按下启动按钮SB_1和停止按钮SB_{5-1}为一组；启动按钮SB_2和停止按钮SB_{6-1}为一组，主轴电机是否实现两地控制。

（3）通过主轴变速改变齿轮传动比 是否完成主轴变速冲动。

（4）主轴换刀控制。将SA_1扳到"接通"位，常开触头SA1-1接通电磁离合器YC_1，主轴处于制动状态。同时，常闭触头SA_{1-2}断开，切断控制回路电源。保证上刀或换刀时，机床不动作。上刀、换刀结束后，应将SA_1扳回"断开"位。

（5）进给运动控制。行程开关SQ_5、SQ_6控制工作台向右和向左运动，SQ_3、SQ_4控制工作台向前、向下和向后、向上运动；进给手柄均在零位时能否进给变速冲动；进给时，按下快移按钮SB_3或SB_4能否完成工作台快移；

（6）圆工作台控制。先将控制开关SA_2扳到"接通"位，SA_{2-2}接通，SA_{2-1}和SA_{2-3}断开，带动圆工作台做旋转运动。注意：圆工作台只能沿一个方向做回转运动；工作台进给与圆工作台工作不能同时进行。

（7）冷却泵电机控制与工作照明。只有主电机启动后，冷却电机M_3才能启动。M_3还受QS_2控制。供照明灯，用转换开关SA_4控制。

（8）检查控制电路联锁与保护。进给运动与主轴运动联锁；工作台6个运动方向联锁；工作台进给与圆工作台联锁；进给运动方向上极限位置保护。

五、注意事项

（1）所有的导线不允许有接头。

（2）通电操作时，必须严格遵守安全操作规程的规定，在指导教师的指导下进行。

六、成绩评定

成绩评定见表12-2。

表12-2　评分表

技术要求	评分标准	配分	扣分	得分
器件选择及布置	选择错误一个器件，扣2分	5分		
	元件布置不合理扣3分			

技术要求	评分标准		配分	扣分	得分
整体工艺	走线美观性, 酌情扣 2 ~ 5 分		25 分		
	接线牢固性, 每处扣 1 分				
	线路交叉, 每个交叉点扣 2 分				
线路质量及调试	触点使用正确性, 错误每处扣 5 分		55 分		
	接线柱压线合理, 错误每处扣 1 分				
	导线接头过长或过短, 每处扣 2 分				
	完成的功能正确性, 酌情扣 20 ~ 30 分				
	线路调试, 调试不正确每次扣 10 分				
工具仪表使用	正确使用工具, 错误扣 2 分		5 分		
	正确使用万用表, 错误扣 3 分				
文明生产	听从监考教师指挥, 酌情扣 2 ~ 3 分		10 分		
	材料节约、施工清洁, 酌情扣 3 ~ 4 分				
	安全文明, 酌情扣 1 ~ 2 分				
时间	每超时 5min, 扣 10 分, 5min 以内以 5min 计算				
合计					
备注	除定额时间外, 各项目的最高扣分不应超过配分数				
开始时间:	结束时间:		实际时间:　　　min		

任务2　X62W型万能铣床主轴电动机常见故障分析与检修

【任务描述】

此任务是X62W型万能铣床主电路常见电气故障分析与检修。重点培养综合利用电路图、元件位置图、接线图等资料, 根据具体故障现象分析、查找故障的能力。此任务要求学生熟悉机床电气设备检修的一般要求和方法, 掌握X62W型万能铣床主电路常见电气故障的检修方法。

【任务分析】

机床在使用过程中不可避免地会发生各种电气故障, 一旦发生故障, 应采用正确的方法, 查明故障原因并修复故障, 以保证设备的正常使用。本任务的主要内容是学习X62W型万能铣床主电路常见故障的检修方法, 熟悉机床电气设备检修的一般要求和方法。在检修时结合相关知识中所讲实例, 认真观摩教师的示范检修, 掌握检修X62W型万能铣床主电路的基本步骤和方法。实训结束后, 自觉将所用工具、仪表、器材及设备进行保养和归位, 做好实训工位和场地的卫生工作。

【相关知识】

一、X62W型万能铣床主轴电机控制原理

X62W型万能铣床主轴电机控制原理如图12-2所示。

（1）主轴电机的启动。两地控制：启动按钮SB_1和停止按钮SB_{5-1}为一组；启动按钮SB_2和停止按钮SB_{6-1}为一组，分别安装在工作台和机床床身上。启动前，选好主轴转速，并将主轴换向转换开关SA_3扳到所需转向上。按下启动按钮SB_1或SB_2，KM_1通电吸合并自锁，主电机M_1启动。KM_1的辅助常开触头（7—13）闭合，接通进给控制线路电源，保证只有先启动主电机，才可启动进给电机，避免损坏工件或刀具。

（2）主轴电机的制动。为使主轴停车准确，且减少电能损耗，主轴采用电磁离合器制动。电磁离合器安装在主轴传动链中与电机主轴相连的第一根传动轴上。当按下停车按钮SB_{5-1}或SB_{6-1}时，KM_1断电释放，M_1失电。同时停止按钮常开触头SB_{5-2}或SB_{6-2}接通电磁离合器YC_1，离合器吸合，将摩擦片压紧，对主轴电机制动。直到主轴停止转动，才松开停止按钮。主轴制动时间不超过0.5S。

（3）主轴变速冲动。主轴变速通过改变齿轮传动比实现，当改变了传动比的齿轮组重新啮合时，如齿未对上而直接启动，有可能使齿轮打牙。为此，设置主轴变速瞬时点动控制线路。变速时，先将变速手柄拉出，再转动蘑菇形变速手轮，调到所需转速，然后将变速手柄复位。在复位过程中，压动行程开关SQ_1，常闭触头（5—7）先断开，常开触头（1—9）后闭合，KM_1线圈瞬时通电，主轴电机做瞬时点动，使齿轮系统抖动一下，达到良好啮合。当手柄复位后，SQ_1复位，断开主轴瞬时点动线路。若点动一次没有良好啮合，可重复上述动作。

（4）主轴换刀控制。回转工作台开关SA_1动作情况，在上刀或换刀时，为避免事故，应将主轴置于制动状态。线路中设置了换刀制动开关SA_1。只要将SA_1扳到"接通"位，常开触头SA_{1-1}接通电磁离合器YC_1，主轴处于制动状态。同时，常闭触头SA_{1-2}断开，切断控制回路电源。保证上刀或换刀时，机床不动作。上刀、换刀结束后，应将SA_1扳回"断开"位。

二、X62W型万能铣床主轴电动机常见电气故障分析与检修举例

1.主轴电动机M_1不能启动

（1）观察故障现象。按下启动按钮SB_1或SB_2，KM_1吸合，电动机M_1不能启动。

（2）判断故障范围。

（3）查找故障点。

①合上QS_1，用万用表交流电压挡测量接触器受电端的电压，如果电源电压都为380V，则电源电路正常，转入③步操作，否则转到②步。

②若上述电压其中U与W之间电压不正常，则测量U与W之间的电压，若电压正常说明故障在开关QS_1，不正常说明FU_1开路，查找损坏原因，检修元器件。

③断开电源开关QS_1，SA_3置于正转位置，用电阻挡R×10或者R×100挡测量接触器

输出端U、V、W之间的电阻值，如果阻值比较小，则说明所测电路正常，否则依次检查FR$_1$、SA$_3$、电动机以及它们之间的连接导线。查找损坏原因，检修元器件。

2.主轴电动机M$_1$不能启动

（1）观察故障现象。合上QS$_1$，将进给操作手柄打向某一个方向，按下SB$_3$或者SB$_4$，工作台能够移动，说明KM$_2$正常，则KM$_1$、KM$_2$的公共回路没有故障。故障在KM$_1$线圈支路部分。测量并排除故障，检修元器件。

（2）判断故障范围。

（3）查找故障点。故障在KM$_1$线圈支路部分。测量并排除故障，检修元器件。

3.主轴电动机M$_1$不能启动

（1）观察故障现象。合上QS$_1$，将进给操作手柄打向某一个方向，按下SB$_3$或者SB$_4$，工作台不能移动，故障存在于KM$_1$、KM$_2$的公共回路部分，分别检查公共回路的各个部分。

（2）判断故障范围。

（3）查找故障点。

①控制变压器TC，熔断器FU$_6$的检测。合上QS$_1$，用电压挡测量1与4之间是否电压为110V，是则说明变压器TC没有故障；再测量1与2之间的电压。如果电压为110V说明FU$_4$开路，更换熔断器熔芯；如果没有电压，检查变压器是否损坏，更换变压器。

②开关SA$_1$、热继电器FR$_1$、常闭的检测。合上QS$_1$，用交流电压挡依次测量1—2、1—6、1—8、1—10之间是否电压为110V，当电压突然变为0V时，则电压突变的两点之间就是故障所在。

③按钮SB$_6$、SB$_5$、SQ$_1$常闭触头，SB$_1$、SB$_2$常开触头的检测。操作时需要两位同学配合进行。一位同学按下SB$_1$或SB$_2$，另一位同学用交流电压挡依次测量2—1、2—3、2—5、2—7、2—9之间电压是否为110V，当电压突然变为0V时，则电压突变的两点之间就是故障所在。

④KM$_1$线圈的检测。如果9—10之间的电压为110V时，则说明KM$_1$线圈开路，或连接导线松动需排除或更换线圈。

4.主轴电动机M$_1$不能制动

（1）观察故障现象。按下电动机SB$_5$、SB$_6$，电动机虽然失电但是不能立即停止，则有制动失灵故障。

（2）判断故障范围。

（3）查找故障点。

①合上QS$_1$后，电压表测量104—105之间的电压，如果电压低于36V或为0V，说明直流电源故障。

②再测101—201之间的电压，如果为36V，则直流电源整桥有故障，电路通电后，万用表采用直流电压挡，测量直流输出端电压，若电压下降为正常值的一半，说明一个桥臂

开路故障，至少一个二极管开路；若电压为0V，说明两个桥臂都已开路，至少两个以上二极管开路。分别测量各个二极管，找出损坏的器件，更换同一规格的元件。

③如果101—201之间电压为0V，则故障存在于变压器或FU_2部分。先检查FU_2，再检查TC2。检修或更换器件。

④如果104—105之间无电压，102—105之间有电压，则故障存在于FU_3，需更换熔断器。

⑤合上QS_1后，电压表测量104—105之间的电压，如果有36V左右电压，说明直流电源无故障，则可能是SB_5、SB_6常开触头或者电磁离合器有故障，必要时和钳工配合修理排除故障。

【任务实施】

一、任务名称

X62W型万能铣床主轴电动机M_1常见故障分析与检修。

二、设备、仪表、工具

1.设备

X62W型万能铣床。

2.仪表

万用表、钳形电流表、兆欧表等。

3.工具

常用电工工具1套（测电笔、电工刀、剥线钳、尖嘴钳、偏口钳、螺钉旋具扳手等），验电器，校验灯等。

三、实训步骤

1.观摩检修

结X62W型万能铣床【相关知识】中所讲实例，认真观摩教师的示范检修，掌握检修X62W型万能铣床电气线路的基本步骤和方法。

2.检修训练

断开电源，在X62W型万能铣床电气线路的主电路中设置电气故障点1～3处，按照正确的检修方法进行检修练习，并做好维修记录。

3.故障设置时的注意事项

（1）人为设置的故障必须是模拟机床在使用过程中出现的自然故障。

（2）不能通过更改线路或更换电器元件来设置故障。

（3）设置故障不能损坏电器元件，不能破坏线路美观，不能设置易造成人身或设备事故的故障点。

（4）设置的故障必须先易后难，先设置单个故障，然后过渡到2个或2个以上故障；当设置1个以上故障点时，故障现象尽可以不要相互掩盖。

4.实训注意事项

（1）检修设备前要认真识读、分析电路图，熟练掌握各个控制环节的作用及原理，并认真观摩教师的示范检修。

（2）检修过程中要注意人身安全，所使用的工具和仪表应符合使用要求。

（3）检修时，严禁扩大故障范围或产生新的故障点；不得采用更换元件、改变线路的方法修复故障点。

（4）停电要验电，带电检修时，必须有指导教师在现场监护，以确保操作安全，同时要做好检修记录。

四、成绩评定

成绩评定见表12-3。

表12-3　评分表

项目内容	评分标准	配分	扣分	得分
故障分析	检修思路不正确扣 5 ~ 10 分	30 分		
	标错故障电路范围扣 15 分			
排除故障	停电不验电扣 5 分	60 分		
	工具及仪表使用不当扣 5 分			
	不能查出故障扣 30 分			
	查出故障点但不能排除扣 25 分			
	产生新的故障或扩大故障范围不能排除，每个扣 30 分，已经排除，每个扣 15 分			
	损坏电气元件，每只扣 10 ~ 60 分			
安全文明生产	违反安全文明生产规程，扣 1 ~ 10 分	10 分		
定额时间 1h	不允许超时检查，若在修复故障过程中才允许超时，但每超 5min 扣 5 分			
备注	除定额时间外，各项内容的最高扣分不得超过配分数			
开始时间：	结束时间：			
合计				

任务3　X62W万能铣床进给系统常见故障分析与检修

【任务描述】

此任务是X62W万能铣床进给系统常见电气故障分析与检修。重点培养学生综合利用电路图、元件位置图、接线图等资料，根据具体故障现象分析、查找故障的能力。此任务要求学生熟悉机床电气设备检修的一般要求和方法，掌握X62W万能铣床进给系统常见电气故障的检修方法。

【任务分析】

机床在使用过程中不可避免地会发生各种电气故障，一旦发生故障，应采用正确的方法，查明故障原因并修复故障，以保证设备的正常使用。本任务的主要内容是学习X62W万能铣床进给系统常见故障的检修方法，熟悉机床电气设备检修的一般要求和方法。在检修时结合相关知识中所讲实例，认真观摩教师的示范检修，掌握检修62W万能铣床进给系统的基本步骤和方法。实训结束后，自觉将所用工具、仪表、器材及设备进行保养和归位，做好实训工位和场地的卫生工作。

【相关知识】

一、进给电动机M₂的控制

（1）如图12-2所示，进给电动机的主电路位于4、5区，接触器KM₃、KM₄分别控制电动机的正反转电源，热继电器FR2起过载和断相保护作用。

（2）如图12-2所示，进给电动机的控制电路位于10、11、12区。SQ₂起工作台进给变速时M₂瞬时冲动控制作用。组合开关SA₂是圆工作台选择开关，工作台进给时应该置于断开位置。位置开关SQ₅、SQ₆与左右操作手柄配合，控制工作台左右运动。它们和操作手柄、工作台运动方向的关系如表12-4所示。位置开关SQ₃、SQ₄与上下前后操作手柄配合，控制工作台上下前后运动。它们和操作手柄、工作台运动方向的关系参见表12-5。

表12-4　工作台的进给手柄位置及其控制关系

手柄位置	位置开关动作	接触器动作	电动机 M₂ 转向	工作台运行方向
左	SQ₅	KM₃	正转	向左
中	—	—	停止	停止
右	SQ₆	KM₄	反转	向右

表12-5　工作台上、下、中、前、后进给手柄位置及其控制关系

手柄位置	位置开关动作	接触器动作	电动机 M₂ 转向	工作台运行方向
上	SQ₄	KM₄	反转	向上
下	SQ₃	KM₃	正转	向下
中	—	—	停止	停止
前	SQ₃	KM₃	正转	向前
后	SQ₄	KM₄	反转	向后

（3）工作台快速移动控制电路位于如图12-2中的7和10区。SB₃、SB₄是两地控制的快速移动点动按钮，按下SB₃或SB₄，电磁离合器YC₂断电，YC₃得电，机械装置带动工作台按选定的方向快速移动。YC₂、YC₃与YC₁共用一个电源。

二、X62W万能铣床进给系统的常见故障分析与检修实例

首先由教师在X62W万能铣床上人为设置故障点，观察教师示范检修过程，然后自行完成故障点的检修实训任务。

1.进给电动机M₂不能进给

（1）观察故障现象。X62W万能铣床进给系统的拖动由电动机M₂承担，如果M₂不能

正常启动，进给就不能进行。如果KM_3、KM_4均能吸合，说明故障在主电路。

（2）判断故障范围。

（3）查找故障点。

①合上QS_1后，扳动某个方向的手柄，使KM_3或KM_4吸合，再用电压挡测量FU_1的3组熔断器输出端之间的电压，若电压没有380V，则熔断器开路；若电压是380V，转到下一步。

②测量热继电器FR_2输出端U、V、W之间的电压，若电压没有380V，则热继电器故障，检查并且排除故障，或更换器件；若电压是380V，转到下一步。

③测量接触器KM_3和KM_4的输出端U、V、W之间的电压，若电压没有380V，则热接触器或连接故障，检查并且排除故障；若电压是380V，转到下一步。

④检查连接到电动机的导线接触是否良好，或对电动机进行检查。

2.工作台各个方向不能进给

（1）观察故障现象。如果扳动各个方向手柄，KM_3、KM_4均不能吸合，说明故障在控制电路中，而且是KM_3、KM_4线圈的公共回路部分有故障。

（2）判断故障范围。

（3）查找故障点。断开电源，测量7—13之间KM_1常开触点接触是否良好，测量12—15之间SQ_{2-2}常闭触点是否良好。找出故障、修复或更换器件。

3.工作台不能上下、前后进给故障

（1）观察故障现象。如果扳动左右手柄工作台能够进给，而扳动上、下、前、后手柄工作台均不能进给，则故障范围为位置开关27—29之间的SQ_5常闭触头或19—29之间的SQ_6常闭触头接触不良。

（2）判断故障范围。

（3）查找故障点。切断电源，向任意方向扳动上、下、前、后手柄，使SQ_3或SQ_4的常闭触点断开，切断12—15—17—19—29—27—13之间的闭合回路，用电阻挡测量27—29之间的SQ_5常闭触头或19—29之间的SQ_6常闭触点，查看接触是否良好，器件有无损坏。找出原因，排除故障或更换器件。

4.工作台不能左右进给

（1）观察故障现象。如果扳动上、下、前、后手柄工作台能够进给，而扳动左右手柄工作台不能进给，则故障范围是位置开关15—17之间的SQ_3常闭触头或17—19之间的SQ_4常闭触头接触不良。

（2）判断故障范围。

（3）查找故障点。切断电源，向任意方向扳动上、下、前、后手柄，使SQ_5或SQ_6的常闭触点断开，切断12—15—17—19—29—27—13之间的闭合回路，用电阻挡测量15—17之间的SQ_3常闭触头或17—19之间的SQ_4常闭触点，查看接触是否良好，器件有无损坏。找出原因，排除故障或更换器件。

5.检测工作台不能快速移动

（1）观察故障现象及故障范围。

①如果按下SB_3或SB_4接触器KM_2能够吸合，而且主轴制动正常，则故障范围在电磁离合器YC_2、YC_3部分。

②如果按下SB_3或SB_4接触器KM_2不能够吸合，则故障范围在KM_2线圈回路部分。

③如果主轴也不能正常制动，故障范围为变压器TC整流部分及熔断器FU_2、FU_3开路。

（2）查找故障点。

①检测电磁离合器线圈是否烧毁，配合钳工检查电磁离合器的摩擦片是否损坏。

②按照主轴电动机不能制动中直流电源故障检测方法进行检修，直到排除故障。

【任务实施】

一、任务名称

X62W万能铣床进给系统常见故障分析与检修。

二、设备、仪表、工具

1.设备

X62W型万能铣床。

2.仪表

万用表、钳形电流表、兆欧表等。

3.工具

常用电工工具1套（测电笔、电工刀、剥线钳、尖嘴钳、偏口钳、螺钉旋具扳手等），验电器，校验灯等。

三、实训步骤

1.观摩检修

结合X62W型万能铣床【相关知识】中所讲实例，认真观摩教师的示范检修，掌握检修X62W型万能铣床电气线路的基本步骤和方法。

2.检修训练

断开电源，在X62W型万能铣床电气线路的进给系统中设置电气故障点1～3处，按照正确的检修方法进行检修练习，并做好维修记录。

3.故障设置时的注意事项

（1）人为设置的故障必须是模拟机床在使用过程中出现的自然故障。

（2）不能通过更改线路或更换电器元件来设置故障。

（3）设置故障不能损坏电器元件，不能破坏线路美观，不能设置易造成人身或设备事故的故障点。

（4）设置的故障必须先易后难，先设置单个故障，然后过渡到2个或2个以上故障；当设置1个以上故障点时，故障现象尽可以不要相互掩盖。

4.实训注意事项

（1）检修设备前要认真识读、分析电路图，熟练掌握各个控制环节的作用及原理，并认真观摩教师的示范检修。

（2）检修过程中要注意人身安全，所使用的工具和仪表应符合使用要求。

（3）检修时，严禁扩大故障范围或产生新的故障点；不得采用更换元件、改变线路的方法修复故障点。

（4）停电要验电，带电检修时，必须有指导教师在现场监护，以确保操作安全，同时要做好检修记录。

四、成绩评定

成绩评定见12-6。

表12-6　评分表

项目内容	评分标准	配分	扣分	得分
故障分析	检修思路不正确扣 5 ～ 10 分	30 分		
	标错故障电路范围扣 15 分			
排除故障	停电不验电扣 5 分	60 分		
	工具及仪表使用不当扣 5 分			
	不能查出故障扣 30 分			
	查出故障点但不能排除扣 25 分			
	产生新的故障或扩大故障范围不能排除，每个扣 30 分，已经排除，每个扣 15 分			
	损坏电气元件，每只扣 10 ～ 60 分			
安全文明生产	违反安全文明生产规程，扣 1 ～ 10 分	10 分		
定额时间 1h	不允许超时检查，若在修复故障过程中才允许超时，但每超 5min 扣 5 分			
备注	除定额时间外，各项内容的最高扣分不得超过配分数			
开始时间：	结束时间：			
合计				

项目十三　T68型卧式镗床电气控制线路检修

【知识目标】

1. 掌握T68型卧式镗床电气控制电路读图和工作原理。
2. 掌握T68型卧式镗床电气控制线路安装调试方法。
3. 掌握T68型卧式镗床电气设备维修一般要求和方法。
4. 掌握T68型卧式镗床电气控制线路故障的分析方法。

【技能目标】

1. 掌握T68型卧式镗床电气控制线路安装调试方法。
2. 掌握T68型卧式镗床电气控制线路故障的检修方法与技能。

任务1　T68型卧式镗床电气控制线路安装调试

【任务描述】

此任务是T68型卧式镗床电气控制线路安装调试。学生应能根据T68型卧式镗床电气原理图和实际情况设计T68型卧式镗床的电器布置图，能根据电气元件的安装布置要点，做好电气元件的布置方案，合理布置和安装电气元件，做到安装的器件整齐、布线美观、好看，安装检测完成后通电试车。此任务要求学生了解T68型卧式镗床的基本组成和控制过程，了解T68型卧式镗床电气控制线路的特点，提高读识分析一般控制线路的综合能力，学会分析排除T68型卧式镗床控制电路的故障。

【任务分析】

本任务中，通过实物T68型卧式镗床，了解T68型卧式镗床或其他型号，学生在认识电气原理图和电气接线图的基础上，分析了解电气元件在T68型卧式镗床电路中的作用，同时在认识电路原理和功能的基础上，应根据任务要求，准备工具和材料，做好工作现场准备，严格遵守作业规范进行施工，安装完毕后进行排除T68型卧式镗床控制电路的故障。学生操作时必须在熟悉车床的基本结构和操纵系统的前提下，才能动手进行操作训练，操作时必须有教师在场监护指导。实训结束后，自觉将所用工具、仪表、器材及设备进行保养和归位，做好实训工位和场地的卫生工作。

【相关知识】

一、T68型卧式镗床主要结构及运动形式

镗床是一种孔加工的机床，用来镗孔、钻孔、扩孔和铰孔等，主要用于加工精确的孔和各孔间的距离要求较精确的工件。按结构形式，镗床可分为卧式镗床、立式镗床和坐标镗床等几种，其中以卧式镗床为最常见，本任务以T68卧式镗床为例进行分析。

卧式镗床结构见图13-1，它主要由床身、导轨、前立柱、后立柱、镗头架、上溜板、下溜板等部分组成。镗床在加工时，一般是将工件固定在工作台上，由镗杆或平旋盘（花盘）上固定的刀具进行加工。前立柱：固定地安装在床身的右端，在它的垂直导轨上装有可上下移动的主轴箱。主轴箱：其中装有主轴部件，主运动和进给运动变

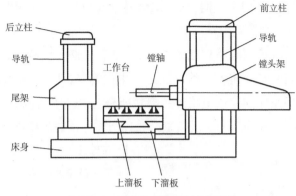

图13-1　T68卧式镗床结示意图

速传动机构以及操纵机构。后立柱：可沿着床身导轨横向移动，调整位置，它上面的镗杆支架可与主轴箱同步垂直移动。如有需要，可将从床身上卸下。工作台：由下溜板，上溜板和回转工作台3层组成。下溜板可沿床身顶面上的水平导轨做纵向移动，上溜板可沿下溜板顶部的导轨做横向移动，回转工作台可以沿溜板的环形导轨上绕垂直轴线转位，能使工件在水平面内调整至一定角度位置，以便在一次安装中对互相平等或成一角度的孔与平面进行加工。

卧式镗床加工时运动有：主运动：主轴的旋转与平旋盘的旋转运动；进给运动：主轴在主轴箱中的进给；平旋盘上刀具的径向进给，主轴箱的升降，即垂直进给；工作台的横向和纵向进给。这些进给运动都可以进行手动或自动。辅助运动：回转工作台的转动；主轴箱、工作台等的进给运动上的快速调位移动；后立柱的纵向调位移动；尾座的垂直调位移动。

二、T68型卧式镗床运动对电气控制电路的要求

（1）主运动与进给运动由一台双速电动机拖动，高低速可选择。

（2）主电动机要求正反转以及点动控制，通过主轴电动机低速正反转实现。

（3）主电动机设有快速准确的停车环节。

（4）主轴变速应有变速冲动环节。

（5）快速移动电动机采用正反转点动控制方式。

（6）进给运动和工作台不同时移动，两者只能取一，必须要有互锁。

三、卧式镗床的电力拖动形式和控制要求

卧式镗床电气原理图如图13-2所示。

1.主电路

T68镗床有2台电动机，M_1是主轴电动机，M_2是快速移动电动机，由于镗床变速范围大，为了减少镗头的体积和简化传动机构，采用双速电动机拖动。熔断器FU_1做电路总的短路保护，FU_2做快速移动电机和控制电路的短路保护。M_1设置热继电器FR过载保护。M_1用接触器KM_1和KM_2控制正反转，接触器KM_3、KM_4和KM_5做三角形-双星形变速切

换。M_2用接触器KM_6和KM_7控制正反转。M_2是短时工作，所以不设置热继电器。

2.控制电路

控制电路包括KM_1～$KM_7$7个交流接触器、KA_1、KA_2两个中间继电器、KT时间继电器共10个电器的线圈支路，由控制变压器TC提供220V工作电压，FU_3提供变压器二次侧短路保护。该电路的主要功能是对主轴电动机M_1进行控制。在启动M_1之前，首先要选择好主轴的转速和进给量（表13-1），同时也要调整好主轴箱和工作台的位置。

表13-1　主轴变速和进给变速时行程开关动作说明

位置触点	变速孔盘拉出（变速时）	变速后变速孔盘推回	位置触点	变速孔盘拉出（变速时）	变速后变速孔盘推回
SQ_3（4—9）	-	+	SQ_4（9—10）	-	+
SQ_3（3—13）	+	-	SQ_4（3—13）	+	-
SQ_5（15—14）	+	-	SQ_6（15—14）	+	-

注：表中"+"表示接通，"-"表示断开

（1）主电动机的启动控制。

①主电动机的点动控制。主电动机的点动有正向点动和反向点动，分别由按钮SB_4和SB_5控制。按SB_4接触器KM_1线圈通电吸合，KM_1的辅助常开触点（3—13）闭合，使接触器KM_4线圈通电吸合，三相电源经KM_1的主触点，电阻R和KM_4的主触点接通主电动机M1的定子绕组，接法为三角形，使电动机在低速下正向旋转。松开SB_4主电动机断电停止。

反向点动与正向点动控制过程相似，由按钮SB_5、接触器KM_2、KM_4来实现。

②主电动机的正、反转控制。当要求主电动机正向低速旋转时，行程开关SQ_7的触点（11—12）处于断开位置，主轴变速和进给变的行程开关SQ_3（4—9）、SQ_4（9—10）均为闭合状态。按SB_2，中间继电器KA_1线圈通电吸合，它有3对常开触点，KA_1常开触点（4—5）闭合自锁；KA_1常开触点（10—11）闭合，接触器KM_3线圈通电吸合，KM_3主触点闭合，电阻R短接；KA_1常开触点（17—14）闭合和KM_3的辅助常开触点（4—17）闭合，使接触器KM_1线圈通电吸合，并将KM_1线圈自锁。KM_1的辅助常开触点（3—13）闭合，接通主电动机低速用接触器KM_4线圈，使其通电吸合。由于接触器KM_1、KM_3、KM_4的主触点均闭合，故主电动机在全电压、定子绕组三角形连接下直接启动，低速运行。

当要求主电动机为高速旋转时，行程开关SQ_7的触点（11—12）、SQ_3（4—9）、SQ_4（9—10）均处于闭合状态。按SB_2后，一方面KA_1、KM_3、KM_1、KM_4的线圈相继通电吸合，使主电动机在低速下直接启动；另一方面由于SQ_7（11—12）的闭合，使时间继电器KT（通电延时式）线圈通电吸合，经延时后，KT的通电延时断开的常闭触点（13—20）断开，KM_4线圈断电，主电动机的定子绕组脱离三相电源，而KT的通电延时闭合的常开触点（13—22）闭合，使接触器KM_5线圈通电吸合，KM_5的主触点闭合，将主电动机的定子绕组接成双星形后，重新接到三相电源，故从低速启动转为高速旋转。

主电动机的反向低速或高速的启动旋转过程与正向启动旋转过程相似，但是反向启动旋转所用的电器为按钮SB_3、中间继电器KA_2，接触器KM_3、KM_2、KM_4、KM_5、时间继电器KT。

（2）主电动机的反接制动的控制。当主电动机正转时，速度继电器KV正转，常开触点KV（13—18）闭合，而正转的常闭触点KV（13—15）断开。主电动机反转时，KV反转，常开触点KV（13—14）闭合，为主电动机正转或反转停止时的反接制动做准备。按停止按钮SB₁后，主电动机的电源反接，迅速制动，转速降至速度继电器的复位转速时，其常开触点断开，自动切断三相电源，主电动机停转。具体的反接制动过程如下所述：

①主电动机正转时的反接制动。设主电动机为低速正转时，电器KA₁、KM₁、KM₃、KM₄的线圈通电吸合，KV的常开触点KV（13—18）闭合。按SB₁，SB₁的常闭触点（3—4）先断开，使KA₁、KM₃线圈断电，KA₁的常开触点（17—14）断开，又使KM₁线圈断电，一方面使KM₁的主触点断开，主电动机脱离三相电源；另一方面使KM₁（3—13）分断，使KM₄断电；SB₁的常开触点（3—13）随后闭合，使KM₄重新吸合，此时主电动机由于惯性转速还很高，KV（13—18）仍闭合，故使KM₂线圈通电吸合并自锁，KM₂的主触点闭合，使三相电源反接后经电阻R、KM₄的主触点接到主电动机定子绕组，进行反接制动。当转速接近零时，KV正转常开触点KV（13—18）断开，KM₂线圈断电，反接制动完毕。

②主电动机反转时的反接制动。反转时的制动过程与正转制动过程相似，但是所用的电器是KM₁、KM₄、KV的反转常开触点KV（13—14）。

③主电动机工作在高速正转及高速反转时的反接制动过程可仿上自行分析。在此仅指明，高速正转时反接制动所用的电器是KM₂、KM₄、KV（13—18）触点；高速反转时反接制动所用的电器是KM₁、KM₄、KV（13—14）触点。

（3）主轴或进给变速时主电动机的缓慢转动控制。主轴或进给变速既可以在停车时进行，又可以在镗床运行中变速。为使变速齿轮更好的啮合，可接通主电动机的缓慢转动控制电路。

当主轴变速时，将变速孔盘拉出，行程开关SQ₃常开触点SQ₃（4—9）断开，接触器KM₃线圈断电，主电路中接入电阻R，KM₃的辅助常开触点（4—17）断开，使KM₁线圈断电，主电动机脱离三相电源。所以，该机床可以在运行中变速，主电动机能自动停止。旋转变速孔盘，选好所需的转速后，将孔盘推入。在此过程中，若滑移齿轮的齿和固定齿轮的齿发生顶撞时，则孔盘不能推回原位，行程开关SQ₃、SQ₅的常闭触点SQ₃（3—13）、SQ₅（15—14）闭合，接触器KM₁、KM₄线圈通电吸合，主电动机经电阻R在低速下正向启动，接通瞬时点动电路。主电动机转动转速达某一转速时，速度继电器KV正转常闭触点KV（13—15）断开，接触器KM₁线圈断电，而KV正转常开触点KV（13—18）闭合，使KM₂线圈通电吸合，主电动机反接制动。当转速降到KV的复位转速后，则KV常闭触点KV（13—15）又闭合，常开触点KV（13—18）又断开，重复上述过程。这种间歇的启动、制动，使主电动机缓慢旋转，以利于齿轮的啮合。若孔盘退回原位，则SQ₃、SQ₅的常闭触点SQ₃（3—13）、SQ₅（15—14）断开，切断缓慢转动电路。SQ₃的常开触点SQ₃

（4—9）闭合，使KM₃线圈通电吸合，其常开触点（4—17）闭合，又使KM₁线圈通电吸合，主电动机在新的转速下重新启动。

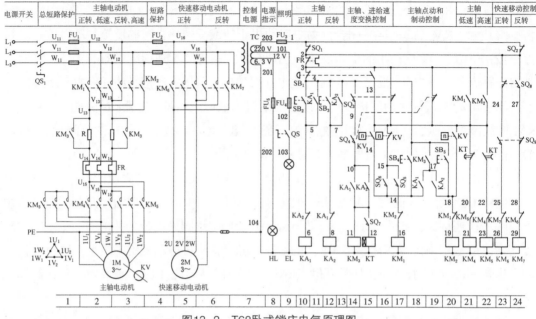

图13-2　T68卧式镗床电气原理图

进给变速时的缓慢转动控制过程与主轴变速相同，不同的是使用的电器是行程开关SQ₄、SQ₆。

（4）主轴箱、工作台或主轴的快速移动。该机床各部件的快速移动，由快速手柄操纵快速移动电动机M₂拖动完成的。当快速手柄扳向正向快速位置时，行程开关SQ₉被压动，接触器KM₆线圈通电吸合，快速移动电动机M₂正转。同理，当快速手柄扳向反向快速位置时，行程开关SQ₈被压动，KM₇线圈通电吸合，M₂反转。

（5）主轴进刀与工作台联锁。为防止镗床或刀具的损坏，主轴箱和工作台的进给，在控制电路中必须互联锁，不能同时接通，它是由行程开关SQ₁、SQ₂实现。若同时有两种进给时，SQ₁、SQ₂均被压动，切断控制电路的电源，避免机床或刀具的损坏。

3.照明电路和指示灯电路

由变压器TC提供24V安全电压供给照明灯EL，EL的一端接地，SA为灯开关，由FU4提供照明电路的短路保护。XS为24V电源插座。HL为6V电源指示灯。

其原因是主轴和工作台的两个手柄都扳到了进给位置；行程开关SQ₁和SQ₂位置变动或撞坏，使其常闭触点不能闭合。

【任务实施】

一、任务名称

T68型卧式镗床电气控制线路安装调试。

二、器材、仪表、工具

1.器材

控制板、走线槽、各种规格导线和坚固件、金属软管、扎带等。

2.仪表

万用表、兆欧表、钳形电流表。

3.工具

常用电工工具1套（扳手、测电笔、电工刀、剥线钳、尖嘴钳、偏口钳、螺钉旋具等）。

三、实训步骤

（1）按照表13-1配齐电气设备和元件，并认真检验其规格和质量。

（2）正确选配导线和接线端子板型号等。

（3）在控制板上安装电器元件，与电路图上相同并做好标记，参照原理图进行。

（4）按工艺要求正确配置导线，合理安装，线路走向正确、简洁、牢固。

（5）配电装置及整个系统的保护接地（保护接零）安装必须正确、可靠。

（6）检查各级熔断器间熔体是否符合要求，断路器、热继电器的整定值是否符合要求。

（7）对电动机外部检查（包括转子转动、轴承、风扇及风扇罩、大小端盖、接线盒完整、安全、可靠）。

（8）对电动机电气检查（包括绝缘电阻检查、定子绕组接线方式）。

（9）电动机的安装牢固可靠，机械传动装置安装配合精确牢固无异常。

（10）电动机接线及试车（点动、启停、试验转向、并检查各电器元件运行是否正常）。

四、调试T68型卧式镗床的方法步骤

（1）先检查各锁紧装置，并置于"松开"的位置。

（2）选择好所需要的主轴转速（拉出手柄转动180°，旋转手柄，选定转速后，推回手柄至原位即可）。

（3）选择好进给所需要的进给转速（拉出进给手柄转动180°，旋转手柄，选定转速后，推回手柄至原位即可）。

（4）合上电源开关，电源指示灯亮，再把照明开关合上，局部工作照明灯亮。

（5）调整主轴箱的位置。进给选择手柄置于"1"，向外拉快速操作手柄，主轴箱向上运动，向里推快速操作手柄，主轴箱向下运动，松开快速操作手柄，主轴箱停止运动。

（6）调整工作台的位置。

①进给选择手柄从位置"1"顺时针扳到位置"2"，向外拉快速操作手柄，上溜板带动工作台向左运动，向里推快速操作手柄，上溜板带动工作台向右运动，松开快速操作手柄，工作台停止运动。

②进给选择手柄从位置"2"顺时针扳到位置"3"，向外拉快速操作手柄，下溜板带动工作台向前运动，向里推快速操作手柄，下溜板带动工作台向后运动，松开快速操作手柄，工作台停止运动。

（7）主轴电动机正、反向点动控制。

①按下正向点动按钮，主轴电动机正向低速转动，松开正向点动按钮，主轴电动机停转。

②按下反向点动按钮，主轴电动机反向低速转动，松开反向点动按钮，主轴电动机停转。

（8）主轴电动机正、反向低速转动控制。

①按下正向启动按钮，主轴电动机正向低速转动，按下停止按钮，主轴电动机反接制动而迅速停车。

②按下反向启动按钮，主轴电动机反向低速转动，按下停止按钮，主轴电动机反接制动而迅速停车。

（9）主轴电动机正、反向高速转动控制。

①将主轴变速操作手柄转至"高速"位置，拉出手柄转动180°，旋转手柄，选定转速后，推回手柄至原位即可。

②按下正向启动按钮，主轴电动机正向低速启动，主轴电动机经延时，转为高速转动，按下停止按钮，主轴电动机反接制动而迅速停车。

③按下反向启动按钮，主轴电动机反向低速转动，主轴电动机经延时，转为高速转动，按下停止按钮，主轴电动机反接制动而迅速停车。

（10）主轴变速控制。主轴需要变速时可不必按停止按钮，只要将主轴变速机构操作手柄拉出转动180°，旋转手柄，选定转速后，推回手柄至原位即可。

（11）进给变速控制。需要进给变速时可不必按停止按钮，只要将进给变速机构操作手柄拉出转动180°，旋转手柄，选定转速后，推回手柄至原位即可。

（12）关闭电源开关。

五、注意事项

（1）所有的导线不允许有接头。

（2）通电操作时，必须严格遵守安全操作规程的规定，在指导教师的指导下按照上述步骤进行镗床操作及调试训练。

六、成绩评定

成绩评定见表13-2。

表13-2　评分表

技术要求	评分标准	配分	扣分	得分
器件选择及布置	选择错误一个器件，扣2分	5分		
	元件布置不合理扣3分			
整体工艺	走线美观性，酌情扣2~5分	25分		
	接线牢固性，每处扣1分			
	线路交叉，每个交叉点扣2分			

续表

技术要求	评分标准	配分	扣分	得分
线路质量及调试	触点使用正确性，错误每处扣5分	55分		
	接线柱压线合理，错误每处扣1分			
	导线接头过长或过短，每处扣2分			
	完成的功能正确性，酌情扣20~30分			
	线路调试，调试不正确每次扣10分			
工具仪表使用	正确使用工具，错误扣2分	5分		
	正确使用万用表，错误扣3分			
文明生产	听从监考教师指挥，酌情扣2~3分	10分		
	材料节约、施工清洁，酌情扣3~4分			
	安全文明，酌情扣1~2分			
时间	每超时5min，扣10分，5min以内以5min计算			
合计				
备注	除定额时间外，各项目的最高扣分不应超过配分数			
开始时间：	结束时间：		实际时间：　　min	

任务2　T68型镗床主电路电气故障分析与检修

【任务描述】

此任务是T68型镗床主电路常见电气故障分析与检修。重点培养综合利用电路图、元件位置图、接线图等资料，根据具体故障现象分析、查找故障的能力。此任务要求学生熟悉机床电气设备检修的一般要求和方法，掌握T68型镗床主电路常见电气故障的检修方法。

【任务分析】

机床在使用过程中不可避免地会发生各种电气故障，一旦发生故障，应采用正确的方法，查明故障原因并修复故障，以保证设备的正常使用。本任务的主要内容是学习T68型镗床主电路常见故障的检修方法，熟悉机床电气设备检修的一般要求和方法。在检修时结合相关知识中所讲实例，认真观摩教师的示范检修，掌握检修T68型镗床主电路的基本步骤和方法。实训结束后，自觉将所用工具、仪表、器材及设备进行保养和归位，做好实训工位和场地的卫生工作。

【相关知识】

一、T68卧式镗床控制电路原理图

（1）T68卧式镗床控制电路原理图如图13-2所示。

（2）T68卧式镗床主电路中各电动机控制功能分析见表13-3。

表13-3 T68卧式镗床各电动机控制功能

电动机名称	控制电器	短路保护	过载保护	用途
主轴电动机 M_1	KM_1、KM_2、KM_3、KM_4、KM_5	FU_1	FR	驱动主轴旋转运动以及进给运动
快速进给电动机 M_2	KM_6、KM_7	FU_2	—	驱动主轴箱、工作台等部件快速移动

二、T68型镗床主电路常见电气故障分析及检修举例

1.主轴电动机 M_1 能低速正向启动运行，但低速反向启动时会发出"嗡嗡"声

（1）观察故障现象。合上电源开关QS，按下低速正向启动按钮 SB_2 时，KA_1、KM_3、KM_1 和 KM_4 依次得电，电动机 M_1 正向启动运转，然后按下停止按钮 SB_1，同立即停转；再按下低速反向启动按钮 SB_3 时，KA_2、KM_3、KM_2 和 KM_4 也依次得电，但电动机 M_1 不能反向启动，并发出"嗡嗡"声（这时要立即切断电源，防止烧毁电动机）。

（2）分析故障范围。主轴电动机 M_1 低速正向启动正常，而低速反向启动却发生了缺相运行现象，分析主电路结构原理可知，造成这一故障现象的原因是：按触器 KM_2 主触头接触不良或连接导线松脱。

（3）查找故障点。采用电笔和电阻测量法查找故障点的方法步骤如下：

①合电电源开关QS，按下低速正向启动按钮 SB_2 时，使电动机 M_1 正向启动运转（这时接触器 KM_1 主触头已闭合），然后用电笔分别测试接触器 KM_2 主触头上、下接线端，若电笔正常发光则无故障，若电笔不亮，则故障为连接 KM_1 和 KM_2 主触点的这根导线断线或线头松脱。

②按下停止按钮 SB_1，断开电源开关QS，将万用表转换调至欧姆R×100挡，然后人为按下接触器 KM_2 动作试验按钮，用万用表分别测量 KM_2 3对主触点的接触情况，若阻值为零则无故障，若阻值为较大或无穷大，则故障为该触点接触不良。

（4）故障点排除。根据故障情况紧固导线或维修更换 KM_2 主触点。

（5）通电试车。通电检查镗床各项操作，直至符合各项技术指标。

2.主轴电动机 M_1 能低速启动运行，但不能实现调速运行

（1）观察故障现象。合电电源开关QS，按下低速正向或反向启动按钮时，主轴电动机 M_1 能正常启动运转，再将转速控制手柄扳至"高速"位置，按下启动按钮 SB_2 或 SB_3，M_1 能实现低速全压启动，KT延时一段时间后，M_1 随即停止，不能实现高速运行，但观察接触器 KM_5 已吸合。

（2）分析故障范围。由于 M_1 低速启动正常，KT延时后 KM_5 也能得电吸合，因此，故障范围应是接触器 KM_5 主触头接触不良或连接导线头松脱。

（3）查找故障点。采用电笔和电阻测量法查找故障点的方法步骤如下：

①合上电源QS，按下正向启动按钮 SB_2，在电动机 M_1 低速启动过程中，用电笔快速测试接触器 KM_5 主触点的上下接线端，若电笔正常发光，则无故障；若电笔不亮，则故障为连接 KM_4 和 KM_5 主触点的这根导线断线或线头松脱。

②按下停止按钮 SB_1，断开电源QS，将万用表转换开关调至R×100挡，然后人为按

下接触器KM$_5$动作试验按钮，用万用表分别测量KM$_5$主触点的接触情况，若阻值为零，则无故障，若阻值为较大或无穷大，则故障为该触点接触不良。

（4）故障点排除。根据故障情况紧固导线或维修更换KM$_5$主触点。

（5）通电试车。通电检查镗床各项操作，直至符合各项技术指标。

3.扳动工作台快速进给手柄，工作台前后、左右都不能移动，快速进给电动机M$_2$正反转都发出"嗡嗡"声

（1）观察故障现象。推动工作台快速进给手柄，接触器KM$_6$或KM$_7$都能得电吸合，但是快速进给电动机M$_2$正反向都发出"嗡嗡"声。

（2）分析故障范围。因为接触器KM$_6$、KM$_7$都能得电吸合，所以故障点应位于M$_2$主电路中，故障原因可能是L$_3$相电源中的熔断器FU$_2$熔断，或者KM$_6$或KM$_7$各有一对主触头接触不良，或者连接导线松动或断线，或者电动机M$_2$定子绕组断相等。

（3）查找故障点。查找故障点的方法同上述故障一、二相似。这里不再叙述。

（4）故障点排除。根据故障情况采取恰当的方法维修排除故障。

（5）通电试车。通电检查镗床各项操作，直至符合各项技术指标。

【任务实施】

一、任务名称

T68型镗床主电路电气故障的分析与检修。

二、设备、仪表、工具

1.设备

T68型镗床。

2.仪表

万用表、兆欧表、钳形电流表等。

3.工具

常用电工工具1套（扳手、测电笔、电工刀、剥线钳、尖嘴钳、偏口钳、螺钉旋具等）。

三、实训步骤

1.观摩检修

结合T68型镗床【相关知识】中所讲实例，认真观摩教师的示范检修，掌握检修T68型镗床电气线路的基本步骤和方法。

2.检修训练

断开电源，在T68型镗床电气线路的主电路中设置电气故障点1～3处，按照正确的检修方法进行检修练习，并做好维修记录。

3.故障设置时的注意事项

（1）人为设置的故障必须是模拟车床在使用过程中出现的自然故障。

（2）不能通过更改线路或更换电器元件来设置故障。

（3）设置故障不能损坏电器元件，不能破坏线路美观，不能设置易造成人身或设备事故的故障点。

（4）设置的故障必须先易后难，先设置单个故障，然后过渡到2个或2个以上故障；当设置1个以上故障点时，故障现象尽可能不要相互掩盖。

4.实训注意事项

（1）检修设备前要认真识读、分析电路图，熟练掌握各个控制环节的作用及原理，并认真观摩教师的示范检修。

（2）检修过程中要注意人身安全，所使用的工具和仪表应符合使用要求。

（3）检修时，严禁扩大故障范围或产生新的故障点；不得采用更换元件、改变线路的方法修复故障点。

（4）停电要验电，带电检修时，必须有指导教师在现场监护，以确保操作安全，同时要做好检修记录。

四、成绩评定

成绩评定见表13-4。

表13-4　评分表

项目内容	评分标准		配分	扣分	得分
故障分析	检修思路不正确扣5～10分		30分		
	标错故障电路范围扣15分				
排除故障	停电不验电扣5分		60分		
	工具及仪表使用不当扣5分				
	不能查出故障扣30分				
	查出故障点但不能排除扣25分				
	产生新的故障或扩大故障范围不能排除，每个扣30分，已经排除，每个扣15分				
	损坏电气元件，每只扣10～60分				
安全文明生产	违反安全文明生产规程，扣1～10分		10分		
定额时间1h	不允许超时检查，若在修复故障过程中才允许超时，但每超5min扣5分				
备注	除定额时间外，各项内容的最高扣分不得超过配分数				
开始时间：		结束时间：			
合计					

任务3　T68型镗床控制电路常见故障分析与检修

【任务描述】

此任务是T68型镗床控制电路常见电气故障分析与检修。重点培养综合利用电路图、元件位置图、接线图等资料，根据具体故障现象分析、查找故障的能力。此任务要求学生熟悉机床电气设备检修的一般要求和方法，掌握T68型镗床控制电路常见电气故障的检修方法。

【任务分析】

机床在使用过程中不可避免地会发生各种电气故障，一旦发生故障，应采用正确的方法，查明故障原因并修复故障，以保证设备的正常使用。本任务的主要内容是学习T68型镗床控制电路常见故障的检修方法，熟悉机床电气设备检修的一般要求和方法。在检修时结合相关知识中所讲实例，认真观摩教师的示范检修，掌握检修T68型镗床控制电路的基本步骤和方法。实训结束后，自觉将所用工具、仪表、器材及设备进行保养和归位，做好实训工位和场地的卫生工作。

【相关知识】

一、T68型镗床电气控制电路分析

T68型镗床电气控制电路如图13-2所示。

1.主电动机M_1点动控制

主电动机的点动有正向点动和反向点动，分别由按钮SB_4和SB_5控制。按SB_4接触器KM_1线圈通电吸合，使接触器KM_4线圈通电吸合，使电动机在低速下正向旋转。松开SB_4主电动机断电停止。

反向点动与正向点动控制过程相似，由按钮SB_5、接触器KM_2、KM_4来实现。

2.主电动机M_1正、反转控制

当要求主电动机为高速旋转时，按SB_2后，中间继电器KA_1、接触器KM_3、KM_1、KM_4的线圈相继通电吸合，使主电动机在低速下直接启动。

主电动机的反向低速或高速的启动旋转过程与正向启动旋转过程相似，但是反向启动旋转所用的电器为按钮SB_3、中间继电器KA_2，接触器KM_3、KM_2、KM_4、KM_5、时间继电器KT。

3.主轴电动机正反转高速控制

（1）正转高速控制过程分析。先将转速开关调至调速，SQ_7被压合，然后按下正向启动按钮SB_2，中间继电器KA_1得电吸合。一方面接触器KM_3得电吸合、接触器KM_1得电吸合、接触器KM_4得电吸合，M_1开始低速正向启动；另一方面时间继电器KT得电吸合、接触器KM_4失电复位，主电动机的定子绕组脱离三相电源，而KT的通电延时闭合的常开触点闭合，使接触器KM_5线圈通电吸合，M_1进入正向高速运行。

（2）反转高速。由反转按钮SB_3控制，KA_2、KM_3、KM_2、KM_4和KT线圈相继得电，

M_1低速启动，延时一定时间后，通过KT的延时触头使KM_4线圈失电，KM_5线圈得电，M_1转为高速运行。其工作原理与正向高速控制相似，不再叙述。

4.主轴电动机M_1制动控制

T68型镗床主轴电动机停车制动采用由速度继电器KV、串电阻的双向低速反接制动，若主轴电动机M_1为高速运行时，则先转为低速然后再进入反接制动。

（1）主轴电动机M_1为低速正转反接制动控制过程分析。按下停止按钮SB_1，SB_1常闭触头（3—4）先分断，中间继电器KA_1失电，KA_1常开触头（10—11）恢复断开，接触器KM_3失电，KM_3主触头分断，主电路串入制动电阻R，KM_3常开触头（4—17）恢复断开，接触器KM_1失电，KM_1常开触头（3—13）恢复断开。接触器KM_4失电，KM_1联锁触头（18—19）恢复闭合，解除对接触器KM_2的联锁；SB_1常开触头（3—13）后闭合，接触器KM_2得电，KM_2常开触头（3—13）闭合，接触器KM_4得电，电动机M_1进入反接制动，当M_1转速接近零时，速度继电器KV各触头复位，接触器KM_2、KM_4随即失电，M_1反接制动停止。

（2）主轴电动机M_1高速正转反接制动控制。按下停止按钮SB_1，一方面SB_1常闭触头（3—4）断开，中间继电器KA_1失电；接触器KM_3失电，R串入主电路；接触器KM_1失电，接触器KM_5失电，M_1脱离正转电源和YY接法；KT线圈失电，KT延时常闭触头（13—20）闭合。另一方面SB_1常开触头（3—13）闭合，接触器KM_2得电，KM_2常开触头（3—13）闭合。随即KM_4线圈得电，KM_2主触头闭合，电动机M_1进入反接制动，当M_1转速接近零时，KV各触头复位，接触器KM_2、KM_4失电，M_1停止。

二、T68型镗床控制电路常见电气故障分析与检修举例

首先由教师在T68型镗床上人为设置故障点，观察教师示范检修过程，然后自行完成故障点的检修实训任务。

1.在低速启动时，按下正转低速起按钮SB_2，主轴电动机M_1不能启动，但按下正转点动按钮SB_4时，主轴电动机能启动运转

（1）观察故障现象。合上电源开关QS，按下正转启动按钮SB_2，KA_1吸合，KM_3吸合，KM_1不吸合，KM_4不吸合，主轴电动机M_1不能启动；按下正转点动按钮SB_4，M_1启动运转，松开SB_4，M_1停转。

（2）判断故障范围。按下SB_2，KA_1、KM_3吸合，说明控制回路电源部分正常，接触器KM_1不能吸合，线路回路KM_1回路有断点；而按下SB_4，M_1运转正常，说明点动回路KM_1、KM_4线圈正常，因此，故障点应在KM_1线圈支路中。

（3）查找故障点。采用电压分段测量法检查。将万用表功能选择开关拨至交流250V挡，将黑表笔接在选择参考点TC（104号线）上。合上电源开关QS，按下SB_2，使KA_1、KM_3线圈吸合，将表笔从SB_1出线端（4号线）起，依次逐点测量。SB_1出线端（4号），测得电压值110V正常。KM_3常开触点进线端（4号），测得电压值110V正常。KM_3常开触点出线端（17号），测得电压值110V正常。KA_1常开触点出线端（17号），测得电压值

110V正常。KA₁常开触点出线端（14号），测得电压值0V正常。说明故障点是KA₁常开触头（13—17）闭合时接触不良。

（4）故障排除。断开电源开关QS，修复或更换KA₁触头。

（5）通电试车。通电检查镗床各项操作，应符合各项技术要求。

2.主轴在高速启动时，按下正转高速起按钮SB₂，主轴电动机M₁开始低速启动，延时一定时间后，M₁运行，不能高速运行

（1）观察故障现象。将主轴转速操作手柄拨至高速位置，再合上电源开关QS。然后按下启动按钮SB₂，电动机M1立即低速正向启动运行，经延时，KM₅没有吸合，M₁停转，无高速运行。

（2）判断故障范围。从现象中可看出，经延时后，KM₄线圈能失电，说明KT线圈回路正常，故障在KM₅线圈回路。

（3）查找故障点。采用试灯法查找故障。将校验灯（额定电压110V）的一脚引线接在考点FU₃（1号线）接点上。将主轴转速操作手柄拨至高速，合上电源开关QS，校验灯另一脚引线依次接下列各点：KM₅线圈（104号），若灯能发光为正常。KM₅线圈（23号），若灯能发光为正常。KM₄常闭触点（23号），若灯能发光为正常。KM₄常闭触点（22号），若灯能发光为正常。KT延时闭合常开触头（13号），按下SB₂，KT延时结束后，直到M₁停转校验灯都没亮，说明故障为KT延时闭合常开触头闭合时接触不良。

（4）故障排除。断开电源开关QS，修复或更换KT触头。

（5）通电试车。通电检查镗床各项操作，应符合各项技术要求。

3.主轴电动机M₁反向运转时，停车能制动；M1正向运转时，停车不能制动。

（1）观察故障现象。合上电源开关QS。然后按下正向启动按钮SB₂，主轴电动机M₁正向启动运行，按下停止按钮SB₁，M₁惯性停车无反接制动；按下反转按钮SB₃，M₁反向启动运行，按下停止按钮SB₁，M₁受制动而迅速停车。

（2）判断故障范围。由于M₁正反转运行正常，排除KM₂、KM₄线圈回路，因此可判断故障范围，

（3）查找故障点。采用电压测量法查找故障点。将万用表功能选择开关拨至交流250V挡，将黑表笔接在选择参考点TC（104号线）上。合上电源开关QS，按下SB₂，M₁正向启动运行。将红表笔依次逐点测。按钮SB₁常开触头出线端（13号），测得电压110V正常。速度继电器KV常开触头进线端（13号），测得电压110V正常。速度继电器KV常开触头出线端（18号），测得电压0V为不正常，说明KV常开触头（13—18）闭合时接触不良。

（4）故障排除。断开电源开关QS，修复或更换KV触头。

（5）通电试车。通电检查磨床各项操作，应符合各项技术要求。

【任务实施】

一、任务名称

T68镗床控制电路常见故障的分析与检修。

二、设备、仪表、工具

1.设备

T68镗床。

2.仪表

万用表、钳形电流表、兆欧表等。

3.工具

常用电工工具1套（测电笔、电工刀、剥线钳、尖嘴钳、偏口钳、螺钉旋具扳手等），验电器，校验灯等。

三、实训步骤

1.观摩检修

结合T68镗床相关知识中所讲实例，认真观摩教师的示范检修，掌握检修T68镗床电气线路的基本步骤和方法。

2.检修训练

断开电源，在T68镗床电气线路的控制电路中设置电气故障点1～3处，按照正确的检修方法进行检修练习，并做好维修记录。

3.故障设置时的注意事项

（1）人为设置的故障必须是模拟机床在使用过程中出现的自然故障。

（2）不能通过更改线路或更换电器元件来设置故障。

（3）设置故障不能损坏电器元件，不能破坏线路美观，不能设置易造成人身或设备事故的故障点。

（4）设置的故障必须先易后难，先设置单个故障，然后过渡到两个或两个以上故障；当设置一个以上故障点时，故障现象尽可能不要相互掩盖。

4.实训注意事项

（1）检修设备前要认真识读、分析电路图，熟练掌握各个控制环节的作用及原理，并认真观摩教师的示范检修。

（2）检修过程中要注意人身安全，所使用的工具和仪表应符合使用要求。

（3）检修时，严禁扩大故障范围或产生新的故障点；不得采用更换元件、改变线路的方法修复故障点。

（4）停电要验电，带电检修时，必须有指导教师在现场监护，以确保操作安全，同时要做好检修记录。

四、成绩评定

成绩评定见表13-5。

表13-5　评分表

项目内容	评分标准	配分	扣分	得分
故障分析	检修思路不正确扣 5 ~ 10 分	30 分		
	标错故障电路范围扣 15 分			
排除故障	停电不验电扣 5 分	60 分		
	工具及仪表使用不当扣 5 分			
	不能查出故障扣 30 分			
	查出故障点但不能排除扣 25 分			
	产生新的故障或扩大故障范围不能排除，每个扣 30 分，已经排除，每个扣 15 分			
	损坏电气元件，每只扣 10 ~ 60 分			
安全文明生产	违反安全文明生产规程，扣 1 ~ 10 分	10 分		
定额时间 1h	不允许超时检查，若在修复故障过程中才允许超时，但每超 5min 扣 5 分			
备注	除定额时间外，各项内容的最高扣分不得超过配分数			
开始时间：		结束时间：		
合计				

项目十四　20/5t交流桥式起重机电气控制线路检修

【知识目标】

1.了解桥式起重机的基本结构和运动形式，理解桥式起重机的运行和控制特点。

2.了解凸轮控制器的结构和原理，掌握凸轮控制器电路原理图的读图方法，并理解电路的控制和保护功能。

3.了解主令控制器的结构和原理，掌握主令控制器控制电路原理图的读图方法，并理解电路的控制和保护功能。

4.了解桥式起重机的供电方式。

【技能目标】

1.20/5t交流桥式起重机电气控制线路认识和基本操作。

2.凸轮控制器控制绕线转子异步电动机线路安装调试。

3.交流桥式起重机电气控制线路常见故障分析及检修。

任务1　20/5t交流桥式起重机电气控制线路认识和基本操作

【任务描述】

此任务是20/5t交流桥式起重机电气控制线路认识和基本操作。熟悉20/5t桥式起重机的主要结构和运动形式，了解20/5t交流桥式起重机的基本操作方法和各控制元件的位置及作用，理解20/5t交流桥式起重机电气控制线路的组成和工作原理。熟悉20/5t交流桥式起重机的电气控制线路电气元件的位置、型号及功能。

【任务分析】

起重机是一种用来吊起或放下重物并使重物在短距离内水平移动的起重设备，起重机有多种结构，不同结构的起重机分别应用于不同的场合。生产车间常用的是格式起重机，俗称吊车、行车或天车。本任务的主要内容是学习20/5t交流桥式起重机的主要结构和运动形式，以及电气控制线路的组成和基本工作原理，为检修其常见电气故障做必要准备。

【相关知识】

一、桥式起重机的主要结构和运动形式

起重机是专门用来起吊和短距离搬移重物的一种生产机械，通常也称为行车、吊车或天车。按其结构的不同分为桥式、塔式、门式、旋转式和缆索式等，桥式起重机按照起重量分为3个等级：5～10t为小型起重机，15～50t为中型起重机，50t以上为重型起重机。桥式起重机按其起重量的不同，可分为单钩起重机和双钩起重机，其中常见的单钩起重机

有5t、10t，双钩起重机有15/3t、20/5t等。

1.交流桥式起重机的结构

桥式起重机结构如图14-1所示，主要由大车、小车、提升结构（图14-2）和驾驶室四大部分组成。大车沿轨道在车间长度（左右）方向上移动。小车沿轨道在车间宽度（前后）方向上移动。提升机构由电动机带动绞车、钢绳和钩子运动。10t以下的小型起重机只有一个钩子，15t以上的起重机有两个钩子——主钩和副钩。控制屏和电动机的控制电阻安装在桥架上。桥架一端下方的驾驶室内有控制器和保护柜。桥式起重机必须使用滑触线和电刷的导电装置。滑触线通常由圆钢、角钢、V形钢或工字钢制成，沿车间长度方向上敷设的叫主滑线，沿桥架敷设的叫辅滑线。电源由主滑线经电刷送到驾驶室的保护柜，再经辅滑线和电刷送到提升机构、小车上的电动机、电磁抱闸和转子电阻等。

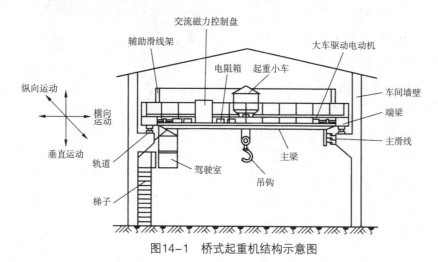

图14-1　桥式起重机结构示意图

2.桥式起重机的运动形式

（1）起重机由大车电动机驱动沿车间两边的轨道做纵向前后运动。

（2）小车及提升机构由小车电动机驱动沿桥梁上的轨道做横向左右运动。

（3）在升降重物时由起重电动机驱动做垂直上下运动。

二、桥式起重机对电气控制的要求

1.桥式起重机的主要特点

（1）桥式起重机的工作条件比较差，由于安装在车间的上部，有的还是露天安装，往往处于高温、高湿度、易受风雨侵蚀或多粉尘的环境；同时，还经常处于频繁的启动、制动、反转状态，要求受较大的机械冲击。故多采用绕线转子异步电动机拖动。

（2）有合理的升降速度，空载、轻载要求速度快，以减少辅助工时，重载时要求速度慢。

（3）在提升之初或重物下降到指定位置附近时需要低速运行，因此应将速度分为几档，以便灵活操作。

（4）具有一定的调速范围，普通起重机的调速范围一般为3∶1，要求较高的则要达到（5～10）：1。

2.对桥式起重机控制要求

（1）提升第一级作为预备级，是为了消除传动间隙和张紧钢丝绳，以避免过大的机械冲击。所以启动转矩不能过大，一般限制在额定转矩的一半以下。

（2）由于起重机的负载力矩为位能性反抗力矩，因而电动机可运转在电动状态、再生发电状态和倒接反接制动状态。

（3）为了保证人身与设备的安全，停车必须采用安全可靠的制动方式。

（4）应具有必要的短路、过载、零位和终端保护。

3.起重机提升机构的工作状态

（1）提升重物时电动机工作状态。提升重物时如图14-3所示第一象限，电动机承受两个阻力转矩，一个是重物自重产生的位能转矩，另一个是在提升过程中传动系统存在的摩擦转矩。当电动机电磁转矩克服这两个阻力转矩时，重物将被提升。

（2）下降重物时电动机的工作状态。一是电动状态如图14-3所示第三象限，当空钩或轻载下放重物时，由于负载的位能转矩小于摩擦转矩，这时依靠重物自重不能下降，为此电动机必须依靠重物下降方向施加电磁转矩强迫重物或空钩下放，此时电动机工作在反转电动状态，又称强力下放重物。

二是再生发电制动状态如图14-3所示第四象限，当以高于电动机同步转速的速度稳定下降，这时电动机工作在再生发电制动状态。

三、5t桥式起重机控制电路

在中小型起重机的平移机构和小型起重机的提升机构控制中得到广泛应用。凸轮控制器是利用凸轮来操作多组触点动作的控制器。它是一种大型拖动控制电路，常用于直接控制转子绕线式

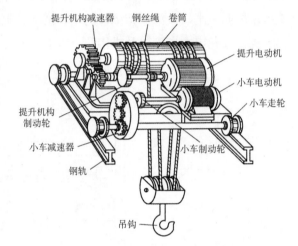

图14-2　小车与提升车机构示意图

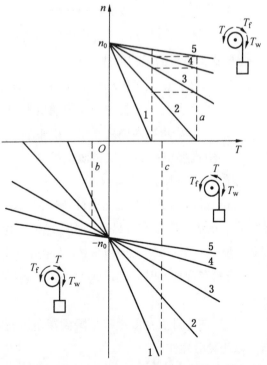

图14-3　小车驱动电动机M_2的机械特性曲线

异步电动机的启动、停止、正反转和调速等。并具有控制线路简单，维护方便等特点。

1.凸轮控制器

（1）凸轮控制器的结构。凸轮控制器主要由操作手柄、转轴、凸轮和触点系统组成，如图14-4所示，转动手轮使凸轮随方形的转轴转动，当凸轮的凸起部分顶住滚子时，动触点与静触点分开；当转到凸轮的凹处与滚子相对时，动触点在弹簧的作用下与静触点紧密接触。如果在方轴上叠装不同形状的凸轮片，可使用一系列的触点按要求的顺序接通或切断，以实现对电路的控制。

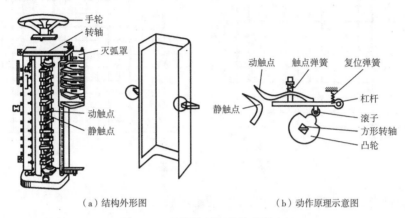

（a）结构外形图　　　　　　　　（b）动作原理示意图

图14-4　凸轮控制器的结构原理图

（2）凸轮控制器工作原理及电路的特点。凸轮控制器的工作原理为当转轴在手轮扳动下转动时，固定在轴上的凸轮同轴一起转动，当凸轮的凸起部位顶住动触点杠杆上的滚子时，便将动触点与静触点分开或接通。

使用凸轮控制器控制电路时，以其圆柱表面的展开如图14-5所示。其中图14-5（a）中凸轮控制器有编号为1~12的12对触点，图14-5（b）中凸轮控制器有编号为1~17的17对触点，以竖画的细实线表示；而凸轮控制器的操作手轮右旋（控制电动机的正转）和左旋（控制电动机的反转）各有5个挡位，加上一个中间位置（称为"零位"）共有11个挡位，用横画的细虚线表示：每对触点在各个挡位是否接通，则以在横竖线将交点处的黑圆点"●"表示，有黑圆点表示接通，无黑圆点表示断开。

它是可逆对称电路，为减少转子电阻段数及控制转子电阻的触点数，采用凸轮控制器控制绕线型电动机时，转子串接不对称电阻，用于控制提升机构电动机时，提升与下放重物，电动机处于不同的工作状态。

2.凸轮控制器控制的5t桥式起重机小车（吊钩）控制电路原理

凸轮控制器控制的5t桥式起重机小车（吊钩）控制电路原理如图14-6所示，M_2为小车（或吊钩）驱动电动机，采用转子绕线式三相异步电动机，在转子电路中串入三相不对称电阻R_2，用作启动及调速控制。YB为制动电磁铁，其三相电磁线圈与M_2（定子绕组）并联。QS为电源引入开关，KM为控制线路电源的接触器。KA_0和KA_2为过流继电器，其线圈（KA_0为单线圈，KA_2为双线圈）串在M_2的三相定子电路中，而其动断触点则串联在

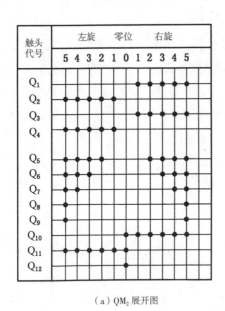

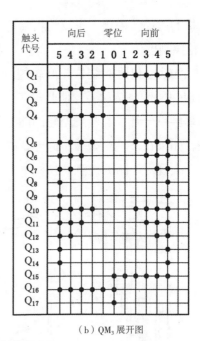

（a）QM₂展开图　　　　　　　　　　（b）QM₃展开图

图14-5　凸轮控制器展开图

KM的线圈支路中，无论哪个触点动作都可使KM线圈断电而停机。

（1）M_2的启动和正反转控制。电路每次操作之前，应先将QM_2置于零位，舱门安全开关SQ_6关闭。由图可见QM_2的触点10、11、12在零位接通：然后合上电源开关QS，按下启动作按钮SB，接触器KM线圈通过QM_2的触点12通电，KM的3对主触点闭合，接通M_2的电源，然后可以用QM_2操纵电动机M_2的运行。QM_2的触点10、11与KM的动合触点一起构成正转或反转时的自锁电路。

凸轮控制器QM_2的触点1～4用以换相，控制M_2的正反转，由图14-5可见QM_2右旋5挡触点2、4均接通，M正转；而左旋5挡则是触点1、3为反转；在零位时4对触点均断开。

（2）M_2的调速控制。凸轮控制器QM_2的触点5～9用以改变电阻R_2接入M_2的转子回路，以实现对M_2启动和转速的调节。由图14-6可见，这5对触点在中间零位均断开，而在左右旋各5挡的通断情况是完全对称的。在（左、右旋）第一挡触点5～9均断开，三相不对称电阻R_2全部串入M_2的转子电路，此时M_2的机械特性最软，置第2、3、4挡时触点5、6、7依次接通，将R_2逐级不对称地切除，使电动机的转速逐渐升高。当置第5挡时触点5～9全部接通，R_2被全部切除，M_2运行在自然特性曲线上。

（3）安全保护功能。吊车控制电路具有过流、零压、零位、欠压、行程终端限位保护和安全保护共6种保护功能。

①过流保护。采用过流继电器做过流（包括短路、过载）保护，过电流继电器KA_0、KA_2的动断触点串联在KM线圈支路中。

②零压保护。采用按钮开关SB启动，SB动合触点与KM的自锁动合触点相并联的电

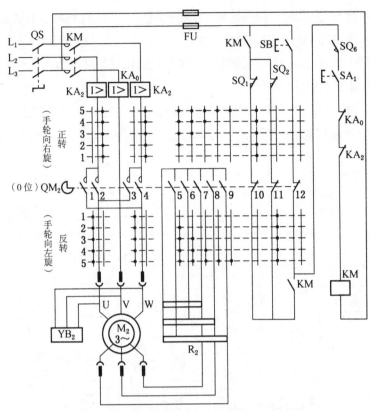

图14-6　10t桥式起重机小车控制电路原理图

路，都具有零压（失压）保护功能。

③零位保护。采用凸轮控制器控制的电路在每次重新启动时，还必须将凸轮控制器旋回中间的零位，使触点12接通，才能够按下SB接通电源，这一保护作用称之为"零位保护"。

④欠压保护。接触器KM本身具有欠压保护的功能，当电源电压不足时（低于额定电压的85%），KM因电磁吸力不足而复位，其动合主触点和自锁触点都断开，从而切断电源。

⑤行程终端限位保护。行程开关SQ_1、SQ_2分别做M_2正、反转（如M_2驱动小车，则分别为小车的右行和左行）的行程终端限位保护，其动断触点分别串联在KM的自锁支路中。

⑥安全保护。在KM的线圈电路中，还串入了舱门安全开关SQ_6和事故紧急开关SA_1。在平时，应关好驾驶舱门，使SQ_6被压下（保证桥架上无人），才能操纵起重机运行。一旦发现紧急情况，可断开SA_1紧急停车。

3.5t桥式起重机控制电路

（1）控制电路。5t桥式起重机的电气控制线路如图14-7所示。5t桥式起重机的大车现在也较多采用2台电动机分别驱动，所以电路中共有4台绕线转子异步电动机拖动，即起重电动机M_1、小车驱动电动机M_2、大车驱动电动机M_3和M_4。$R_1 \sim R_4$是4台电动机的调速电阻。电动机转速要3只凸轮控制器控制：QM_1控制M_1、QM_2控制M_2、QM_3控制M_3和M_4。停车制动分别用制动器$YB_1 \sim YB_4$进行的。

三相电源经刀开关QS、线路接触器KM的主触点和过流继电器$KA_0 \sim KA_4$的线圈送到各凸轮控制器和电动机的定子。

扳动$QM_1 \sim QM_3$中的任一个，它的4副主触点能控制电动机的正反转，中间5副触点能短接转子电阻以调节电动机的转速，大车电动机、小车电动机和提升电动机的转向和转速都能得到控制。

总电源	电源	吊钩	小车	大车	保护			
					限位	零位	安全	过流

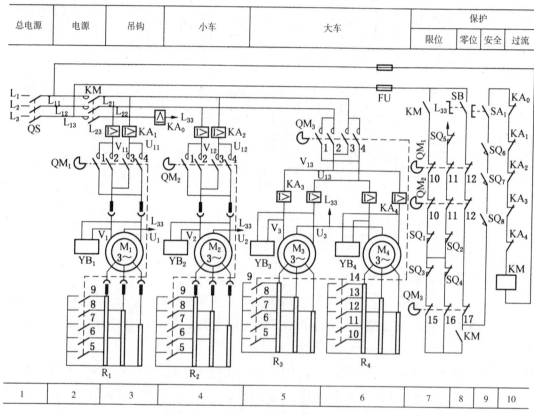

1	2	3	4	5	6	7	8	9	10

图14-7　10t桥式起重机控制电路原理图

（2）保护电路。保护电路主要是KM的线圈支路，位于图14-7中7～10区，与图14-6电路一样，该电路具有终端保护、欠压保护、过流保护、安全保护、急停保护、零位保护共6种保护功能。本电路中有4台电动机需要保护。因此在KM线圈的支路中串联的触点较多一些。$KA_0 \sim KA_4$为5只过流继电器的动断触点；SA_1是事故紧急开关；SQ_6是舱口安全开关，SQ_7和SQ_8是横梁杆门的安全开关，平时驾驶舱门和横梁栏杆门都应闭合，将SQ_6、SQ_7、SQ_8都压合；若有人进入桥架进行检修时，这些门开关就被打开，即使按下SB也不能使KM支路通电；与启动按钮SB相串联的是3只凸轮控制器的零位保护触点：QM_1、QM_2的触点12和QM_3的触点17。与图14-6的电路有较大区别的是限位保护电路（位于图14-7中7区），因为3只凸轮控制器分别控制吊钩、小车和大车做垂直、横向和纵向共6个方向的运动，除吊钩下降不需要提供限位保护之外，其余5个方向都需要提供行程终端限位保护，相应的行程开关和凸轮控制器的动断触点串入KM的自锁触点支路之中，各电器（触点）的保护作用见表14-1。

表14-1 行程终端限位置保护电器及触点一览表

运行方向		驱动电动机	凸轮控制器及保护触点		限位保护行程开关
吊钩	向上	M_1	QM_1	11	SQ_5
小车	右行	M_2	QM_2	10	SQ_1
	左行			11	SQ_2
大车	前行	M_3、M_4	QM_3	15	SQ_3
	后行			16	SQ_4

【任务实施】

一、任务名称：

20/5t交流桥式起重机电气控制线路认识和基本操作。

二、设备、仪表、工具

20/5t交流桥式起重机或20/5t交流桥式起重机模拟训练设备1套、万用表、兆欧表、钳形电流表、常用电工工具等。

三、实训步骤

1.熟悉各种开关位置

（1）凸轮控制器和主令控制器的位置。以上各个开关都位于起重机驾驶室内的操纵台上。

（2）总电源开关QS，紧急开关SA_1，启动按钮SB位于保护柜上。

（3）安全位置开关SQ_6位于驾驶室门边，SQ_7、SQ_8位于栏杆门上。

2.接通主接触器KM

（1）关闭驾驶室的门，关好大车两边栏杆门。

（2）将所有凸轮控制器和主令控制器手柄置于0位。

（3）合上总电源开关QS、紧急开关SA_1，按下启动按钮SB，这时KM应该获电吸合，指示灯亮。

3.操作小车运行

将凸轮控制器QM_2拨到向左1挡，小车向左移动，拨到2、3、4、5挡，运行速度逐渐加快，拨回到0，小车停止。同样方式小车向右运行。

4.操作大车运行

将凸轮控制器QM_3拨到向左1挡，小车向前移动，拨到2、3、4、5挡，运行速度逐渐加快，拨回到0，大车停止。同样方式大车向后运行。

5.操作吊钩运行

将凸轮控制器QM_1拨到向上1挡，吊钩向上运行，拨到2、3、4、5挡，运行速度逐渐加快，拨回到0，吊钩停止。同样方式吊钩向下运行。

任务2　凸轮控制器控制绕线转子异步电动机线路安装调试

【任务描述】

此任务是凸轮控制器控制绕线转子异步电动机线路安装调试。学生能根据凸轮控制器电气原理图和实际情况对绕线转子异步电动机电路进行接线，接线完成后通电试车。此任务要求学生熟练掌握凸轮控制器的工作原理及电路的特点。

【任务分析】

本任务中，要理解20/5t交流桥式起重机，大车、小车、主钩、副钩的运行教师是由绕线转子电动机拖动的，它们的转速控制由凸轮控制器来实现的。当转子绕组串接不同的调速电阻时各个电动同的转速不同。要熟练掌握凸轮控制器的工作原理。

【相关知识】

凸轮控制器工作原理及电路的特点

凸轮控制器的工作原理：当转轴在手轮扳动下转动时，固定在轴上的凸轮同轴一起转动，当凸轮的凸起部位顶住动触点杠杆上的滚子时，便将动触点与静触点分开或接通。

使用凸轮控制器控制电路时，以其圆柱表面的展开图14-5所示。其中图14-5（a）中凸轮控制器有编号为1～12的12对触点，图14-5（b）中凸轮控制器有编号为1～17的17对触点，以竖画的细实线表示；而凸轮控制器的操作手轮右旋（控制电动机的正转）和左旋（控制电动机的反转）各有5个挡位，加上一个中间位置（称为"零位"）共有11个挡位，用横画的细虚线表示：每对触点在各个挡位是否接通，则以在横竖线将交点处的黑圆点"●"表示，有黑圆点表示接通，无黑圆点表示断开。

它是可逆对称电路，为减少转子电阻段数及控制转子电阻的触点数，采用凸轮控制器控制绕线型电动机时，转子串接不对称电阻，用于控制提升机构电动机时，提升与下放重物，电动机处于不同的工作状态。

【任务实施】

一、任务名称

凸轮控制器控制绕线转子异步电动机线路安装调试。

二、器材、仪表、工具

器材、仪表、工具明细见表14-2。

表14-2　器材、仪表、工具明细表

序号	电器名称及型号	数量	序号	电器名称及型号	数量
1	绕线转子异步电动机 YZR132M-6 2.2kW	1台	6	熔断器 RC1A-30	5个
2	凸轮控制器 KTJ1-12-6/1	1台	7	钳形电流表	1只
3	电阻 ZK1-12-6/1	1只	8	电工工具	1套
4	钳形电流表 0～30A	1只	9	转速表	1只

序号	电器名称及型号	数量	序号	电器名称及型号	数量
5	自制凸轮控制器实验电路板（包括交流接触器、熔断器、按钮开关、行程开关、过流继电器等电器元件）	1块	10	电动机的负载（可由电动机拖动直流发电机并给灯箱供电）	1个

三、操作内容及步骤

1.熟悉电路及电器元件

（1）熟悉电路，对照电路核对实验电路板上的电器元件，并记录各电器元件的型号、规格及主要参数。

（2）熟悉凸轮控制器、电动机、电阻器等电器的结构、原理、了解其接线方法。

2.按图14-6所示接线

接线完毕后自行检查再经教师检查确认接线无误后，方可通电试车。

3.试运行

（1）先将凸轮控制器QM旋至零位，然后合上电源开关QS，按下启动按钮SB，使接触器KM通电接通电源，同时KM自锁。

（2）将凸轮控制器依次向右、向左旋至各挡，观察电动机正、反转的启动过程。

（3）将凸轮控制器QM旋回零位；用QS切断电源，并暂时将QM的零位保护触点13短接；分别将QM操作手轮旋到（右旋或左旋）1、2、3、4、5各挡；合上QS，用按钮开关SB直接启动电动机，观察电动机的启动过程；测量在各挡直接启动时电动机的启动电流和运行时的转速并记录于表14-3中，从而了解绕线转子异步电动机转子串电阻的限流和调速作用。

（4）可在电动机正常运行时分别操作各保护开关，观察其保护作用。

表14-3　记录与分析

挡位	I_{st}（A）	n（r/min）	启动情况
1			
2			
3			
4			
5			

四、注意事项

（1）本任务为模拟凸轮控制器控制起重机的移行机构，如果使电动机带上负载（可由电动机拖动直流发电机并给灯箱供电），则任务效果更好。

（2）旋动凸轮控制器控制操作手轮时应动作干脆，但在由右（或左）旋第1挡经过零位向左（右）旋第一挡过渡时，为减小电动机反转时的电流冲击，应在零位稍做停顿（约2s）。

（3）有灭弧罩的触点必须装好灭弧罩后才能试车。电磁抱闸YB_2可以取消不用。

（4）为保证安全，凸轮控制器控制应可靠接地，通电运行应在教师指导下进行。任务结束后应立即切断电源并拆下实训电路板的电源进线。

五、成绩评定

成绩评定见表14-4。

表14-4　评分表

项目内容	评分标准	配分	扣分	得分
电路接线	接线错误，每处扣5分	30分		
	接线质量差，每处扣2～3分			
试运行	试运行不成功，扣20分	40分		
	试运行操作不正确，扣5～10分			
启动电流和转速的测量	使用仪表不正确扣3～5分	20分		
	测量结果不对或误差大扣2～5分			
安全、文明生产	违反操作规程，产生不安全因素，可酌情扣7～10分	10分		
	迟到、早退、工作场地不清洁，每次扣1～2分			
工时：3h				
合计				

任务3　20/5t交流桥式起重机电气控制线路常见故障分析与检修

【任务描述】

此任务是20/5t交流桥式起重机电气控制线路常见故障分析与检修。重点培养综合利用电路图、元件位置图、接线图等资料，根据具体故障现象分析、查找故障的能力。此任务要求学生掌握20/5t交流桥式起重机电气控制线路的组成和工作原理，掌握20/5t交流桥式起重机常见电气故障的检修方法。

【任务分析】

桥式起重机结构复杂、工作环境比较恶劣，且电动机的启动、制动频繁，部分电气设备通过滑触线连接，故障率较高，必须坚持经常性的维护保养和检修，以确保设备正常工作。本任务的主要内容是学习20/5t交流桥式起重机常见故障的检修方法和步骤。实训结束后，自觉将所用工具、仪表、器材及设备进行保养和归位，做好实训工位和场地的卫生工作。

【相关知识】

一、主接触器KM控制电路

只有当主接触器KM主触头闭合后，所有电动机M_1、M_2、M_3、M_4才能在各自的凸轮控制器操纵下运行。主接触器KM的控制部分在图14-7中的7～10区之间，可以分为如下四部分。

（1）公共回路部分。中间包括紧急开关SA$_1$、门保护位置开关SQ$_6$、SQ$_7$、SQ$_8$，KA$_0$~KA$_4$过电流继电器的常闭触头和KM线圈。

（2）启动准备支路部分。中间包括启动按钮SB、各个凸轮控制器零位保护线圈。

（3）小车向左、大车向后、吊钩向下运行控制支路部分。中间包括KM的常开触头，大车、小车行程开关SQ$_1$、SQ$_3$，凸轮控制器反向常闭触头。

（4）大车向右、大车向前、吊钩向上运行控制支路部分。中间包括大车、小车行程开关SQ$_2$、SQ$_4$，凸轮控制器正向常闭触头。

二、小车凸轮控制器分合表

小车凸轮控制器QM$_2$的4对常开主触头带有灭弧罩，接在电动机的定子电路中。手柄向左时，电动机接入反相序，手柄向右时，电动机接入正相序。电动机的第三相直接接电源L33。凸轮控制器QM$_2$的5对常开主触头，将电阻R$_2$分5段短接，使电动机按照不同的速度运行。

凸轮控制器QM$_3$的3对常闭主触头，15、16、17是零位联锁保护。

凸轮控制器QM$_3$有10对常开触头，将电阻R$_3$、R$_4$分5段短接，使电动机按照不同的速度运行。

三、20/5t交流桥式起重机电气控制线路常见故障分析与检修举例

1.分析检测主接触器KM控制电路故障

（1）故障现象。合上电源开关QS，并按下启动按钮SB后，主接触器KM不吸合。该故障范围比较大，包括公共回路、启动准备支路部分。采用分段测量方法，缩小故障范围。

①开关位置检查。检查SA$_1$、门保护位置开关SQ$_6$、SQ$_7$、SQ$_8$是否闭合，凸轮控制器手柄是否在0位。

②电源检查。合上QS后，测量熔断器FU出线端之间电压是否为380V，如果为0，测量与L$_{13}$连接熔断器出线端与L$_{11}$之间、与L$_{11}$连接熔断器出线端与L$_{13}$之间的电压，确定熔断器FU1的故障。

③接通电源，按下SB按钮，用交流电压挡测量公共回路、启动准备支路部分电压，判断故障范围。

④确定最小故障范围后，在该范围内用电阻法或者电压法进一步找出故障点，并且加以排除。

（2）故障现象：KM能够吸合，但是只能点动，所以小车、大车、吊钩都不能运行。故障范围：接触器KM两个常开触头接触不良，检查该触头并且加以修复。

（3）故障现象：KM能够吸合，小车向左、大车向后、吊钩向下运行控制失灵。故障范围：与FU相连的KM常开触头接触不良，或者QM$_1$、QM$_2$、SQ$_1$、SQ$_3$、QM$_3$之间的各个常闭触头接触不良，检查这些触头加以修复。

（4）故障现象：小车向右、大车向前、吊钩向上下运行控制失灵。故障范围：在

L_{33}—SQ_5—滑触线—QM_1的11对触点之间的各个常闭触头接触不良，检查这些触头加以修复。

（5）故障现象：大车、小车、副钩中某一个方向运行操作失灵。故障为相应的凸轮控制器在这个运行方向上的常开触头接触不良。

2.分析检测电动机不能正常工作故障

（1）故障现象。接通电源后，凸轮控制器手柄电动机不启动。检查相应的凸轮控制器的主触头接触是否良好、滑触线与电动机定子绕组接触是否良好。采用分段排除法缩小故障范围。

下面以小车控制为例进行分析。小车通电后，将手柄转到向左1位置，先测量凸轮控制器，再测量电动机。此时要将连接电动机的电源线拆下。

①测量QM_2主触头进线端V_{12}、U_{12}之间的电压是否为380V，如果电压低于380V，则故障在电流继电器线圈部分或者电源部分，而且缺少其中一相电源。

②如果电压正常，则测量QM_2主触头出线端V_2、U_2之间的电压是否为380V；如果电压低于380V，则故障为QM_2主触头中的一对接触不良；如果电压为0V，则主触头中的两对都接触不良。

③如果电压正常，则故障在滑触线和电动机部分。先检查电动机进线端的三相电压是否正常，如果电压正常则电动机故障，否则就是滑触线的故障，以及中间相L_{33}电源缺相，需加以排除。大车、吊钩的故障分析、检查方法与此相类似。

（2）故障现象。接通电源后，转动手柄电动机能启动，但是转速不能上升。故障原因可能是凸轮控制器辅助常开触头接触不良，电阻未被切除，制动器未全部松开。

（3）故障现象。电动机断电后不能制动，是制动电磁铁故障。检查制动电磁铁的线圈，大车、小车、吊钩是两相电磁铁，YB_1、YB_2、YB_3、YB_4，如果电气部分无故障，检查电磁铁的机械部分是否正常。

3.吊钩不能正常工作故障的分析与检查

训练步骤：

（1）吊钩通电后，将手柄转到向左1位置，检测凸轮控制器。此时要连接电动机的电源线拆下。

（2）测量QM_1主触头进线端V_{11}、U_{11}之间的电压是否为380V，如果电压低于380V，则故障在电流继电器线圈部分或者电源部分，而且故障为缺少其中一相电源。

（3）如果电压正常，测量QM_1主触头出线端L_{33}、U_1之间的电压是否为380V，如果电压低于380V，则故障为QM_1主触头中的一对接触不良；如果电压为0V，则主触头中的两对都接触不良。

（4）如果电压正常，则故障在滑触线和电动机部分，先检查电动机进线端的三相电压是否正常，如果电压正常则电动机故障，否则就是滑触线的故障，以及中间相L_{33}电源缺相，应该加以排除。

【任务实施】

一、任务名称

交流桥式起重机电气控制线路常见故障分析与检修。

二、设备、仪表、工具

20/5t交流桥式起重机或者20/5t交流桥式起重机模有拟训练设备1套、万用表、兆欧表、钳形电流表、常用电工工具。

三、实训步骤

1.识读电路图

图14-7为20/5t桥式起重机控制电路原理图，对照实际训练设备，熟悉20/5t桥式起重机模拟电气控制设备电气元件的实际位置和布线位置，并通过测量等方法找出各回路的实际布线路径。

2.观摩检修

在20/5t桥式起重机模拟电气控制设备上人为设置自然故障点，认真观摩指导教师的示范检修。

3.检修训练

在20/5t桥式起重机模拟电气控制设备中设置人为自然故障点，按照检查步骤和检修方法进行检修训练，并填写故障检修记录。

4.实训注意事项

（1）检修前要认真阅读电路图，熟练模拟控制设备，掌握各个控制环节的工作原理及作用，并认真观摩教师的示范检修过程。

（2）检修过程中要注意人身安全，所使用的工具和仪表应符合使用要求。

（3）检修时，严禁扩大故障范围或产生新的故障点；不得采用更换元件、改变线路的方法修复故障点。

（4）电气故障的检修实训是在模拟设备上进行，但要注意与实际设备相结合。

（5）停电要验电。带电检修时，必须有指导教师在现场监护，以确保用电安全。同时要做好训练记录。

（6）由于起重机设备庞大，电气元件比较分散，检修时要通过分段检测尽量缩小缩小故障检测范围，提高工作效率。

四、成绩评定

成绩评定见表14-5。

表14-5 评分表

项目内容	评分标准	配分	扣分	得分
故障分析	检修思路不正确扣 5 ~ 10 分	30 分		
	标错故障电路范围扣 15 分			

项目内容	评分标准	配分	扣分	得分
排除故障	停电不验电扣 5 分	60 分		
	工具及仪表使用不当扣 5 分			
	不能查出故障扣 30 分			
	查出故障点但不能排除扣 25 分			
	产生新的故障或扩大故障范围不能排除，每个扣 30 分，已经排除，每个扣 15 分			
	损坏电气元件，每只扣 10 ~ 60 分			
安全文明生产	违反安全文明生产规程，扣 1 ~ 10 分	10 分		
定额时间 1h	不允许超时检查，若在修复故障过程中才允许超时，但每超 5min 扣 5 分			
备注	除定额时间外，各项内容的最高扣分不得超过配分数			
开始时间：	结束时间：			
合计				

参考文献

[1] 唐介.电机与拖动［M］.北京：高等教育出版社，2000.

[2] 林瑞光.电机与拖动基础［M］.杭州：浙江大学出版社，2002.

[3] 赵承荻.电机与电气控制技术［M］.北京：高等教育出版社，2001.

[4] 何焕山.工厂电气控制设备［M］.北京：高等教育出版社，1998.

[5] 李乃夫.电气控制与PLC应用技术［M］.北京：电子工业出版社，2009.

[6] 赵旭升，陶英杰.电机与电气控制［M］.北京：化学工业出版社，2009.

[7] 刘宝廷.步进电动机及其驱动控制系统[M].哈尔滨：哈尔滨工业大学出版社，1997.

[8] 汪华.维修电工与技能训练［M］.北京：人民邮电出版社，2009.

[9] 白恩远，王俊元，孙爱国.现代数控机床伺服及检测技术[M].北京：国防工业出版社，2002.

[10]冯志坚.电气控制线路安装与检修［M］.北京：中国劳动社会保障出版社，2010.

[11]林军.电气设备故障处理与维修技术基础［M］.北京：电子工业出版社，2011.

[12]王建.电机变压器原理与维修［M］.北京：中国劳动社会保障出版社，2012.

[13]谢京军.常用机床电气线路维修［M］.北京：中国劳动社会保障出版社，2012.

[14]赵承荻，华满香.电机与电气控制技术技能训练［M］.北京：高等教育出版社，2006.